科学出版社“十四五”普通高等教育本科规划教材

空间解析几何

生云鹤　李　方　侯秉喆　编

科 学 出 版 社

北 京

内 容 简 介

本书是编者在吉林大学数学学院各专业讲授空间解析几何课程十余年的基础上编写而成的. 全书主要内容包括: 向量及其运算, 空间仿射坐标系, 空间平面和直线, 常见的空间曲面和曲线, 坐标变换, 二次曲线和二次曲面的分类, n 维空间和仿射变换等. 本书注意培养读者的几何直观想象能力, 强调数形结合, 论证严谨同时又力求简明扼要, 注重与后续微分几何和拓扑学等课程的衔接. 书中配有适量例题和习题, 书末还附有阅读本书所需的行列式和矩阵相关知识, 供读者学习参考.

本书可以作为高等院校数学类专业的空间解析几何课程的教材, 也可供其他理工科师生和对几何学有兴趣的读者参考.

图书在版编目(CIP)数据

空间解析几何/生云鹤, 李方, 侯秉喆编. —北京: 科学出版社, 2022.3
科学出版社“十四五”普通高等教育本科规划教材
ISBN 978-7-03-071842-6

Ⅰ. ①空… Ⅱ. ①生… ②李… ③侯… Ⅲ. ①立体几何-解析几何-高等学校-教材 Ⅳ. ①O182.2

中国版本图书馆 CIP 数据核字（2022）第 040746 号

责任编辑: 王胡权 李 萍 / 责任校对: 杨聪敏
责任印制: 赵 博 / 封面设计: 蓝正设计

科 学 出 版 社 出版
北京东黄城根北街 16 号
邮政编码: 100717
http://www.sciencep.com
北京富资园科技发展有限公司印刷
科学出版社发行 各地新华书店经销
*
2022 年 3 月第 一 版 开本: 720 × 1000 1/16
2024 年 9 月第八次印刷 印张: 14 1/2
字数: 290 000
定价: 39.80 元
(如有印装质量问题, 我社负责调换)

前　言

党的二十大报告强调“高质量发展是全面建设社会主义现代化国家的首要任务”，明确“教育、科技、人才是全面建设社会主义现代化国家的基础性、战略性支撑”. 高质量发展对高等教育的需要、对科技创新和人力资源的需要，比以往任何时候都更加迫切. 落实新时代人才培养的目标和推动高等教育高质量发展，大学首先要做的是加强课程建设和课堂教学改革，在这个过程中，将教材建设融入改革新思想新成果是至关重要的.

空间解析几何是数学专业核心基础课程之一，是几何学的入门课程. 空间解析几何课程承担着培养几何思想、增强几何直观的任务. 该课程一方面为后续的微分几何以及拓扑学等几何类课程的学习提供必要的数学基础，另一方面为高等代数以及数学分析等课程提供直观的几何支撑.

数形结合是空间解析几何的基本思想和方法，即运用代数运算研究几何图形. 具体做法是通过空间坐标系的引入，将空间结构代数化，即点对应到坐标，图形对应到方程，再通过对坐标和方程的一些代数计算来得到图形的特征和相互关系. 此外，几何对象也为抽象的代数理论提供了形象的模型和背景.

本书是在编者为吉林大学数学学院本科生讲授空间解析几何所积累的十余年教学经验的基础上编写而成的. 编者根据基础学科拔尖学生培养计划的要求，在编写过程中融合新形势下教学改革思想，注重启发性和学生能力的培养，参阅了大量国内外同类教材和文献，力求使本书成为一本符合认知规律和满足人才培养需求，同时具有广泛适用性的教材.

本书在内容安排和讲解方式上注重以下几点:

(1) 注意与高中课程的衔接. 进入大学以后，学生面临着学习思想和学习方法的转变，会遇到许多困难. 为此，与高中课程的无缝衔接，使得学生能平稳过渡到大学的学习生活就变得尤为重要. 本书刚开始会用全新的视角来讲解学生们学习过的向量、内积和坐标系等内容，通过两周左右的时间使学生们适应大学的学习生活，完成角色的转变.

(2) 加强与后续课程的关联. 在后续的微分几何以及拓扑学等课程的学习中，需要学生掌握张量空间、对偶空间以及仿射几何等知识. 但是这部分知识在传统的高等代数和空间解析几何课程的学习中往往强调得不够. 为此, 本书增加了这部分内容, 承前启后, 为后续几何课程的学习奠定基础.

(3) 构建出整体内容的脉络. 本书将围绕空间中的二次曲面的分类这个几何问题开展讲授, 明确目标, 循序渐进, 为学生梳理出清晰的整体脉络. 使学生能够用更大的框架和更高的观点理解所学的知识, 避免“只见树木, 不见森林”的迷失, 达到“会当凌绝顶, 一览众山小”的学习效果.

本书的具体章节安排如下:

第 1 章首先介绍向量的相关基础知识, 包括向量的基本概念与几何表示, 内积、外积和混合积等运算. 与中学的平面几何内容无缝衔接, 学生易于接受. 同时也强调运用向量法来解决几何问题, 引导学生建立几何观念. 随后引入仿射坐标系, 为坐标法的使用奠定基础. 中学里学过的直角坐标系是一类特殊的仿射坐标系. 事实上, 在空间图形的研究中, 一些与度量无关的问题放在仿射坐标系和直角坐标系中讨论是一样的结论. 因此为了便于理解, 第 2, 3 章都是在直角坐标系中进行的.

第 2, 3 章讲解了空间中一些图形, 包括平面和直线, 柱面、锥面和旋转面以及二次曲面. 首先通过分析图形上点的共同几何属性来建立他们的方程, 随后从方程出发来研究图形的特征和一些相互关系. 为了满足数学分析等课程学习的需求, 我们还介绍了球坐标系、柱坐标系和二次曲面的切平面等知识点, 使学生对几何形体有个直观的认识.

第 4 章利用坐标变换给出二次曲线 (面) 的分类. 既然坐标系多种多样, 自然会讨论在不同坐标系中图形的方程之间有何关系, 以及对于指定的图形寻找使其方程最简单的坐标系, 这也就引出了二次曲线 (面) 的分类问题. 通过化简标准方程来分类二次曲面, 其中主要的计算部分和高等代数中二次型的化简是有一定重复的. 我们强调问题的提出和解决办法, 简化计算过程的推导, 使学生既能从本质上解决问题, 又不迷失在计算当中. 随后介绍二次曲线 (面) 的不变量. 事实上, 分类问题和寻找不变量一直是数学 (尤其是拓扑和几何学科) 中的核心问题, 因此读者可以在这里初步领会一下这种思想.

第 5 章介绍 n 维空间, 重点强调欧氏空间、对偶空间和张量空间. 这部分内容一方面是前面所学知识的抽象推广, 另一方面是为后续微分几何、同调代数和李代数等课程的学习奠定基础, 起到承前启后的作用.

第 6 章介绍仿射变换, 主要研究图形在仿射变换群作用下不变的性质. 这部分内容严格意义上不属于传统解析几何, 而是仿射几何学的核心内容. 目前大多数院校都不安排仿射几何课程, 但仿射几何又是欧氏几何和拓扑学之间的桥梁, 是几何学分类中必不可少的一环, 对仿射几何的学习能更好地理解克莱因使用变换群来研究几何的埃尔朗根纲领. 因此这一章能使学生对几何学的学习更连贯, 理解更上一个层面, 同时也为后续拓扑学等课程的学习奠定基础.

空间解析几何是一学期的课程, 例如在吉林大学数学学院有 64 学时主讲课和 32 学时习题课. 根据编者以往的教学经验, 建议主讲前 4 章, 然后第 5 章和第 6 章可以选择其中一章来讲, 这样教学安排比较从容.

编者在讲授该课程时, 采用过谢敬然、柯媛元编写的《空间解析几何》和尤承业编写的《解析几何》. 这些教材对编者的空间解析几何教学思想和本书的内容设计有着重要的影响, 在此谨向这两本书的作者们表示衷心的感谢. 本书入选吉林大学本科"十三五"规划教材, 同时得到了吉林大学和数学学院相关领导和同事的大力支持, 在这里一并表示感谢. 同时感谢于浩然、姜军和夏浩博对本书的编写所给予的帮助.

由于编者水平有限, 书中难免有不足与疏漏之处, 诚恳地希望广大读者批评指正.

编 者

2021 年 8 月

目　录

第1章 向量代数

解析几何的基本思想是利用代数运算来研究几何问题, 中学的平面解析几何课程就是如此. 在本书中, 我们的研究对象是空间中的几何图形, 仍然使用代数运算这种有利的工具, 因此首先需要将空间结构和几何关系代数化, 方法就是在空间中引入向量及其运算. 向量是既有大小又有方向的量, 它有直观性又可进行代数运算. 用向量来描述几何问题再利用向量运算来解决, 这就是**向量法**. 向量法能直观又便捷地解决一些几何问题, 在力学、物理学和工程学等学科中也有重要的应用.

本章首先系统地介绍有关向量的基础知识, 包括向量的定义、几何表示和各种运算及应用. 随后通过向量建立仿射坐标系, 这样空间中的点和向量就有了唯一对应的坐标, 进而几何图形就可以用方程来表示, 今后就可以通过方程来研究几何图形, 这就是**坐标法**. 向量法和坐标法实现了几何问题到代数问题的转化, 体现了数与形的结合, 是空间解析几何的基础和核心.

1.1 向量及其线性运算

1.1.1 向量的概念和几何表示

向量起源于物理学. 例如我们熟悉的位移、速度、力等物理量不仅有大小还有方向, 在物理学中它们被称为矢量. 在数学中抽象为下面向量的概念.

定义 1.1.1 空间中一个既有大小, 又有方向的量称为**向量**.

如果两个向量大小相等、方向相同, 则称它们**相等**. 本书中通常用黑体希腊文和英文字母如 $\boldsymbol{\alpha}, \boldsymbol{\beta}, \boldsymbol{\gamma}, \boldsymbol{a}, \boldsymbol{b}, \boldsymbol{c}$ 等来表示向量. 用绝对值的记号来表示向量的大小, 也称为向量的**模**或**长度**. 例如, 对于一个向量 $\boldsymbol{\alpha}$, 用 $|\boldsymbol{\alpha}|$ 表示它的模.

在几何上, 用有向线段来表示向量非常直观, 处理问题时也十分方便. 我们用空间中点 A 为起点, 点 B 为终点的有向线段来表示一个向量, 记作 $\overrightarrow{AB}$, 如图 1.1 所示. 有向线段的长度表示向量的大小, 有向线段的方向表示向量的方向.

由于向量的决定要素是它的大小和方向, 因此长度相等且方向相同的有向线段表示同一个向量. 例如在图 1.2 中, 有向线段 $\overrightarrow{AB}$ 经过平行移动得到有向线段 $\overrightarrow{A'B'}$, 它们表示同一个向量, 即 $\overrightarrow{AB}=\overrightarrow{A'B'}$. 向量的有向线段表示具有平移不变性.

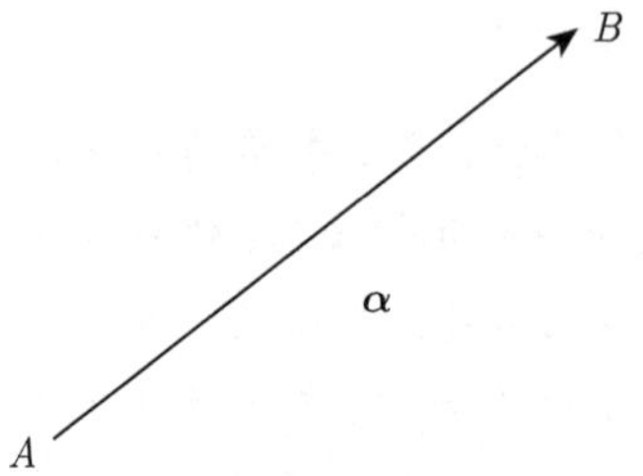

图 1.1

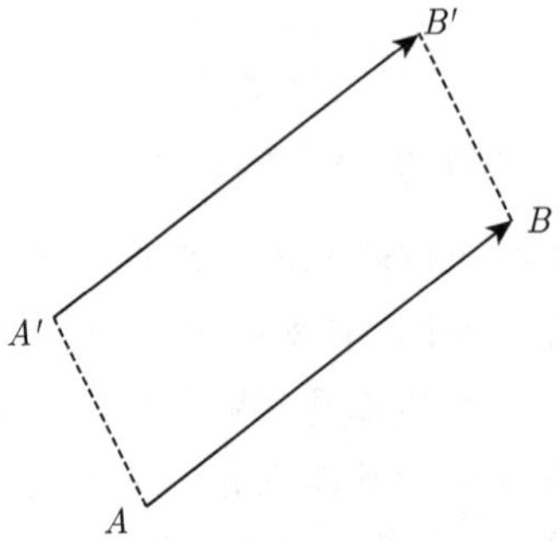

图 1.2

定义 1.1.2　长度为 0 的向量称为**零向量**, 记作 $\mathbf{0}$, 它的方向是任意的. 长度为 1 的向量称为**单位向量**. 与向量 $\boldsymbol{\alpha}$ 长度相同, 方向相反的向量称为 $\boldsymbol{\alpha}$ 的**反向量**, 记作 $-\boldsymbol{\alpha}$.

显然, 向量 $\overrightarrow{AB}$ 与 $\overrightarrow{BA}$ 互为反向量, 即 $\overrightarrow{AB}=-\overrightarrow{BA}$, 且 $\overrightarrow{AB}=\mathbf{0}$ 当且仅当点 A 与点 B 相同.

定义 1.1.3　对于两个非零向量 $\boldsymbol{\alpha},\boldsymbol{\beta}$, 把它们有向线段的起点放在一起, 便得到 $\boldsymbol{\alpha},\boldsymbol{\beta}$ 之间的夹角 (图 1.3), 记作 $\langle\boldsymbol{\alpha},\boldsymbol{\beta}\rangle$, 约定 $0\leqslant\langle\boldsymbol{\alpha},\boldsymbol{\beta}\rangle\leqslant\pi$.

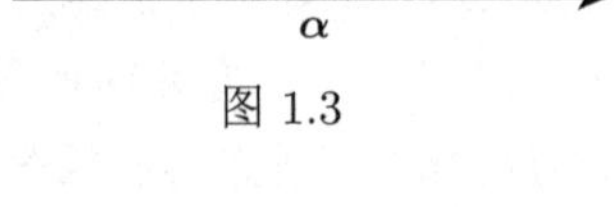

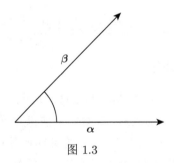

图 1.3

定义 1.1.4　如果一组向量平行于同一直线, 则称它们**共线**. 如果一组向量平行于同一平面, 则称它们**共面**. 特别地, 规定零向量与任意向量共线 (共面).

对于 n 个向量 $\boldsymbol{\alpha}_1,\boldsymbol{\alpha}_2,\cdots,\boldsymbol{\alpha}_n$, 若 $\boldsymbol{\alpha}_1=\overrightarrow{OA_1},\boldsymbol{\alpha}_2=\overrightarrow{OA_2},\cdots,\boldsymbol{\alpha}_n=\overrightarrow{OA_n}$, 则 $\boldsymbol{\alpha}_1,\boldsymbol{\alpha}_2,\cdots,\boldsymbol{\alpha}_n$ 共线 (或者共面), 当且仅当 $O,A_1,A_2,\cdots,A_n$ 共线 (或者共面). 因而要判断一组点是否共线或共面, 等价于考虑它们所连出的向量是否共线或共

面, 而这一问题可以通过向量的加法和数乘运算来解决.

1.1.2 向量的加法和数乘

以力的合成法则等物理现象为背景, 可以抽象出向量的加法运算.

定义 1.1.5 两个向量 $\boldsymbol{\alpha},\boldsymbol{\beta}$ 的和是一个向量, 记作 $\boldsymbol{\alpha}+\boldsymbol{\beta}$, 规定如下:

(1) 作 $\overrightarrow{AB}=\boldsymbol{\alpha},\overrightarrow{BC}=\boldsymbol{\beta}$, 则 $\boldsymbol{\alpha}+\boldsymbol{\beta}=\overrightarrow{AC}$ (图 1.4(a));

(2) 作 $\overrightarrow{AB}=\boldsymbol{\alpha},\overrightarrow{AD}=\boldsymbol{\beta}$, 以 AB,AD 为邻边, 作平行四边形 $ABCD$, 则 $\boldsymbol{\alpha}+\boldsymbol{\beta}=\overrightarrow{AC}$ (图 1.4(b)).

分别称为向量加法的**三角形法则**和**平行四边形法则**.

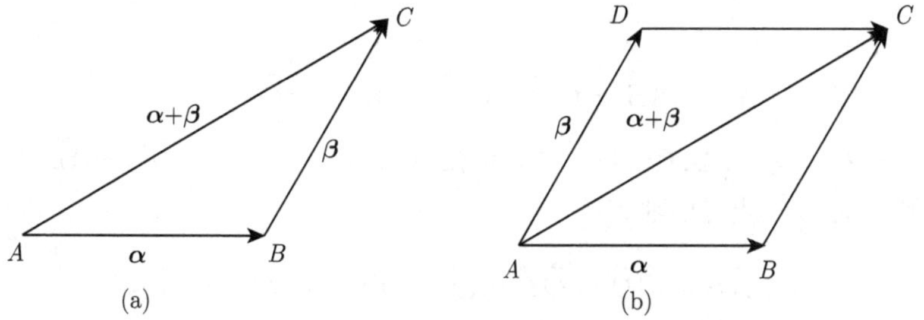

图 1.4

注 1.1.1 向量加法的定义不依赖于其几何表示, 即与 A 点的选取无关. 如果另取一个起点 A', 作 $\overrightarrow{A'B'}=\boldsymbol{\alpha},\overrightarrow{B'C'}=\boldsymbol{\beta}$, 那么容易证明 $\overrightarrow{A'C'}$ 和 $\overrightarrow{AC}$ 表示同一向量.

向量的加法运算有以下四条性质.

命题 1.1.1 对于任意向量 $\boldsymbol{\alpha},\boldsymbol{\beta},\boldsymbol{\gamma}$, 有

(1) 交换律: $\boldsymbol{\alpha}+\boldsymbol{\beta}=\boldsymbol{\beta}+\boldsymbol{\alpha}$;

(2) 结合律: $(\boldsymbol{\alpha}+\boldsymbol{\beta})+\boldsymbol{\gamma}=\boldsymbol{\alpha}+(\boldsymbol{\beta}+\boldsymbol{\gamma})$;

(3) $\boldsymbol{\alpha}+\mathbf{0}=\boldsymbol{\alpha}$;

(4) $\boldsymbol{\alpha}+(-\boldsymbol{\alpha})=\mathbf{0}$.

证明 根据向量加法的定义, 容易得到 (1), (3), (4). 下面证明 (2), 作有向线段 $\overrightarrow{AB}=\boldsymbol{\alpha},\overrightarrow{BC}=\boldsymbol{\beta},\overrightarrow{CD}=\boldsymbol{\gamma}$, 则有

$$(\boldsymbol{\alpha}+\boldsymbol{\beta})+\boldsymbol{\gamma}=(\overrightarrow{AB}+\overrightarrow{BC})+\overrightarrow{CD}=\overrightarrow{AC}+\overrightarrow{CD}=\overrightarrow{AD},$$
$$\boldsymbol{\alpha}+(\boldsymbol{\beta}+\boldsymbol{\gamma})=\overrightarrow{AB}+(\overrightarrow{BC}+\overrightarrow{CD})=\overrightarrow{AB}+\overrightarrow{BD}=\overrightarrow{AD},$$

所以

$$(\boldsymbol{\alpha}+\boldsymbol{\beta})+\boldsymbol{\gamma}=\boldsymbol{\alpha}+(\boldsymbol{\beta}+\boldsymbol{\gamma}).$$ □

两个向量 $\boldsymbol{\alpha}$ 与 $\boldsymbol{\beta}$ 的差是一个向量, 记作 $\boldsymbol{\alpha}-\boldsymbol{\beta}$, 定义为

$$\boldsymbol{\alpha}-\boldsymbol{\beta}=\boldsymbol{\alpha}+(-\boldsymbol{\beta}).$$

如果等式两边都加上 $\boldsymbol{\beta}$, 则有

$$(\boldsymbol{\alpha}-\boldsymbol{\beta})+\boldsymbol{\beta}=\boldsymbol{\alpha},$$

可见向量的减法是加法的逆运算.

例 1.1.1　设 O, A, B 是空间中任意三点, 则 $\overrightarrow{AB}=\overrightarrow{OB}-\overrightarrow{OA}=\overrightarrow{AO}-\overrightarrow{BO}$.

证明　由向量加法的三角形法则知

$$\overrightarrow{OA}+\overrightarrow{AB}=\overrightarrow{OB},$$

所以

$$\overrightarrow{AB}=\overrightarrow{OB}-\overrightarrow{OA}=\overrightarrow{AO}-\overrightarrow{BO}.$$ □

例 1.1.2　设 A, B, C, D 是空间中任意四点, 则 $\overrightarrow{AB}+\overrightarrow{CD}=\overrightarrow{AD}+\overrightarrow{CB}$.

证明　任取一点 O, 则有

$$\overrightarrow{AB}+\overrightarrow{CD}=\overrightarrow{OB}-\overrightarrow{OA}+\overrightarrow{OD}-\overrightarrow{OC},$$
$$\overrightarrow{AD}+\overrightarrow{CB}=\overrightarrow{OD}-\overrightarrow{OA}+\overrightarrow{OB}-\overrightarrow{OC},$$

所以

$$\overrightarrow{AB}+\overrightarrow{CD}=\overrightarrow{AD}+\overrightarrow{CB}.$$ □

由于向量的加法满足交换律和结合律, 因此任意有限多个向量的和与它们的位置顺序及优先处理次序无关. 一般将 n 个向量 $\boldsymbol{\alpha}_1, \boldsymbol{\alpha}_2, \cdots, \boldsymbol{\alpha}_n$ 的和记作

$$\sum_{i=1}^{n}\boldsymbol{\alpha}_i=\boldsymbol{\alpha}_1+\boldsymbol{\alpha}_2+\cdots+\boldsymbol{\alpha}_n.$$

事实上, 利用有向线段表示, 可以不必逐次求两个向量的和, 简单的按如下方法来计算: 作 $\overrightarrow{OA_1}=\boldsymbol{\alpha}_1, \overrightarrow{A_1A_2}=\boldsymbol{\alpha}_2, \cdots, \overrightarrow{A_{n-1}A_n}=\boldsymbol{\alpha}_n$ (图 1.5), 则

$$\boldsymbol{\alpha}_1+\boldsymbol{\alpha}_2+\cdots+\boldsymbol{\alpha}_n=\overrightarrow{OA_1}+\overrightarrow{A_1A_2}+\cdots+\overrightarrow{A_{n-1}A_n}=\overrightarrow{OA_n}.$$

下面来看一下数乘向量的概念.

定义 1.1.6　实数 k 与向量 $\boldsymbol{\alpha}$ 的乘积是一个向量, 记作 $k\boldsymbol{\alpha}$, 规定如下:

(1) 当 $k=0$ 时, $k\boldsymbol{\alpha}=\mathbf{0}$;

(2) 当 $k>0$ 时, $k\boldsymbol{\alpha}$ 与 $\boldsymbol{\alpha}$ 同向, $|k\boldsymbol{\alpha}|=k|\boldsymbol{\alpha}|$;

(3) 当 $k<0$ 时, $k\boldsymbol{\alpha}$ 与 $\boldsymbol{\alpha}$ 反向, $|k\boldsymbol{\alpha}|=-k|\boldsymbol{\alpha}|$.

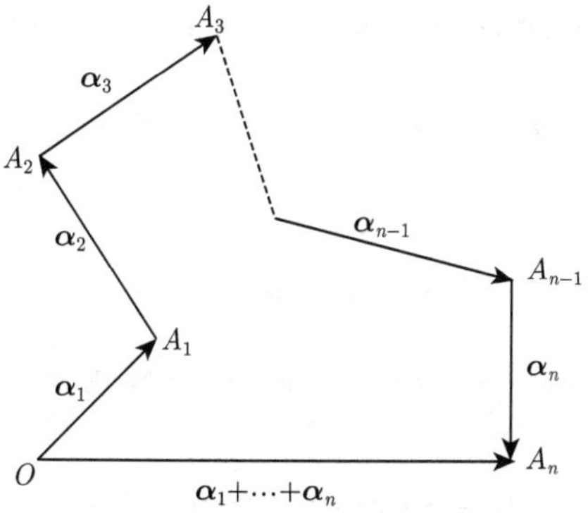

图 1.5

如果 $\boldsymbol{\alpha} \neq \mathbf{0}$, 则 $\dfrac{\boldsymbol{\alpha}}{|\boldsymbol{\alpha}|}$ 是单位向量, 称为 $\boldsymbol{\alpha}$ 的**单位化**.

由数乘的定义很容易看出, 对于任意向量 $\boldsymbol{\alpha}$ 和实数 k, $k\boldsymbol{\alpha}$ 与 $\boldsymbol{\alpha}$ 共线. 反过来, 如果 $\boldsymbol{\alpha} \neq \mathbf{0}$, $\boldsymbol{\beta}$ 与 $\boldsymbol{\alpha}$ 共线, 则 $\boldsymbol{\beta}$ 一定是 $\boldsymbol{\alpha}$ 的倍数, 即

$$\boldsymbol{\beta} = \delta\frac{|\boldsymbol{\beta}|}{|\boldsymbol{\alpha}|}\boldsymbol{\alpha},$$

其中

$$\delta = \begin{cases} 1, & \text{当 } \boldsymbol{\beta} \text{ 与 } \boldsymbol{\alpha} \text{ 同向时}, \\ -1, & \text{当 } \boldsymbol{\beta} \text{ 与 } \boldsymbol{\alpha} \text{ 反向时}, \end{cases}$$

此时我们记

$$\frac{\boldsymbol{\beta}}{\boldsymbol{\alpha}} = \delta\frac{|\boldsymbol{\beta}|}{|\boldsymbol{\alpha}|}.$$

向量的数乘运算有以下四条性质.

命题 1.1.2 对于任意向量 $\boldsymbol{\alpha}, \boldsymbol{\beta}$ 和实数 k, m, 有

(1) $1\boldsymbol{\alpha} = \boldsymbol{\alpha}$;

(2) $k(m\boldsymbol{\alpha}) = (km)\boldsymbol{\alpha}$;

(3) $(k+m)\boldsymbol{\alpha} = k\boldsymbol{\alpha} + m\boldsymbol{\alpha}$;

(4) $k(\boldsymbol{\alpha}+\boldsymbol{\beta}) = k\boldsymbol{\alpha} + k\boldsymbol{\beta}$.

证明 要证明两个向量相等, 只需证明其大小相等、方向相同. 以此为依据, 下面给出 (3) 和 (4) 的证明, 其余留作练习.

(3) 如果 $k, m, k+m$ 中有 0, 则等式显然成立.

如果 $km>0$, 则 $k\boldsymbol{\alpha}, m\boldsymbol{\alpha}, (k+m)\boldsymbol{\alpha}$ 与 $k\boldsymbol{\alpha}+m\boldsymbol{\alpha}$ 都同向, 且有

$$|(k+m)\boldsymbol{\alpha}|=|k+m||\boldsymbol{\alpha}|=(|k|+|m|)|\boldsymbol{\alpha}|=|k||\boldsymbol{\alpha}|+|m||\boldsymbol{\alpha}|=|k\boldsymbol{\alpha}+m\boldsymbol{\alpha}|,$$

从而

$$(k+m)\boldsymbol{\alpha}=k\boldsymbol{\alpha}+m\boldsymbol{\alpha}.$$

如果 $km<0$, 不妨假设 $k+m$ 与 k 同号, 这样就有 $k+m, k, -m$ 同号. 根据上面的证明, 可知

$$(k+m)\boldsymbol{\alpha}+(-m)\boldsymbol{\alpha}=k\boldsymbol{\alpha},$$

从而

$$(k+m)\boldsymbol{\alpha}=k\boldsymbol{\alpha}+m\boldsymbol{\alpha}.$$

(4) 如果 $\boldsymbol{\beta}=\mathbf{0}$, 则等式显然成立.

现设 $\boldsymbol{\beta}\neq\mathbf{0}$. 如果 $\boldsymbol{\alpha}$ 与 $\boldsymbol{\beta}$ 共线, 则存在实数 m, 使得 $\boldsymbol{\alpha}=m\boldsymbol{\beta}$. 由 (2) 和 (3) 可知

$$k(\boldsymbol{\alpha}+\boldsymbol{\beta})=k(m\boldsymbol{\beta}+\boldsymbol{\beta})=k((m+1)\boldsymbol{\beta})=(k(m+1))\boldsymbol{\beta},$$
$$k\boldsymbol{\alpha}+k\boldsymbol{\beta}=k(m\boldsymbol{\beta})+k\boldsymbol{\beta}=(km)\boldsymbol{\beta}+k\boldsymbol{\beta}=(k(m+1))\boldsymbol{\beta},$$

所以

$$k(\boldsymbol{\alpha}+\boldsymbol{\beta})=k\boldsymbol{\alpha}+k\boldsymbol{\beta}.$$

如果 $\boldsymbol{\alpha}$ 与 $\boldsymbol{\beta}$ 不共线且 $k>0$, 如图 1.6 所示, 作 $\overrightarrow{OA}=\boldsymbol{\alpha}, \overrightarrow{AB}=\boldsymbol{\beta}, \overrightarrow{OA'}=k\boldsymbol{\alpha}, \overrightarrow{A'B'}=k\boldsymbol{\beta}$, 则由相似三角形的性质可知 $\overrightarrow{OB'}=k\overrightarrow{OB}$, 即 $k(\boldsymbol{\alpha}+\boldsymbol{\beta})=k\boldsymbol{\alpha}+k\boldsymbol{\beta}$.

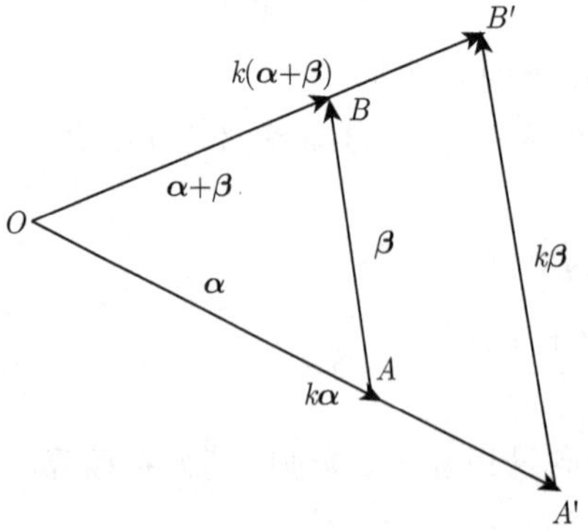

图 1.6

若 $k<0$, 则 $-k>0$, 那么

$$-k(\boldsymbol{\alpha}+\boldsymbol{\beta})=-k\boldsymbol{\alpha}-k\boldsymbol{\beta},$$

同样可得所求. □

我们知道对于正 n 边形, 其中心就是其外接圆的圆心. 根据中心的性质, 易知分别以中心为起点、各顶点为终点的向量有如下关系:

命题 1.1.3 设 $A_1\cdots A_n$ 是一个正 n 边形, 点 O 为其中心, 则有

$$\sum_{i=1}^{n}\overrightarrow{OA_i}=\mathbf{0}.$$

推论 1.1.1 设 $A_1\cdots A_n$ 是一个正 n 边形, 点 O 为其中心, 则对于空间中任意一点 P, 有

$$\sum_{i=1}^{n}\overrightarrow{PA_i}=n\overrightarrow{PO}.$$

证明 由 $\overrightarrow{PA_i}=\overrightarrow{PO}+\overrightarrow{OA_i}$ 得

$$\sum_{i=1}^{n}\overrightarrow{PA_i}=\sum_{i=1}^{n}(\overrightarrow{PO}+\overrightarrow{OA_i})=n\overrightarrow{PO}+\sum_{i=1}^{n}\overrightarrow{OA_i}.$$

再根据命题 1.1.3 可知

$$\sum_{i=1}^{n}\overrightarrow{PA_i}=n\overrightarrow{PO}.$$ □

可见中心对于正多边形是很特别的. 那么对于空间中一般的 n 边形 $A_1\cdots A_n$, 是否也存在类似的点?

事实上, 如果取定空间中一点 P, 那么一定存在点 O, 使得

$$\overrightarrow{PO}=\frac{1}{n}\sum_{i=1}^{n}\overrightarrow{PA_i},$$

且有

$$\sum_{i=1}^{n}\overrightarrow{OA_i}=\sum_{i=1}^{n}(\overrightarrow{OP}+\overrightarrow{PA_i})=n\overrightarrow{OP}+\sum_{i=1}^{n}\overrightarrow{PA_i}=\mathbf{0}.$$

断言满足这一等式的点 O 是唯一的, 不然如果还有点 O', 使得 $\sum\limits_{i=1}^{n}\overrightarrow{O'A_i}=\mathbf{0}$, 那么与上式对比可得 $n\overrightarrow{OO'}=\mathbf{0}$, 这说明点 O' 就是点 O.

定义 1.1.7　设 $A_1\cdots A_n$ 是一个空间 n 边形, 满足

$$\sum_{i=1}^{n}\overrightarrow{OA_i}=\mathbf{0}$$

的点 O 称为 n 边形 $A_1\cdots A_n$ 的**重心**.

显然正 n 边形的重心就是它的中心.

例 1.1.3　空间中 n 边形 $A_1\cdots A_n$ 与 $B_1\cdots B_n$ 有相同的重心当且仅当

$$\sum_{i=1}^{n}\overrightarrow{A_iB_i}=\mathbf{0}.$$

证明　设点 O 和 O' 分别是 n 边形 $A_1\cdots A_n$ 和 $B_1\cdots B_n$ 的重心, 则任取空间中一点 P, 有

$$n\overrightarrow{PO}=\sum_{i=1}^{n}\overrightarrow{PA_i},\quad n\overrightarrow{PO'}=\sum_{i=1}^{n}\overrightarrow{PB_i},$$

于是

$$\begin{aligned}\sum_{i=1}^{n}\overrightarrow{A_iB_i}&=\sum_{i=1}^{n}(\overrightarrow{PB_i}-\overrightarrow{PA_i})=\sum_{i=1}^{n}\overrightarrow{PB_i}-\sum_{i=1}^{n}\overrightarrow{PA_i}\\&=n\overrightarrow{PO'}-n\overrightarrow{PO}=n\overrightarrow{OO'},\end{aligned}$$

那么 $\sum\limits_{i=1}^{n}\overrightarrow{A_iB_i}=\mathbf{0}$ 就等价于 $\overrightarrow{OO'}=\mathbf{0}$. □

1.1.3　向量的线性组合和分解

向量的加法和数乘统称为向量的**线性运算**, 可以用它们来解决一些具体的几何问题, 这时常会涉及向量的线性组合与分解.

定义 1.1.8　设 $\boldsymbol{\alpha}_1,\boldsymbol{\alpha}_2,\cdots,\boldsymbol{\alpha}_n$ 是一组向量, $k_1,k_2,\cdots,k_n$ 是一组实数, 称

$$\sum_{i=1}^{n}k_i\boldsymbol{\alpha}_i=k_1\boldsymbol{\alpha}_1+k_2\boldsymbol{\alpha}_2+\cdots+k_n\boldsymbol{\alpha}_n$$

为 $\boldsymbol{\alpha}_1,\boldsymbol{\alpha}_2,\cdots,\boldsymbol{\alpha}_n$ 的一个**线性组合**, 称 $k_1,k_2,\cdots,k_n$ 为这个组合的**系数**.

如果一个向量 $\boldsymbol{\beta}=k_1\boldsymbol{\alpha}_1+k_2\boldsymbol{\alpha}_2+\cdots+k_n\boldsymbol{\alpha}_n$, 则称 $\boldsymbol{\beta}$ 可对 $\boldsymbol{\alpha}_1,\boldsymbol{\alpha}_2,\cdots,\boldsymbol{\alpha}_n$ **分解**, 或称 $\boldsymbol{\beta}$ 可由 $\boldsymbol{\alpha}_1,\boldsymbol{\alpha}_2,\cdots,\boldsymbol{\alpha}_n$ **线性表示**.

定理 1.1.1 (向量分解定理) 在空间中,

(1) 如果向量 $\boldsymbol{\alpha}\neq\mathbf{0}$, 则向量 $\boldsymbol{\beta}$ 与 $\boldsymbol{\alpha}$ 共线的充要条件是存在唯一的实数 k, 使得

$$\boldsymbol{\beta}=k\boldsymbol{\alpha};$$

(2) 如果向量 $\boldsymbol{\alpha}_1$ 与 $\boldsymbol{\alpha}_2$ 不共线, 则向量 $\boldsymbol{\beta}$ 与 $\boldsymbol{\alpha}_1,\boldsymbol{\alpha}_2$ 共面的充要条件是存在唯一的实数组 k_1,k_2, 使得

$$\boldsymbol{\beta}=k_1\boldsymbol{\alpha}_1+k_2\boldsymbol{\alpha}_2;$$

(3) 如果向量 $\boldsymbol{\alpha}_1,\boldsymbol{\alpha}_2,\boldsymbol{\alpha}_3$ 不共面, 则对于任意向量 $\boldsymbol{\beta}$ 都存在唯一的实数组 k_1,k_2,k_3, 使得

$$\boldsymbol{\beta}=k_1\boldsymbol{\alpha}_1+k_2\boldsymbol{\alpha}_2+k_3\boldsymbol{\alpha}_3.$$

证明 下面只证明 (2) 和 (3).

(2) 充分性是显然的.

必要性: 设 $\boldsymbol{\alpha}_1$ 与 $\boldsymbol{\alpha}_2$ 不共线, $\boldsymbol{\beta}$ 与 $\boldsymbol{\alpha}_1,\boldsymbol{\alpha}_2$ 共面. 作

$$\overrightarrow{OA_1}=\boldsymbol{\alpha}_1,\quad \overrightarrow{OA_2}=\boldsymbol{\alpha}_2,\quad \overrightarrow{OB}=\boldsymbol{\beta},$$

则点 O,A_1,A_2 不共线, 点 O,A_1,A_2,B 共面. 过点 B 作与 $\overrightarrow{OA_2}$ 平行的直线交直线 OA_1 于点 B_1, 过点 B 作与 $\overrightarrow{OA_1}$ 平行的直线交直线 OA_2 于点 B_2 (图 1.7). 由 (1) 可知存在实数 k_1,k_2, 使得

$$\overrightarrow{OB_1}=k_1\boldsymbol{\alpha}_1,\quad \overrightarrow{OB_2}=k_2\boldsymbol{\alpha}_2,$$

从而

$$\boldsymbol{\beta}=\overrightarrow{OB}=\overrightarrow{OB_1}+\overrightarrow{OB_2}=k_1\boldsymbol{\alpha}_1+k_2\boldsymbol{\alpha}_2.$$

下面证明唯一性. 假设还存在实数 k_1',k_2', 使得

$$\boldsymbol{\beta}=k_1'\boldsymbol{\alpha}_1+k_2'\boldsymbol{\alpha}_2,$$

则

$$k_1\boldsymbol{\alpha}_1+k_2\boldsymbol{\alpha}_2=k_1'\boldsymbol{\alpha}_1+k_2'\boldsymbol{\alpha}_2,$$

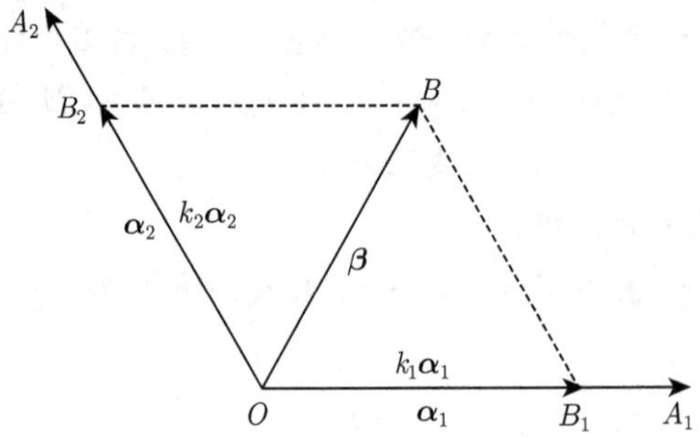

图 1.7

从而

$$(k_1 - k_1')\boldsymbol{\alpha}_1 = (k_2' - k_2)\boldsymbol{\alpha}_2.$$

因为 $\boldsymbol{\alpha}_1$ 与 $\boldsymbol{\alpha}_2$ 不共线, 所以 $k_1 = k_1', k_2 = k_2'$.

(3) 设 $\boldsymbol{\alpha}_1, \boldsymbol{\alpha}_2, \boldsymbol{\alpha}_3$ 不共面. 作

$$\overrightarrow{OA_1} = \boldsymbol{\alpha}_1, \quad \overrightarrow{OA_2} = \boldsymbol{\alpha}_2, \quad \overrightarrow{OA_3} = \boldsymbol{\alpha}_3,$$

则点 O, A_1, A_2, A_3 不共面.

作 $\overrightarrow{OB} = \boldsymbol{\beta}$, 过点 B 作与 $\overrightarrow{OA_3}$ 平行的直线, 设其与点 O, A_1, A_2 所决定的平面交于点 B' (图 1.8), 由 (1) 可知存在实数 k_3, 使得 $\overrightarrow{B'B} = k_3\boldsymbol{\alpha}_3$. 又因为 $\overrightarrow{OB'}$ 与 $\boldsymbol{\alpha}_1, \boldsymbol{\alpha}_2$ 共面, 由 (2) 可知存在实数 k_1, k_2, 使得 $\overrightarrow{OB'} = k_1\boldsymbol{\alpha}_1 + k_2\boldsymbol{\alpha}_2$, 从而

$$\boldsymbol{\beta} = \overrightarrow{OB} = \overrightarrow{OB'} + \overrightarrow{B'B} = k_1\boldsymbol{\alpha}_1 + k_2\boldsymbol{\alpha}_2 + k_3\boldsymbol{\alpha}_3.$$

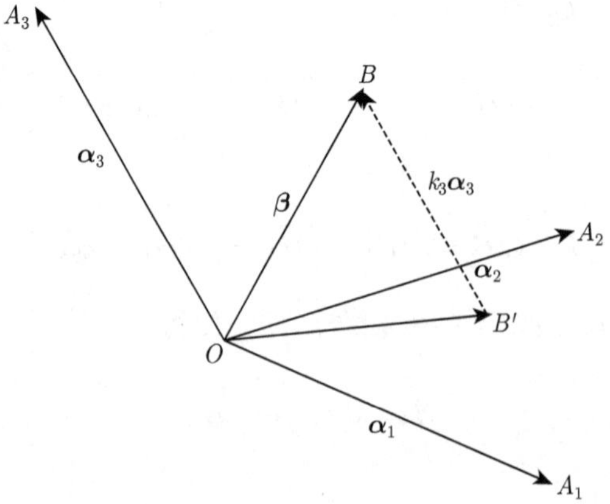

图 1.8

下面证明唯一性. 假设还存在实数 k_1', k_2', k_3', 使得

$$\boldsymbol{\beta} = k_1'\boldsymbol{\alpha}_1 + k_2'\boldsymbol{\alpha}_2 + k_3'\boldsymbol{\alpha}_3,$$

则

$$k_1\boldsymbol{\alpha}_1 + k_2\boldsymbol{\alpha}_2 + k_3\boldsymbol{\alpha}_3 = k_1'\boldsymbol{\alpha}_1 + k_2'\boldsymbol{\alpha}_2 + k_3'\boldsymbol{\alpha}_3,$$

从而

$$(k_1 - k_1')\boldsymbol{\alpha}_1 + (k_2 - k_2')\boldsymbol{\alpha}_2 + (k_3 - k_3')\boldsymbol{\alpha}_3 = \mathbf{0}.$$

不妨设 $k_1 \neq k_1'$, 则

$$\boldsymbol{\alpha}_1 = -\frac{k_2 - k_2'}{k_1 - k_1'}\boldsymbol{\alpha}_2 - \frac{k_3 - k_3'}{k_1 - k_1'}\boldsymbol{\alpha}_3,$$

说明 $\boldsymbol{\alpha}_1, \boldsymbol{\alpha}_2, \boldsymbol{\alpha}_3$ 共面, 与条件矛盾, 唯一性得证. □

向量分解定理是建立仿射坐标系的理论基础, 在解析几何中起着重要的作用. 还可以用它来直接解决一些几何问题, 例如向量组或点组的共线共面问题.

向量组的共线和共面问题中最基本的是 "判断两个向量是否共线" 和 "判断三个向量是否共面". 下面给出判断的法则.

命题 1.1.4 在空间中,

(1) 向量 $\boldsymbol{\alpha}_1$ 与 $\boldsymbol{\alpha}_2$ 共线的充要条件是存在不全为 0 的实数 k_1, k_2, 使得

$$k_1\boldsymbol{\alpha}_1 + k_2\boldsymbol{\alpha}_2 = \mathbf{0};$$

(2) 向量 $\boldsymbol{\alpha}_1, \boldsymbol{\alpha}_2, \boldsymbol{\alpha}_3$ 共面的充要条件是存在不全为 0 的实数 k_1, k_2, k_3, 使得

$$k_1\boldsymbol{\alpha}_1 + k_2\boldsymbol{\alpha}_2 + k_3\boldsymbol{\alpha}_3 = \mathbf{0}.$$

证明 下面只证明 (2).

必要性: 设向量 $\boldsymbol{\alpha}_1, \boldsymbol{\alpha}_2, \boldsymbol{\alpha}_3$ 共面. 如果 $\boldsymbol{\alpha}_2$ 与 $\boldsymbol{\alpha}_3$ 共线, 则由 (1) 可知存在不全为零的实数 k_2, k_3, 使得

$$0\boldsymbol{\alpha}_1 + k_2\boldsymbol{\alpha}_2 + k_3\boldsymbol{\alpha}_3 = \mathbf{0}.$$

如果 $\boldsymbol{\alpha}_2$ 与 $\boldsymbol{\alpha}_3$ 不共线, 由向量分解定理可知存在实数 k_2, k_3, 使得

$$(-1)\boldsymbol{\alpha}_1 + k_2\boldsymbol{\alpha}_2 + k_3\boldsymbol{\alpha}_3 = \mathbf{0}.$$

充分性: 如果存在不全为零的实数 k_1, k_2, k_3, 使得

$$k_1\boldsymbol{\alpha}_1 + k_2\boldsymbol{\alpha}_2 + k_3\boldsymbol{\alpha}_3 = \mathbf{0}.$$

不妨设 $k_1 \neq 0$, 则

$$\boldsymbol{\alpha}_1 = \left(-\frac{k_2}{k_1}\right)\boldsymbol{\alpha}_2 + \left(-\frac{k_3}{k_1}\right)\boldsymbol{\alpha}_3,$$

说明 $\boldsymbol{\alpha}_1, \boldsymbol{\alpha}_2, \boldsymbol{\alpha}_3$ 共面. □

命题 1.1.5　对于空间中任意的四个向量 $\boldsymbol{\alpha}_1, \boldsymbol{\alpha}_2, \boldsymbol{\alpha}_3, \boldsymbol{\alpha}_4$, 必存在不全为 0 的实数 k_1, k_2, k_3, k_4, 使得 $k_1\boldsymbol{\alpha}_1 + k_2\boldsymbol{\alpha}_2 + k_3\boldsymbol{\alpha}_3 + k_4\boldsymbol{\alpha}_4 = \mathbf{0}$.

证明　如果 $\boldsymbol{\alpha}_1 = \mathbf{0}$, 则

$$1\boldsymbol{\alpha}_1 + 0\boldsymbol{\alpha}_2 + 0\boldsymbol{\alpha}_3 + 0\boldsymbol{\alpha}_4 = \mathbf{0}.$$

如果 $\boldsymbol{\alpha}_1 \neq \mathbf{0}$, 且 $\boldsymbol{\alpha}_1$ 与 $\boldsymbol{\alpha}_2$ 共线, 由向量分解定理知存在 k_1, 使得 $\boldsymbol{\alpha}_2 = k_1\boldsymbol{\alpha}_1$, 从而

$$k_1\boldsymbol{\alpha}_1 - \boldsymbol{\alpha}_2 + 0\boldsymbol{\alpha}_3 + 0\boldsymbol{\alpha}_4 = \mathbf{0}.$$

如果 $\boldsymbol{\alpha}_1$ 与 $\boldsymbol{\alpha}_2$ 不共线, $\boldsymbol{\alpha}_1, \boldsymbol{\alpha}_2, \boldsymbol{\alpha}_3$ 共面, 由向量分解定理知存在 k_1, k_2, 使得 $\boldsymbol{\alpha}_3 = k_1\boldsymbol{\alpha}_1 + k_2\boldsymbol{\alpha}_2$, 从而

$$k_1\boldsymbol{\alpha}_1 + k_2\boldsymbol{\alpha}_2 - \boldsymbol{\alpha}_3 + 0\boldsymbol{\alpha}_4 = \mathbf{0}.$$

如果 $\boldsymbol{\alpha}_1, \boldsymbol{\alpha}_2, \boldsymbol{\alpha}_3$ 不共面, 由向量分解定理知存在 k_1, k_2, k_3, 使得 $\boldsymbol{\alpha}_4 = k_1\boldsymbol{\alpha}_1 + k_2\boldsymbol{\alpha}_2 + k_3\boldsymbol{\alpha}_3$, 从而

$$k_1\boldsymbol{\alpha}_1 + k_2\boldsymbol{\alpha}_2 + k_3\boldsymbol{\alpha}_3 - \boldsymbol{\alpha}_4 = \mathbf{0}.$$

□

下面利用向量分解定理给出三点共线问题的判断法则, 而判断四点是否共面在方法上是类似的, 有关问题留作习题.

命题 1.1.6　假设点 O, A, B 不共线, 则

(1) 点 C 与 A, B 共线, 当且仅当存在实数 s 使得

$$\overrightarrow{OC} = (1-s)\overrightarrow{OA} + s\overrightarrow{OB};$$

(2) 点 C 在线段 AB 上, 当且仅当存在实数 $0 \leqslant s \leqslant 1$ 使得

$$\overrightarrow{OC} = (1-s)\overrightarrow{OA} + s\overrightarrow{OB}.$$

证明　(1) 点 C 与 A, B 共线当且仅当 $\overrightarrow{AC}$ 与 $\overrightarrow{AB}$ 共线, 由向量分解定理知, 这等价于存在实数 s 使得 $\overrightarrow{AC} = s\overrightarrow{AB}$, 从而

$$\overrightarrow{OC} - \overrightarrow{OA} = s(\overrightarrow{OB} - \overrightarrow{OA}).$$

所以

$$\overrightarrow{OC}=(1-s)\overrightarrow{OA}+s\overrightarrow{OB}.$$

由 (1) 中 s 的含义易知 (2) 成立. □

事实上, 实数 s 反映了点 C 在直线 AB 上的位置, 随着点 C 位置的改变而改变, 且与点 O 的选择无关. 当 C 划过整条直线 AB 时, s 取遍所有实数. 与 s 类似, 我们还常用到定比的概念, 如果点 C ($C\neq B$) 满足 $\overrightarrow{AC}=\lambda\overrightarrow{CB}$, 则称点 C 分线段 AB 成定比 λ. 易知 $\lambda=\dfrac{s}{1-s}$.

例 1.1.4 用向量法证明梅涅劳斯 (Menelaus) 定理: 设 A,B,C 是不共线的三点, 点 P,Q,R 依次在直线 AB, BC, CA 上 (都不是 A,B,C, 如图 1.9), 则 P,Q,R 三点共线当且仅当

$$\frac{\overrightarrow{AP}}{\overrightarrow{PB}}\cdot\frac{\overrightarrow{BQ}}{\overrightarrow{QC}}\cdot\frac{\overrightarrow{CR}}{\overrightarrow{RA}}=-1.$$

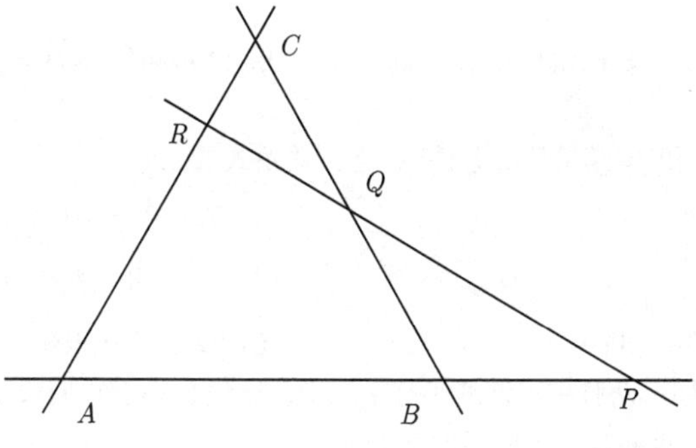

图 1.9

证明 记 $\dfrac{\overrightarrow{AP}}{\overrightarrow{PB}}=k_1,\dfrac{\overrightarrow{BQ}}{\overrightarrow{QC}}=k_2,\dfrac{\overrightarrow{CR}}{\overrightarrow{RA}}=k_3.$

因为点 B,Q,C 共线, 所以

$$\overrightarrow{AQ}=\frac{1}{1+k_2}\overrightarrow{AB}+\frac{k_2}{1+k_2}\overrightarrow{AC}, \tag{1.1}$$

把关系式

$$\overrightarrow{AB}=\overrightarrow{AP}+\overrightarrow{PB}=\left(1+\frac{1}{k_1}\right)\overrightarrow{AP},$$

$$\overrightarrow{AC} = \overrightarrow{AR} + \overrightarrow{RC} = (1+k_3)\overrightarrow{AR}$$

代入 (1.1) 式得

$$\overrightarrow{AQ} = \frac{1}{1+k_2}\left(1+\frac{1}{k_1}\right)\overrightarrow{AP} + \frac{k_2}{1+k_2}(1+k_3)\overrightarrow{AR},$$

于是 P, Q, R 三点共线当且仅当

$$\frac{1}{1+k_2}\left(1+\frac{1}{k_1}\right) + \frac{k_2}{1+k_2}(1+k_3) = 1,$$

化简得

$$k_1k_2k_3 = -1. \qquad \square$$

习题 1.1

1. 设 AC, BD 是平行四边形 $ABCD$ 的两条对角线, 已知向量 $\overrightarrow{AC} = \boldsymbol{\alpha}, \overrightarrow{BD} = \boldsymbol{\beta}$, 求向量 $\overrightarrow{AB}$ 和 $\overrightarrow{BC}$.

2. 设 AD, BE, CF 是三角形 ABC 的三条中线, 已知向量 $\overrightarrow{AB} = \boldsymbol{\alpha}, \overrightarrow{AC} = \boldsymbol{\beta}$, 求向量 $\overrightarrow{AD}$, $\overrightarrow{BE}$ 和 $\overrightarrow{CF}$.

3. 试问当向量 $\boldsymbol{\alpha}$ 和 $\boldsymbol{\beta}$ 满足什么条件时, 下列关系式成立:

(1) $|\boldsymbol{\alpha}+\boldsymbol{\beta}| = |\boldsymbol{\alpha}-\boldsymbol{\beta}|$;　　(2) $\boldsymbol{\alpha}+\boldsymbol{\beta} = k(\boldsymbol{\alpha}-\boldsymbol{\beta})$;

(3) $\dfrac{\boldsymbol{\alpha}}{|\boldsymbol{\alpha}|} = \dfrac{\boldsymbol{\beta}}{|\boldsymbol{\beta}|}$;　　(4) $|\boldsymbol{\alpha}+\boldsymbol{\beta}| > |\boldsymbol{\alpha}-\boldsymbol{\beta}|$;

(5) $|\boldsymbol{\alpha}+\boldsymbol{\beta}| = |\boldsymbol{\alpha}|+|\boldsymbol{\beta}|$;　　(6) $|\boldsymbol{\alpha}+\boldsymbol{\beta}| < |\boldsymbol{\alpha}|+|\boldsymbol{\beta}|$.

4. 用向量法证明梯形两腰中点连线平行于上下两底边且等于它们长度和的一半.

5. 证明: 三角形的重心是三条中线的交点.

6. 作图题.

(1) 作任意五边形 $A_1A_2A_3A_4A_5$ 的重心;

(2) 作任意六边形 $A_1A_2A_3A_4A_5A_6$ 的重心.

7. 设向量 $\boldsymbol{\alpha}$ 与 $\boldsymbol{\beta}$ 不共线, 那么 k 为何值时, $k\boldsymbol{\alpha}+\boldsymbol{\beta}$ 与 $\boldsymbol{\alpha}+k\boldsymbol{\beta}$ 共线.

8. 设向量 $\boldsymbol{e}_1, \boldsymbol{e}_2, \boldsymbol{e}_3$ 不共面, $\boldsymbol{\alpha} = \boldsymbol{e}_1+\boldsymbol{e}_2$, $\boldsymbol{\beta} = \boldsymbol{e}_2+\boldsymbol{e}_3$, $\boldsymbol{\gamma} = \boldsymbol{e}_3+\boldsymbol{e}_1$, 讨论 $\boldsymbol{\alpha}, \boldsymbol{\beta}, \boldsymbol{\gamma}$ 是否共面.

9. 证明三个向量 $\boldsymbol{\alpha} = -\boldsymbol{e}_1+3\boldsymbol{e}_2+2\boldsymbol{e}_3, \boldsymbol{\beta} = 4\boldsymbol{e}_1-6\boldsymbol{e}_2+2\boldsymbol{e}_3, \boldsymbol{\gamma} = 7\boldsymbol{e}_1-9\boldsymbol{e}_2+6\boldsymbol{e}_3$ 共面, 其中 $\boldsymbol{\alpha}$ 能否用 $\boldsymbol{\beta}, \boldsymbol{\gamma}$ 线性表示? 如果可以表示, 写出具体线性表示关系式.

10. 设 A, B, C, O 是不共面的四点, 证明点 D 和 A, B, C 共面当且仅当向量 $\overrightarrow{OD}$ 对向量 $\overrightarrow{OA}$, $\overrightarrow{OB}$, $\overrightarrow{OC}$ 的分解系数之和等于 1.

11. 证明: 四点 A, B, C, D 共面当且仅当存在不全为 0 的实数 k_1, k_2, k_3, k_4, 使得 $k_1+k_2+k_3+k_4 = 0$, 并且

$$k_1\overrightarrow{OA}+k_2\overrightarrow{OB}+k_3\overrightarrow{OC}+k_4\overrightarrow{OD}=\mathbf{0},$$

其中 O 是任意点.

12. 设在三角形 ABC 中, $\overrightarrow{AB}=\boldsymbol{\alpha}, \overrightarrow{AC}=\boldsymbol{\beta}$,

(1) $\angle A$ 的平分线交边 BC 于点 D, 求向量 $\overrightarrow{AD}$;

(2) E, F 是边 BC 的三等分点, 求向量 $\overrightarrow{AE}, \overrightarrow{AF}$.

13. 设四面体 $OABC$ 的三条棱 $\overrightarrow{OA}=\boldsymbol{\alpha}, \overrightarrow{OB}=\boldsymbol{\beta}, \overrightarrow{OC}=\boldsymbol{\gamma}$, 且棱 OA, OB, OC 上的中点分别是 E, F, G; 棱 AB, BC, AC 上的中点分别是 P, Q, R, 求向量 $\overrightarrow{EQ}$, $\overrightarrow{FR}$ 和 $\overrightarrow{GP}$.

14. 证明: 点 P 在三角形 ABC 内 (包括三边), 当且仅当存在非负实数 k_1, k_2, k_3, 使得 $k_1+k_2+k_3=1$, 并且

$$\overrightarrow{OP}=k_1\overrightarrow{OA}+k_2\overrightarrow{OB}+k_3\overrightarrow{OC},$$

其中 O 是任意点.

15. 用向量法证明塞瓦 (Ceva) 定理: 设平面上有三角形 ABC (图 1.10), D, E, F 依次是边 AB, BC, CA 的内点, 则三条线段 AE, BF, CD 交于一点当且仅当

$$\frac{\overrightarrow{AD}}{\overrightarrow{DB}}\cdot\frac{\overrightarrow{BE}}{\overrightarrow{EC}}\cdot\frac{\overrightarrow{CF}}{\overrightarrow{FA}}=1.$$

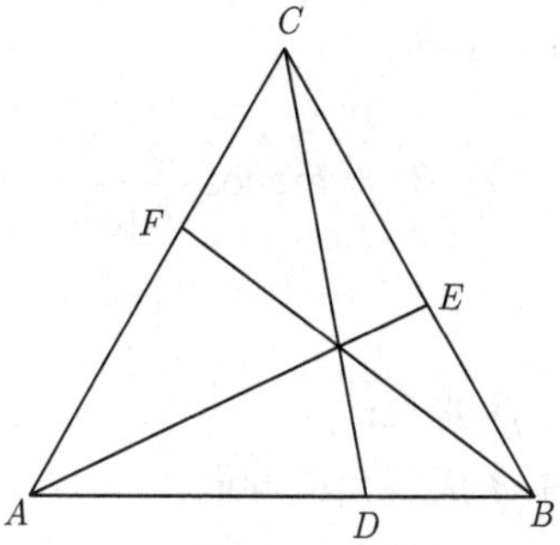

图 1.10

1.2 向量的内积、外积和混合积

本节主要讨论内积和外积这两种向量的乘积运算, 同时也关注它们的混合运算. 这些运算在解决长度、角度、面积和体积等度量问题时起到重要的作用.

1.2.1 向量的内积

向量的内积有深刻的物理背景和许多实际应用. 例如求一个力沿一个方向所做的功, 功 W 是一个数量, 由力 $\boldsymbol{f}$ 和受力物体的位移 $\boldsymbol{s}$ 这两个向量来决定, 计算

公式为

$$W = |\boldsymbol{f}||\boldsymbol{s}|\cos\theta,$$

其中 θ 是 $\boldsymbol{f}$ 与 $\boldsymbol{s}$ 的夹角. 数学上将这种运算抽象为内积.

定义 1.2.1　两个向量 $\boldsymbol{\alpha}, \boldsymbol{\beta}$ 的内积是一个实数, 记作 $\boldsymbol{\alpha} \cdot \boldsymbol{\beta}$, 规定如下: $\boldsymbol{\alpha}, \boldsymbol{\beta}$ 中有零向量时, $\boldsymbol{\alpha} \cdot \boldsymbol{\beta} = 0$; 否则

$$\boldsymbol{\alpha} \cdot \boldsymbol{\beta} = |\boldsymbol{\alpha}||\boldsymbol{\beta}|\cos\langle\boldsymbol{\alpha}, \boldsymbol{\beta}\rangle.$$

当 $\boldsymbol{\alpha} = \boldsymbol{\beta}$ 时, 记 $\boldsymbol{\alpha} \cdot \boldsymbol{\alpha} = \boldsymbol{\alpha}^2$.

从定义可以看出, 向量的内积是由向量的模和夹角来决定的. 我们自然想到用内积来刻画向量的模和向量之间的夹角.

由于

$$\boldsymbol{\alpha} \cdot \boldsymbol{\alpha} = |\boldsymbol{\alpha}||\boldsymbol{\alpha}|\cos 0 = |\boldsymbol{\alpha}|^2,$$

所以向量的模可表示为

$$|\boldsymbol{\alpha}| = \sqrt{\boldsymbol{\alpha} \cdot \boldsymbol{\alpha}} = \sqrt{\boldsymbol{\alpha}^2}.$$

两个非零向量之间的夹角可表示为

$$\langle\boldsymbol{\alpha}, \boldsymbol{\beta}\rangle = \arccos \frac{\boldsymbol{\alpha} \cdot \boldsymbol{\beta}}{|\boldsymbol{\alpha}||\boldsymbol{\beta}|},$$

从而有

(1) $\boldsymbol{\alpha} \cdot \boldsymbol{\beta} = 0 \Longleftrightarrow \boldsymbol{\alpha}$ 与 $\boldsymbol{\beta}$ 垂直;

(2) $\boldsymbol{\alpha} \cdot \boldsymbol{\beta} > 0 \Longleftrightarrow \boldsymbol{\alpha}$ 与 $\boldsymbol{\beta}$ 成锐角或同向;

(3) $\boldsymbol{\alpha} \cdot \boldsymbol{\beta} < 0 \Longleftrightarrow \boldsymbol{\alpha}$ 与 $\boldsymbol{\beta}$ 成钝角或反向.

向量的内积运算有以下四条性质.

命题 1.2.1　对于任意向量 $\boldsymbol{\alpha}, \boldsymbol{\beta}, \boldsymbol{\gamma}$ 和实数 k, 有

(1) $\boldsymbol{\alpha} \cdot \boldsymbol{\beta} = \boldsymbol{\beta} \cdot \boldsymbol{\alpha}$;

(2) $(k\boldsymbol{\alpha}) \cdot \boldsymbol{\beta} = k(\boldsymbol{\alpha} \cdot \boldsymbol{\beta})$;

(3) $(\boldsymbol{\alpha} + \boldsymbol{\beta}) \cdot \boldsymbol{\gamma} = \boldsymbol{\alpha} \cdot \boldsymbol{\gamma} + \boldsymbol{\beta} \cdot \boldsymbol{\gamma}$;

(4) $\boldsymbol{\alpha} \cdot \boldsymbol{\alpha} \geqslant 0$, 等式成立当且仅当 $\boldsymbol{\alpha} = \boldsymbol{0}$.

证明　根据定义很容易得到 (1), (2), (4). 下面来证明 (3).

作 $\overrightarrow{OA} = \boldsymbol{\alpha}, \overrightarrow{AB} = \boldsymbol{\beta}, \overrightarrow{OC} = \boldsymbol{\gamma}$. 以 O 为原点, $\overrightarrow{OC}$ 的方向为正方向, 在直线 OC 上建立数轴 L (图 1.11).

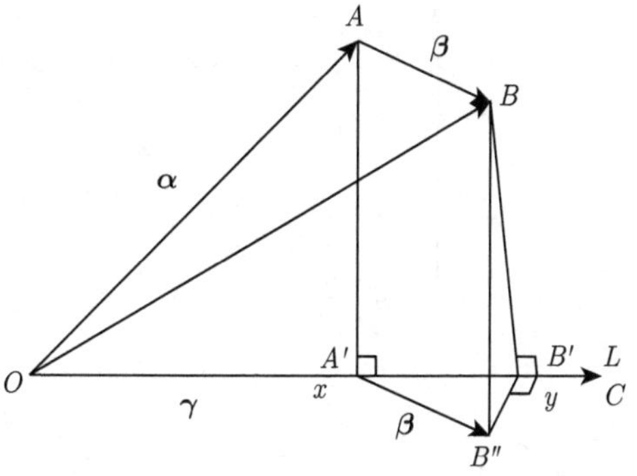

图 1.11

设点 A 和 B 在 L 上的投影点分别为 A' 和 B', 对应数轴上实数 x 和 y. 作 $\overrightarrow{A'B''}=\boldsymbol{\beta}$, 易知 $\overrightarrow{B''B'}\perp\boldsymbol{\gamma}$. 由内积定义知

$$\boldsymbol{\alpha}\cdot\boldsymbol{\gamma}=|\overrightarrow{OA}||\overrightarrow{OC}|\cos\langle\overrightarrow{OA},\overrightarrow{OC}\rangle=x|\overrightarrow{OC}|,$$

$$(\boldsymbol{\alpha}+\boldsymbol{\beta})\cdot\boldsymbol{\gamma}=\overrightarrow{OB}\cdot\overrightarrow{OC}=|\overrightarrow{OB}||\overrightarrow{OC}|\cos\langle\overrightarrow{OB},\overrightarrow{OC}\rangle=y|\overrightarrow{OC}|,$$

$$\boldsymbol{\beta}\cdot\boldsymbol{\gamma}=|\overrightarrow{A'B''}||\overrightarrow{OC}|\cos\langle\overrightarrow{A'B''},\overrightarrow{OC}\rangle=(y-x)|\overrightarrow{OC}|.$$

从而

$$(\boldsymbol{\alpha}+\boldsymbol{\beta})\cdot\boldsymbol{\gamma}=\boldsymbol{\alpha}\cdot\boldsymbol{\gamma}+\boldsymbol{\beta}\cdot\boldsymbol{\gamma}.$$ □

下面我们用向量内积来解决一些几何问题.

例 1.2.1 求向量 $\boldsymbol{\alpha}$ 在向量 $\boldsymbol{\beta}\neq\mathbf{0}$ 所平行的直线 L 上的投影向量.

证明 设向量 $\boldsymbol{\alpha}$ 在直线 L 上的投影向量为 $\boldsymbol{\alpha}'$ (图 1.12), 则

$$|\boldsymbol{\alpha}'|=|\boldsymbol{\alpha}||\cos\langle\boldsymbol{\alpha},\boldsymbol{\beta}\rangle|.$$

当 $\cos\langle\boldsymbol{\alpha},\boldsymbol{\beta}\rangle>0$ 时, $\boldsymbol{\alpha}'$ 与 $\boldsymbol{\beta}$ 同向, 于是

$$\boldsymbol{\alpha}'=|\boldsymbol{\alpha}||\cos\langle\boldsymbol{\alpha},\boldsymbol{\beta}\rangle|\frac{\boldsymbol{\beta}}{|\boldsymbol{\beta}|}=|\boldsymbol{\alpha}|\cos\langle\boldsymbol{\alpha},\boldsymbol{\beta}\rangle\frac{\boldsymbol{\beta}}{|\boldsymbol{\beta}|};$$

当 $\cos\langle\boldsymbol{\alpha},\boldsymbol{\beta}\rangle<0$ 时, $\boldsymbol{\alpha}'$ 与 $\boldsymbol{\beta}$ 反向, 于是

$$\boldsymbol{\alpha}'=|\boldsymbol{\alpha}||\cos\langle\boldsymbol{\alpha},\boldsymbol{\beta}\rangle|\left(-\frac{\boldsymbol{\beta}}{|\boldsymbol{\beta}|}\right)=|\boldsymbol{\alpha}|(-\cos\langle\boldsymbol{\alpha},\boldsymbol{\beta}\rangle)\left(-\frac{\boldsymbol{\beta}}{|\boldsymbol{\beta}|}\right)=|\boldsymbol{\alpha}|\cos\langle\boldsymbol{\alpha},\boldsymbol{\beta}\rangle\frac{\boldsymbol{\beta}}{|\boldsymbol{\beta}|};$$

当 $\cos\langle\boldsymbol{\alpha},\boldsymbol{\beta}\rangle=0$ 时, $\boldsymbol{\alpha}'=\mathbf{0}$.

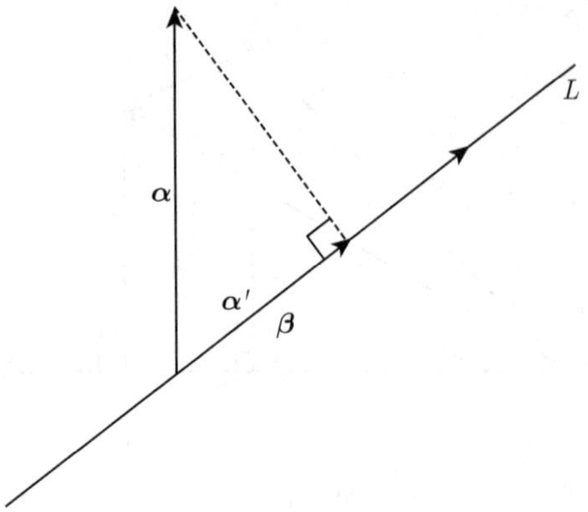

图 1.12

综上得

$$\boldsymbol{\alpha}' = |\boldsymbol{\alpha}|\cos\langle\boldsymbol{\alpha},\boldsymbol{\beta}\rangle\frac{\boldsymbol{\beta}}{|\boldsymbol{\beta}|} = \frac{\boldsymbol{\alpha}\cdot\boldsymbol{\beta}}{\boldsymbol{\beta}^2}\boldsymbol{\beta}.$$

故向量 $\boldsymbol{\alpha}$ 在向量 $\boldsymbol{\beta}\neq\mathbf{0}$ 所平行的直线 L 上的投影向量为 $\dfrac{\boldsymbol{\alpha}\cdot\boldsymbol{\beta}}{\boldsymbol{\beta}^2}\boldsymbol{\beta}$. □

例 1.2.2　用向量法证明平行四边形对角线的平方和等于四条边的平方和.

证明　设 $ABCD$ 为平行四边形, $\overrightarrow{AB}//\overrightarrow{DC}$, $\overrightarrow{AD}//\overrightarrow{BC}$ (图 1.13), 往证

$$\overrightarrow{AC}^2 + \overrightarrow{BD}^2 = 2(\overrightarrow{AB}^2 + \overrightarrow{BC}^2). \tag{1.2}$$

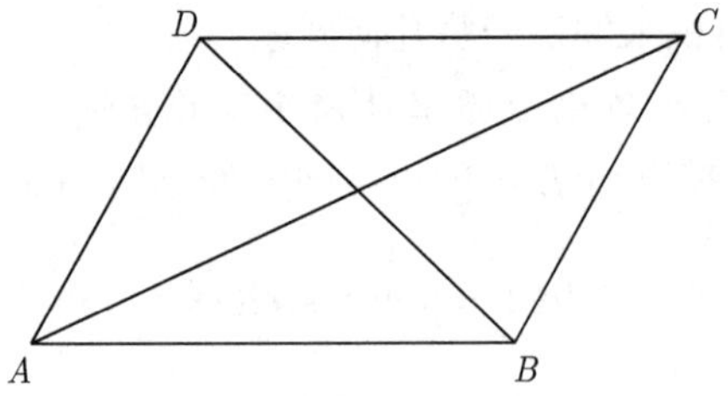

图 1.13

根据内积运算的性质得

$$\begin{aligned}\overrightarrow{AC}^2 + \overrightarrow{BD}^2 &= (\overrightarrow{AB} + \overrightarrow{BC})^2 + (\overrightarrow{AB} - \overrightarrow{BC})^2\\ &= \overrightarrow{AB}^2 + \overrightarrow{BC}^2 + 2\overrightarrow{AB}\cdot\overrightarrow{BC} + \overrightarrow{AB}^2 + \overrightarrow{BC}^2 - 2\overrightarrow{AB}\cdot\overrightarrow{BC}\\ &= 2(\overrightarrow{AB}^2 + \overrightarrow{BC}^2).\end{aligned}$$

故平行四边形对角线的平方和等于四条边的平方和. □

注 1.2.1 当 $ABCD$ 为矩形时, (1.2) 式变为 $\overrightarrow{AC}^2=\overrightarrow{AB}^2+\overrightarrow{BC}^2$, 即勾股定理.

例 1.2.3 证明三角形的三条高线交于一点.

证明 设在三角形 ABC 中, AD,BE,CF 分别是边 BC,AC,AB 上的高, 且 AD 与 BE 交于点 O (图 1.14), 往证 C,O,F 共线, 只需证 CO 与 AB 垂直, 即 $\overrightarrow{CO}\cdot\overrightarrow{AB}=0$. 因为

$$\overrightarrow{AO}\cdot\overrightarrow{BC}=\overrightarrow{BO}\cdot\overrightarrow{AC}=0,$$

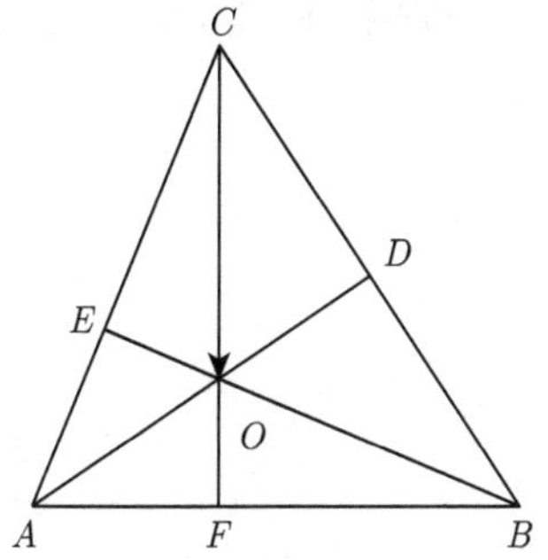

图 1.14

所以

$$\begin{aligned}\overrightarrow{CO}\cdot\overrightarrow{AB}&=(\overrightarrow{CA}+\overrightarrow{AO})\cdot\overrightarrow{AB}\\&=\overrightarrow{CA}\cdot\overrightarrow{AB}+\overrightarrow{AO}\cdot\overrightarrow{AB}\\&=\overrightarrow{CA}\cdot(\overrightarrow{AO}+\overrightarrow{OB})+\overrightarrow{AO}\cdot(\overrightarrow{AC}+\overrightarrow{CB})\\&=\overrightarrow{CA}\cdot\overrightarrow{AO}+\overrightarrow{AO}\cdot\overrightarrow{AC}\\&=0.\end{aligned}$$

故三角形的三条高线交于一点. □

1.2.2 向量的外积

两个向量的外积是一个向量, 它也有深刻的物理背景, 例如由力和力臂决定的力矩, 作用在点 A 上的力 $\boldsymbol{f}$ 关于支点 O 的力矩 $\boldsymbol{M}$ 的大小为

$$|\boldsymbol{M}|=|\boldsymbol{f}||\overrightarrow{OA}|\sin\langle\boldsymbol{f},\overrightarrow{OA}\rangle,$$

让右手的四指从 $\overrightarrow{OA}$ 弯向 $\boldsymbol{f}$ (转角小于 π), 则拇指的指向即为 $\boldsymbol{M}$ 的方向. 数学上将这种运算抽象为外积.

外积的定义比内积多了对向量方向的规定, 为此在学习外积之前, 我们先来认识空间中不共面向量组的定向.

事实上, 中学里学过的平面直角坐标系上就有了定向的概念. 如果平面直角坐标系的 x 轴正方向绕原点按逆时针旋转 $90°$ 角后是 y 轴正方向, 就称它为右手系, 否则称为左手系. 推广开来, 可以这样描述平面上任意两个不共线向量 $\boldsymbol{\alpha}$, $\boldsymbol{\beta}$ 的定向: 将 $\boldsymbol{\alpha}$ 和 $\boldsymbol{\beta}$ 的起点放在一起, 如果 $\boldsymbol{\alpha}$ 逆时针旋转 θ 角 (转角小于 $180°$) 后与 $\boldsymbol{\beta}$ 指向同一方向就称 $\boldsymbol{\alpha}, \boldsymbol{\beta}$ 为**右手系**, 否则称为**左手系**, 如图 1.15 所示.

图 1.15

空间中三个不共面的有序向量 $\boldsymbol{\alpha}, \boldsymbol{\beta}, \boldsymbol{\gamma}$ 的定向也是两个: 将它们的起点放在一起, 则 $\boldsymbol{\alpha}$, $\boldsymbol{\beta}$ 决定了一个平面 π, 而 $\boldsymbol{\gamma}$ 指向平面 π 的一侧, 将右手除拇指外的四指从 $\boldsymbol{\alpha}$ 的方向弯向 $\boldsymbol{\beta}$ 的方向 (转角小于 $180°$), 如果拇指所指的方向与 $\boldsymbol{\gamma}$ 指向平面 π 的同一侧, 则称向量组 $\boldsymbol{\alpha}, \boldsymbol{\beta}, \boldsymbol{\gamma}$ 为**右手系**, 否则称为**左手系**, 如图 1.16 所示.

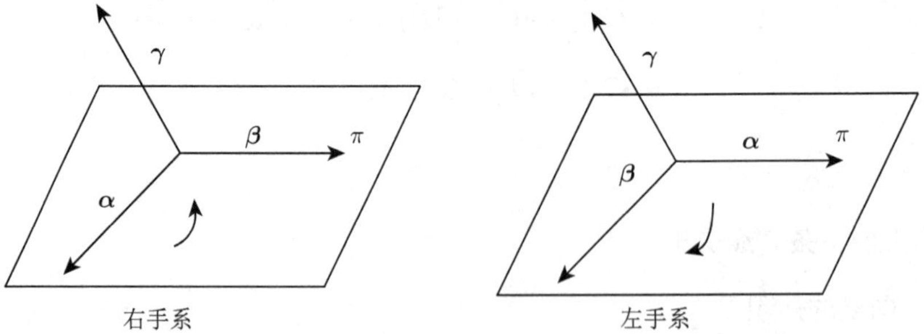

图 1.16

排列顺序在决定三个不共面向量的定向时是重要的. 当把其中两个向量对换时, 定向要改变, 于是当 $\boldsymbol{\alpha}, \boldsymbol{\beta}, \boldsymbol{\gamma}$ 是右手系时, $\boldsymbol{\beta}, \boldsymbol{\gamma}, \boldsymbol{\alpha}$ 和 $\boldsymbol{\gamma}, \boldsymbol{\alpha}, \boldsymbol{\beta}$ 也是右手系, 而

$\boldsymbol{\alpha},\boldsymbol{\gamma},\boldsymbol{\beta}$ 是左手系. 当向量组中的某个向量用它的反向量代替时, 定向也会改变.

从向量分解定理可以看出, 平面上两个不共线向量可以表示平面上任意向量, 空间中三个不共面向量可以表示空间中任意向量. 因此我们可以将平面上两个不共线向量的定向作为平面的定向, 将空间中三个不共面向量的定向作为空间的定向.

定义 1.2.2 两个向量 $\boldsymbol{\alpha},\boldsymbol{\beta}$ 的外积是一个向量, 记作 $\boldsymbol{\alpha}\times\boldsymbol{\beta}$, 规定如下：它的模为

$$|\boldsymbol{\alpha}\times\boldsymbol{\beta}|=|\boldsymbol{\alpha}||\boldsymbol{\beta}|\sin\langle\boldsymbol{\alpha},\boldsymbol{\beta}\rangle.$$

当 $\boldsymbol{\alpha},\boldsymbol{\beta}$ 共线时, $\boldsymbol{\alpha}\times\boldsymbol{\beta}=\mathbf{0}$. 当 $\boldsymbol{\alpha},\boldsymbol{\beta}$ 不共线时, $\boldsymbol{\alpha}\times\boldsymbol{\beta}$ 的方向是 $\boldsymbol{\alpha},\boldsymbol{\beta}$ 的公垂方向, 且 $\boldsymbol{\alpha},\boldsymbol{\beta},\boldsymbol{\alpha}\times\boldsymbol{\beta}$ 构成右手系.

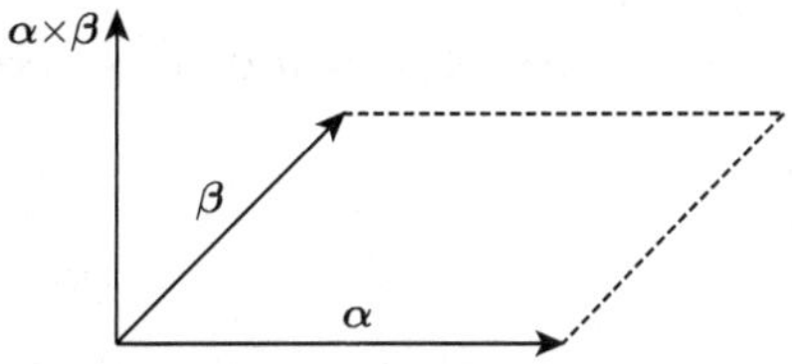

图 1.17

从定义可以看出 $\boldsymbol{\alpha},\boldsymbol{\beta}$ 共线当且仅当 $\boldsymbol{\alpha}\times\boldsymbol{\beta}=\mathbf{0}$. 此外同时与两个不共线向量都垂直的向量是它们外积的倍数. 外积还常用来计算面积, 如图 1.17 中, 以 $\boldsymbol{\alpha},\boldsymbol{\beta}$ 为邻边的平行四边形的面积为 $|\boldsymbol{\alpha}\times\boldsymbol{\beta}|$.

注1.2.2(外积的几何解释) 对于两个不共线的向量 $\boldsymbol{\alpha},\boldsymbol{\beta}$, 作 $\overrightarrow{OA}=\boldsymbol{\alpha},\overrightarrow{OB}=\boldsymbol{\beta}$, 记过点 O 且垂直于 $\boldsymbol{\beta}$ 的平面为 π, $\overrightarrow{OA}$ 在平面 π 上的投影为 $\overrightarrow{OA'}$, 如图 1.18 所示.

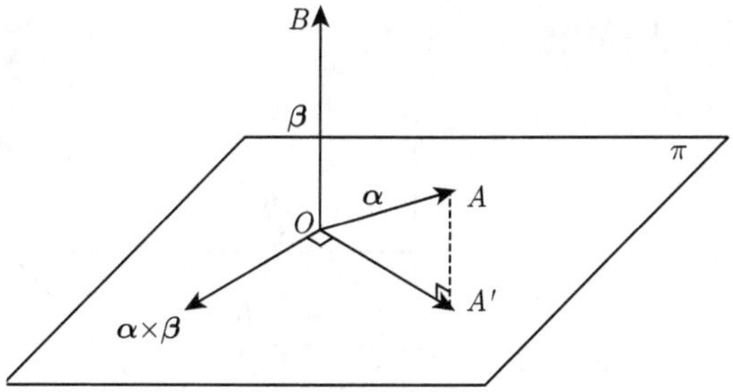

图 1.18

注意到向量 $\overrightarrow{OA'}$ 的模为

$$|\overrightarrow{OA'}|=|\boldsymbol{\alpha}|\sin\langle\boldsymbol{\alpha},\boldsymbol{\beta}\rangle.$$

于是向量 $\overrightarrow{OA'}$ 在平面 π 上绕点 O 顺时针旋转 90° 角后再乘以 $|\boldsymbol{\beta}|$ 所得到的向量 $\boldsymbol{\gamma}$ 就是外积 $\boldsymbol{\alpha}\times\boldsymbol{\beta}$.

向量的外积运算有以下三条性质.

命题 1.2.2 对于任意向量 $\boldsymbol{\alpha},\boldsymbol{\beta},\boldsymbol{\gamma}$ 和实数 k, 有

(1) $\boldsymbol{\alpha}\times\boldsymbol{\beta}=-\boldsymbol{\beta}\times\boldsymbol{\alpha}$;

(2) $(k\boldsymbol{\alpha})\times\boldsymbol{\beta}=k(\boldsymbol{\alpha}\times\boldsymbol{\beta})$;

(3) $(\boldsymbol{\alpha}+\boldsymbol{\beta})\times\boldsymbol{\gamma}=\boldsymbol{\alpha}\times\boldsymbol{\gamma}+\boldsymbol{\beta}\times\boldsymbol{\gamma}$.

证明 (1) 根据外积的定义容易验证.

(2) 当 $k=0$ 时显然成立.

当 $k>0$ 时, $k\boldsymbol{\alpha}$ 与 $\boldsymbol{\alpha}$ 同向, 因而 $(k\boldsymbol{\alpha})\times\boldsymbol{\beta}$ 与 $k(\boldsymbol{\alpha}\times\boldsymbol{\beta})$ 同向. 根据 $\langle k\boldsymbol{\alpha},\boldsymbol{\beta}\rangle=\langle\boldsymbol{\alpha},\boldsymbol{\beta}\rangle$, 可得

$$|(k\boldsymbol{\alpha})\times\boldsymbol{\beta}|=|k\boldsymbol{\alpha}||\boldsymbol{\beta}|\sin\langle k\boldsymbol{\alpha},\boldsymbol{\beta}\rangle=k|\boldsymbol{\alpha}||\boldsymbol{\beta}|\sin\langle\boldsymbol{\alpha},\boldsymbol{\beta}\rangle=|k(\boldsymbol{\alpha}\times\boldsymbol{\beta})|,$$

所以

$$(k\boldsymbol{\alpha})\times\boldsymbol{\beta}=k(\boldsymbol{\alpha}\times\boldsymbol{\beta}).$$

当 $k<0$ 时, $k\boldsymbol{\alpha}$ 与 $\boldsymbol{\alpha}$ 反向, 因而 $(k\boldsymbol{\alpha})\times\boldsymbol{\beta}$ 与 $k(\boldsymbol{\alpha}\times\boldsymbol{\beta})$ 同向. 此时 $\langle k\boldsymbol{\alpha},\boldsymbol{\beta}\rangle=\pi-\langle\boldsymbol{\alpha},\boldsymbol{\beta}\rangle$, 注意到 $\sin\langle k\boldsymbol{\alpha},\boldsymbol{\beta}\rangle=\sin\langle\boldsymbol{\alpha},\boldsymbol{\beta}\rangle$, 所以仍有

$$(k\boldsymbol{\alpha})\times\boldsymbol{\beta}=k(\boldsymbol{\alpha}\times\boldsymbol{\beta}).$$

(3) 如果 $\boldsymbol{\alpha},\boldsymbol{\beta},\boldsymbol{\gamma}$ 中有零向量或者它们三个共线, 等式显然成立.

不然, 可假设 $\boldsymbol{\alpha},\boldsymbol{\gamma}$ 不共线. 作 $\overrightarrow{OA}=\boldsymbol{\alpha},\overrightarrow{AB}=\boldsymbol{\beta},\overrightarrow{OC}=\boldsymbol{\gamma}$. 记过点 O 且垂直于 $\boldsymbol{\gamma}$ 的平面为 π , 向量 $\overrightarrow{OA}$ 和 $\overrightarrow{AB}$ 在平面 π 上的投影分别为 $\overrightarrow{OA'}$ 和 $\overrightarrow{A'B'}$, 可见 $\overrightarrow{OB'}$ 为 $\overrightarrow{OB}$ 在平面 π 上的投影 (图 1.19).

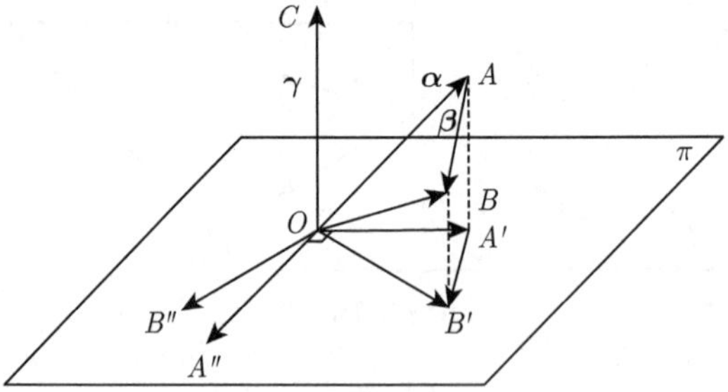

图 1.19

根据外积的几何解释, $\boldsymbol{\alpha}\times\boldsymbol{\gamma},\boldsymbol{\beta}\times\boldsymbol{\gamma},(\boldsymbol{\alpha}+\boldsymbol{\beta})\times\boldsymbol{\gamma}$ 分别是 $\overrightarrow{OA'},\overrightarrow{A'B'},\overrightarrow{OB'}$ 在平面 π 上绕点 O 顺时针旋转 90° 角后再乘以 $|\gamma|$ 所得到的向量. 由相似三角形的性质可知

$$(\boldsymbol{\alpha}+\boldsymbol{\beta})\times\boldsymbol{\gamma}=\boldsymbol{\alpha}\times\boldsymbol{\gamma}+\boldsymbol{\beta}\times\boldsymbol{\gamma}.$$ □

例 1.2.4 设 $OABC$ 为四面体, $\overrightarrow{OA},\overrightarrow{OB},\overrightarrow{OC}$ 两两垂直 (图 1.20), 证明

$$S^2_{\triangle ABC}=S^2_{\triangle OAB}+S^2_{\triangle OBC}+S^2_{\triangle OAC},$$

其中 S 表示三角形的面积.

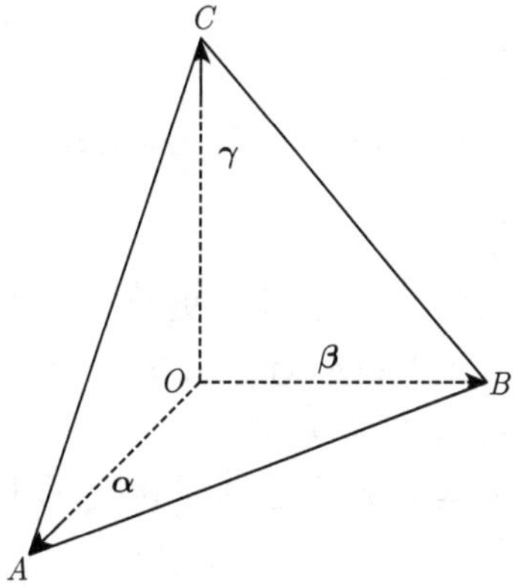

图 1.20

证明 记 $\overrightarrow{OA}=\boldsymbol{\alpha},\overrightarrow{OB}=\boldsymbol{\beta},\overrightarrow{OC}=\boldsymbol{\gamma}$. 根据条件可知 $\boldsymbol{\alpha}\times\boldsymbol{\beta},\boldsymbol{\beta}\times\boldsymbol{\gamma},\boldsymbol{\gamma}\times\boldsymbol{\alpha}$ 两两垂直, 于是

$$\begin{aligned}4S^2_{\triangle ABC}&=(\overrightarrow{AB}\times\overrightarrow{AC})^2=[(\boldsymbol{\beta}-\boldsymbol{\alpha})\times(\boldsymbol{\gamma}-\boldsymbol{\alpha})]^2\\&=(\boldsymbol{\beta}\times\boldsymbol{\gamma}+\boldsymbol{\alpha}\times\boldsymbol{\beta}+\boldsymbol{\gamma}\times\boldsymbol{\alpha})^2\\&=(\boldsymbol{\beta}\times\boldsymbol{\gamma})^2+(\boldsymbol{\alpha}\times\boldsymbol{\beta})^2+(\boldsymbol{\gamma}\times\boldsymbol{\alpha})^2\\&=4S^2_{\triangle OBC}+4S^2_{\triangle OAB}+4S^2_{\triangle OAC}.\end{aligned}$$

所以

$$S^2_{\triangle ABC}=S^2_{\triangle OAB}+S^2_{\triangle OBC}+S^2_{\triangle OAC}.$$ □

1.2.3 向量的混合积

向量的混合积并不是一个新的运算, 只是将内积和外积组合使用.

定义 1.2.3 设 $\boldsymbol{\alpha},\boldsymbol{\beta},\boldsymbol{\gamma}$ 为空间中的三个向量. 称数量 $(\boldsymbol{\alpha}\times\boldsymbol{\beta})\cdot\boldsymbol{\gamma}$ 为 $\boldsymbol{\alpha},\boldsymbol{\beta},\boldsymbol{\gamma}$ 的混合积, 记作 $(\boldsymbol{\alpha},\boldsymbol{\beta},\boldsymbol{\gamma})$.

混合积的符号能反映向量的位置关系.

命题 1.2.3　对于任意向量 $\boldsymbol{\alpha},\boldsymbol{\beta},\boldsymbol{\gamma}$, 有

(1) $\boldsymbol{\alpha},\boldsymbol{\beta},\boldsymbol{\gamma}$ 共面当且仅当 $(\boldsymbol{\alpha},\boldsymbol{\beta},\boldsymbol{\gamma})=0$;

(2) $\boldsymbol{\alpha},\boldsymbol{\beta},\boldsymbol{\gamma}$ 不共面且构成右手系当且仅当 $(\boldsymbol{\alpha},\boldsymbol{\beta},\boldsymbol{\gamma})>0$;

(3) $\boldsymbol{\alpha},\boldsymbol{\beta},\boldsymbol{\gamma}$ 不共面且构成左手系当且仅当 $(\boldsymbol{\alpha},\boldsymbol{\beta},\boldsymbol{\gamma})<0$.

证明　只证明 (2). 设 $\boldsymbol{\alpha},\boldsymbol{\beta},\boldsymbol{\gamma}$ 不共面且构成右手系. 作 $\overrightarrow{OA}=\boldsymbol{\alpha},\overrightarrow{OB}=\boldsymbol{\beta}$, 设点 O,A,B 确定平面 π, 则 $\boldsymbol{\gamma}$ 和 $\boldsymbol{\alpha}\times\boldsymbol{\beta}$ 指向 π 的同一侧, 又 $\boldsymbol{\alpha}\times\boldsymbol{\beta}$ 与 π 垂直, 故 $\langle\boldsymbol{\gamma},\boldsymbol{\alpha}\times\boldsymbol{\beta}\rangle$ 是锐角, 进而

$$(\boldsymbol{\alpha}\times\boldsymbol{\beta})\cdot\boldsymbol{\gamma}=|\boldsymbol{\alpha}\times\boldsymbol{\beta}||\boldsymbol{\gamma}|\cos\langle\boldsymbol{\gamma},\boldsymbol{\alpha}\times\boldsymbol{\beta}\rangle>0.$$

反推回去就是充分性的证明. □

进一步, 当 $\boldsymbol{\alpha},\boldsymbol{\beta},\boldsymbol{\gamma}$ 不共面时, 混合积有更明确的几何意义.

命题 1.2.4　对于任意不共面的向量 $\boldsymbol{\alpha},\boldsymbol{\beta},\boldsymbol{\gamma}$, 混合积 $(\boldsymbol{\alpha},\boldsymbol{\beta},\boldsymbol{\gamma})$ 的绝对值是以 $\boldsymbol{\alpha},\boldsymbol{\beta},\boldsymbol{\gamma}$ 为相邻棱的平行六面体的体积.

证明　作 $\overrightarrow{OA}=\boldsymbol{\alpha},\overrightarrow{OB}=\boldsymbol{\beta},\overrightarrow{OC}=\boldsymbol{\gamma}$, 考虑以 $\overrightarrow{OA},\overrightarrow{OB},\overrightarrow{OC}$ 为相邻棱的平行六面体, 如图 1.21 所示.

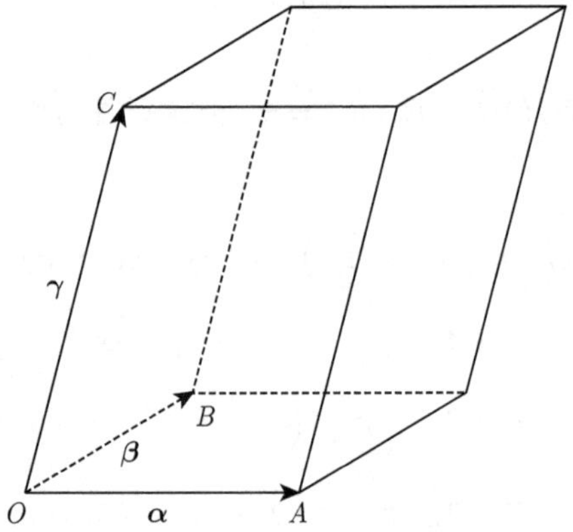

图 1.21

以 $\boldsymbol{\alpha},\boldsymbol{\beta}$ 为边的平行四边形是它的底面, 面积为 $S=|\boldsymbol{\alpha}\times\boldsymbol{\beta}|$.

平行六面体的高 h 是 C 到该底面的距离, 则

$$h=|\boldsymbol{\gamma}||\cos\langle\boldsymbol{\gamma},\boldsymbol{\alpha}\times\boldsymbol{\beta}\rangle|,$$

于是平行六面体的体积

$$V=S\cdot h=|\boldsymbol{\alpha}\times\boldsymbol{\beta}|\cdot|\boldsymbol{\gamma}|\cdot|\cos\langle\boldsymbol{\gamma},\boldsymbol{\alpha}\times\boldsymbol{\beta}\rangle|.$$

因此, 当 $\boldsymbol{\alpha},\boldsymbol{\beta},\boldsymbol{\gamma}$ 构成右手系时, $V=(\boldsymbol{\alpha},\boldsymbol{\beta},\boldsymbol{\gamma})$, 当 $\boldsymbol{\alpha},\boldsymbol{\beta},\boldsymbol{\gamma}$ 构成左手系时, $V=-(\boldsymbol{\alpha},\boldsymbol{\beta},\boldsymbol{\gamma})$. □

从混合积的几何意义可以看出, $\boldsymbol{\alpha},\boldsymbol{\beta},\boldsymbol{\gamma}$ 的混合积与它们的排序有关. 交换任意两个向量的位置, 混合积变为相反数, 且有

$$(\boldsymbol{\alpha},\boldsymbol{\beta},\boldsymbol{\gamma})=(\boldsymbol{\beta},\boldsymbol{\gamma},\boldsymbol{\alpha})=(\boldsymbol{\gamma},\boldsymbol{\alpha},\boldsymbol{\beta}).$$

例 1.2.5 在空间中, 试将任意向量 $\boldsymbol{\delta}$ 表示成三个不共面向量 $\boldsymbol{\alpha},\boldsymbol{\beta},\boldsymbol{\gamma}$ 的线性组合.

解 由向量分解定理, 可知存在唯一的实数组 k_1,k_2,k_3, 使得

$$\boldsymbol{\delta}=k_1\boldsymbol{\alpha}+k_2\boldsymbol{\beta}+k_3\boldsymbol{\gamma}.$$

两端与 $\boldsymbol{\beta}\times\boldsymbol{\gamma}$ 作内积得

$$\boldsymbol{\delta}\cdot(\boldsymbol{\beta}\times\boldsymbol{\gamma})=k_1\boldsymbol{\alpha}\cdot(\boldsymbol{\beta}\times\boldsymbol{\gamma}).$$

因为 $\boldsymbol{\alpha},\boldsymbol{\beta},\boldsymbol{\gamma}$ 是空间中三个不共面的向量, 所以 $(\boldsymbol{\alpha},\boldsymbol{\beta},\boldsymbol{\gamma})\neq 0$, 故

$$k_1=\frac{(\boldsymbol{\delta},\boldsymbol{\beta},\boldsymbol{\gamma})}{(\boldsymbol{\alpha},\boldsymbol{\beta},\boldsymbol{\gamma})},$$

类似地可解出

$$k_2=\frac{(\boldsymbol{\alpha},\boldsymbol{\delta},\boldsymbol{\gamma})}{(\boldsymbol{\alpha},\boldsymbol{\beta},\boldsymbol{\gamma})},\quad k_3=\frac{(\boldsymbol{\alpha},\boldsymbol{\beta},\boldsymbol{\delta})}{(\boldsymbol{\alpha},\boldsymbol{\beta},\boldsymbol{\gamma})}.$$

于是

$$\boldsymbol{\delta}=\frac{(\boldsymbol{\delta},\boldsymbol{\beta},\boldsymbol{\gamma})}{(\boldsymbol{\alpha},\boldsymbol{\beta},\boldsymbol{\gamma})}\boldsymbol{\alpha}+\frac{(\boldsymbol{\alpha},\boldsymbol{\delta},\boldsymbol{\gamma})}{(\boldsymbol{\alpha},\boldsymbol{\beta},\boldsymbol{\gamma})}\boldsymbol{\beta}+\frac{(\boldsymbol{\alpha},\boldsymbol{\beta},\boldsymbol{\delta})}{(\boldsymbol{\alpha},\boldsymbol{\beta},\boldsymbol{\gamma})}\boldsymbol{\gamma}.$$ □

向量的外积不满足结合律, 即 $(\boldsymbol{\alpha}\times\boldsymbol{\beta})\times\boldsymbol{\gamma}$ 和 $\boldsymbol{\alpha}\times(\boldsymbol{\beta}\times\boldsymbol{\gamma})$ 不一定相等, 这会给外积的使用带来很多困难. 为此我们需要探讨一下**双重外积** $(\boldsymbol{\alpha}\times\boldsymbol{\beta})\times\boldsymbol{\gamma}$ 以及它和 $\boldsymbol{\alpha}\times(\boldsymbol{\beta}\times\boldsymbol{\gamma})$ 之间的差异.

命题 1.2.5 对于任意向量 $\boldsymbol{\alpha},\boldsymbol{\beta},\boldsymbol{\gamma}$, 有

$$(\boldsymbol{\alpha}\times\boldsymbol{\beta})\times\boldsymbol{\gamma}=(\boldsymbol{\alpha}\cdot\boldsymbol{\gamma})\boldsymbol{\beta}-(\boldsymbol{\beta}\cdot\boldsymbol{\gamma})\boldsymbol{\alpha}.$$

证明 如果 $\boldsymbol{\alpha},\boldsymbol{\beta}$ 共线, 结论显然成立.

如果 $\boldsymbol{\alpha},\boldsymbol{\beta}$ 不共线, 则 $(\boldsymbol{\alpha}\times\boldsymbol{\beta})\times\boldsymbol{\gamma}$ 与 $\boldsymbol{\alpha},\boldsymbol{\beta}$ 共面, 从而存在实数 k,m, 使得

$$(\boldsymbol{\alpha}\times\boldsymbol{\beta})\times\boldsymbol{\gamma}=k\boldsymbol{\alpha}+m\boldsymbol{\beta},\tag{1.3}$$

两端同时与 $\boldsymbol{\gamma}$ 作内积得

$$k(\boldsymbol{\alpha}\cdot\boldsymbol{\gamma})+m(\boldsymbol{\beta}\cdot\boldsymbol{\gamma})=0. \tag{1.4}$$

取与 $\boldsymbol{\alpha},\boldsymbol{\beta}$ 共面的向量 $\boldsymbol{\alpha}'$, 满足 $\boldsymbol{\alpha}\cdot\boldsymbol{\alpha}'=0$ 且 $\boldsymbol{\alpha},\boldsymbol{\alpha}',\boldsymbol{\alpha}\times\boldsymbol{\beta}$ 构成右手系 (图 1.22). 将 (1.3) 式两端同时与 $\boldsymbol{\alpha}'$ 作内积得

$$((\boldsymbol{\alpha}\times\boldsymbol{\beta})\times\boldsymbol{\gamma})\cdot\boldsymbol{\alpha}'=m\boldsymbol{\beta}\cdot\boldsymbol{\alpha}'.$$

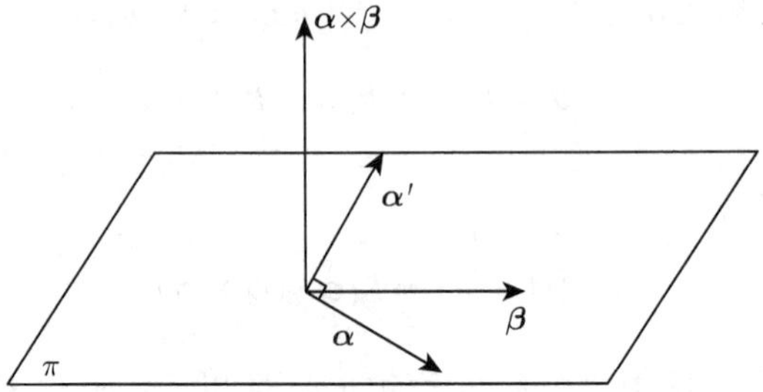

图 1.22

此外还有

$$\begin{aligned}((\boldsymbol{\alpha}\times\boldsymbol{\beta})\times\boldsymbol{\gamma})\cdot\boldsymbol{\alpha}'&=(\boldsymbol{\alpha}'\times(\boldsymbol{\alpha}\times\boldsymbol{\beta}))\cdot\boldsymbol{\gamma}\\&=\left(|\boldsymbol{\alpha}'||\boldsymbol{\alpha}\times\boldsymbol{\beta}|\frac{\boldsymbol{\alpha}}{|\boldsymbol{\alpha}|}\right)\cdot\boldsymbol{\gamma}\\&=\left(|\boldsymbol{\alpha}'||\boldsymbol{\alpha}||\boldsymbol{\beta}|\sin\langle\boldsymbol{\alpha},\boldsymbol{\beta}\rangle\frac{\boldsymbol{\alpha}}{|\boldsymbol{\alpha}|}\right)\cdot\boldsymbol{\gamma}\\&=|\boldsymbol{\alpha}'||\boldsymbol{\beta}|\cos\langle\boldsymbol{\alpha}',\boldsymbol{\beta}\rangle\boldsymbol{\alpha}\cdot\boldsymbol{\gamma}\\&=(\boldsymbol{\alpha}'\cdot\boldsymbol{\beta})(\boldsymbol{\alpha}\cdot\boldsymbol{\gamma}).\end{aligned}$$

所以

$$m(\boldsymbol{\beta}\cdot\boldsymbol{\alpha}')=(\boldsymbol{\alpha}'\cdot\boldsymbol{\beta})(\boldsymbol{\alpha}\cdot\boldsymbol{\gamma}).$$

由于 $\boldsymbol{\alpha},\boldsymbol{\beta}$ 不共线, 所以 $\boldsymbol{\alpha}'\cdot\boldsymbol{\beta}\neq 0$, 故 $m=\boldsymbol{\alpha}\cdot\boldsymbol{\gamma}$, 代回 (1.4) 式得 $k=-\boldsymbol{\beta}\cdot\boldsymbol{\gamma}$. □

根据这一结果容易知道 $(\boldsymbol{\alpha}\times\boldsymbol{\beta})\times\boldsymbol{\gamma}$ 和 $\boldsymbol{\alpha}\times(\boldsymbol{\beta}\times\boldsymbol{\gamma})$ 之间的差异.

推论 1.2.1 对于任意向量 $\boldsymbol{\alpha},\boldsymbol{\beta},\boldsymbol{\gamma}$, 有雅可比 (Jacobi) 恒等式:

$$(\boldsymbol{\alpha}\times\boldsymbol{\beta})\times\boldsymbol{\gamma}+(\boldsymbol{\beta}\times\boldsymbol{\gamma})\times\boldsymbol{\alpha}+(\boldsymbol{\gamma}\times\boldsymbol{\alpha})\times\boldsymbol{\beta}=\mathbf{0}.$$

例 1.2.6 对于任意向量 $\boldsymbol{\alpha},\boldsymbol{\beta},\boldsymbol{\gamma},\boldsymbol{\delta}$, 证明**拉格朗日** (Lagrange) **恒等式**:

$$(\boldsymbol{\alpha}\times\boldsymbol{\beta})\cdot(\boldsymbol{\gamma}\times\boldsymbol{\delta})=\begin{vmatrix}\boldsymbol{\alpha}\cdot\boldsymbol{\gamma} & \boldsymbol{\alpha}\cdot\boldsymbol{\delta}\\ \boldsymbol{\beta}\cdot\boldsymbol{\gamma} & \boldsymbol{\beta}\cdot\boldsymbol{\delta}\end{vmatrix}.$$

证明 根据混合积的性质以及命题 1.2.5 知

$$\begin{aligned}(\boldsymbol{\alpha}\times\boldsymbol{\beta})\cdot(\boldsymbol{\gamma}\times\boldsymbol{\delta})&=((\boldsymbol{\gamma}\times\boldsymbol{\delta})\times\boldsymbol{\alpha})\cdot\boldsymbol{\beta}\\&=((\boldsymbol{\gamma}\cdot\boldsymbol{\alpha})\boldsymbol{\delta}-(\boldsymbol{\delta}\cdot\boldsymbol{\alpha})\boldsymbol{\gamma})\cdot\boldsymbol{\beta}\\&=(\boldsymbol{\gamma}\cdot\boldsymbol{\alpha})(\boldsymbol{\delta}\cdot\boldsymbol{\beta})-(\boldsymbol{\delta}\cdot\boldsymbol{\alpha})(\boldsymbol{\gamma}\cdot\boldsymbol{\beta}),\end{aligned}$$

用行列式表示有

$$(\boldsymbol{\alpha}\times\boldsymbol{\beta})\cdot(\boldsymbol{\gamma}\times\boldsymbol{\delta})=\begin{vmatrix}\boldsymbol{\alpha}\cdot\boldsymbol{\gamma} & \boldsymbol{\alpha}\cdot\boldsymbol{\delta}\\ \boldsymbol{\beta}\cdot\boldsymbol{\gamma} & \boldsymbol{\beta}\cdot\boldsymbol{\delta}\end{vmatrix}.$$ □

例 1.2.7 如果 $\boldsymbol{\alpha},\boldsymbol{\beta},\boldsymbol{\gamma}$ 不共面, 则 $\boldsymbol{\alpha}\times\boldsymbol{\beta},\boldsymbol{\beta}\times\boldsymbol{\gamma},\boldsymbol{\gamma}\times\boldsymbol{\alpha}$ 也不共面且构成右手系.

证明 由拉格朗日恒等式得

$$\begin{aligned}(\boldsymbol{\alpha}\times\boldsymbol{\beta},\boldsymbol{\beta}\times\boldsymbol{\gamma},\boldsymbol{\gamma}\times\boldsymbol{\alpha})&=((\boldsymbol{\alpha}\times\boldsymbol{\beta})\times(\boldsymbol{\beta}\times\boldsymbol{\gamma}))\cdot(\boldsymbol{\gamma}\times\boldsymbol{\alpha})\\&=\begin{vmatrix}(\boldsymbol{\alpha}\times\boldsymbol{\beta})\cdot\boldsymbol{\gamma} & (\boldsymbol{\alpha}\times\boldsymbol{\beta})\cdot\boldsymbol{\alpha}\\ (\boldsymbol{\beta}\times\boldsymbol{\gamma})\cdot\boldsymbol{\gamma} & (\boldsymbol{\beta}\times\boldsymbol{\gamma})\cdot\boldsymbol{\alpha}\end{vmatrix}\\&=(\boldsymbol{\alpha},\boldsymbol{\beta},\boldsymbol{\gamma})^2,\end{aligned}$$

因为向量 $\boldsymbol{\alpha},\boldsymbol{\beta},\boldsymbol{\gamma}$ 不共面, 所以 $(\boldsymbol{\alpha},\boldsymbol{\beta},\boldsymbol{\gamma})\neq 0$, 故 $(\boldsymbol{\alpha},\boldsymbol{\beta},\boldsymbol{\gamma})^2>0$.

再根据命题 1.2.3, 知 $\boldsymbol{\alpha}\times\boldsymbol{\beta},\boldsymbol{\beta}\times\boldsymbol{\gamma},\boldsymbol{\gamma}\times\boldsymbol{\alpha}$ 也不共面且构成右手系. □

习题 1.2

1. 已知 $|\boldsymbol{\alpha}|=2$, $|\boldsymbol{\beta}|=3$, $\langle\boldsymbol{\alpha},\boldsymbol{\beta}\rangle=\dfrac{\pi}{3}$, 求:

(1) $\boldsymbol{\alpha}\cdot\boldsymbol{\beta}$;

(2) $(\boldsymbol{\alpha}+\boldsymbol{\beta})^2$;

(3) $(2\boldsymbol{\alpha}+\boldsymbol{\beta})\cdot(\boldsymbol{\alpha}-\boldsymbol{\beta})$.

2. 已知 $\overrightarrow{AB}=\boldsymbol{\alpha}-2\boldsymbol{\beta}$, $\overrightarrow{AC}=2\boldsymbol{\alpha}-3\boldsymbol{\beta}$, 其中 $|\boldsymbol{\alpha}|=4$, $|\boldsymbol{\beta}|=3$, $\langle\boldsymbol{\alpha},\boldsymbol{\beta}\rangle=\dfrac{\pi}{6}$, 求:

(1) 三角形 ABC 的面积;

(2) 三角形 ABC 的边 BC 的长度.

3. 判断下列结论是否正确, 并说明理由.

(1) $(\boldsymbol{\alpha}\cdot\boldsymbol{\beta})^2=\boldsymbol{\alpha}^2\boldsymbol{\beta}^2$;

(2) $(\boldsymbol{\alpha}\cdot\boldsymbol{\beta})\boldsymbol{\gamma}=\boldsymbol{\alpha}(\boldsymbol{\beta}\cdot\boldsymbol{\gamma})$;

(3) 因为 $\boldsymbol{\alpha}\cdot\boldsymbol{\beta}=0$, 所以 $\boldsymbol{\alpha}=\mathbf{0}$ 或 $\boldsymbol{\beta}=\mathbf{0}$;

(4) 因为 $\boldsymbol{\alpha}\cdot\boldsymbol{\gamma}=\boldsymbol{\beta}\cdot\boldsymbol{\gamma}$, 且 $\boldsymbol{\gamma}\neq\mathbf{0}$, 所以 $\boldsymbol{\alpha}=\boldsymbol{\beta}$;

(5) 因为 $\boldsymbol{\alpha}\times\boldsymbol{\gamma}=\boldsymbol{\beta}\times\boldsymbol{\gamma}$, 且 $\boldsymbol{\gamma}\neq\mathbf{0}$, 所以 $\boldsymbol{\alpha}=\boldsymbol{\beta}$.

4. 用向量法证明三角形的余弦定理和正弦定理.

5. 已知等腰三角形两腰上的中线互相垂直, 用向量法求这个等腰三角形的顶角.

6. 证明: 如果一个四面体有两对对棱互相垂直, 则第三对对棱也互相垂直, 并且三对对棱的长度的平方和相等.

7. 证明: 只有零向量才既平行又垂直于一个非零向量; 只有零向量才同时垂直于三个不共面的向量.

8. 设空间不共面的向量组 $\boldsymbol{\alpha},\boldsymbol{\beta},\boldsymbol{\gamma}$ 构成右手系, 指出下列向量组的定向:

$$-\boldsymbol{\alpha},-\boldsymbol{\gamma},\boldsymbol{\beta};\quad \boldsymbol{\beta},-\boldsymbol{\alpha},\boldsymbol{\gamma};\quad -\boldsymbol{\alpha},-\boldsymbol{\beta},-\boldsymbol{\gamma};\quad -\boldsymbol{\beta},\boldsymbol{\gamma},-\boldsymbol{\alpha}.$$

9. 对于任意三个向量 $\boldsymbol{\alpha},\boldsymbol{\beta},\boldsymbol{\gamma}$, 证明:

(1) 如果 $\boldsymbol{\alpha}+\boldsymbol{\beta}+\boldsymbol{\gamma}=\mathbf{0}$, 则 $\boldsymbol{\alpha}\times\boldsymbol{\beta}=\boldsymbol{\beta}\times\boldsymbol{\gamma}=\boldsymbol{\gamma}\times\boldsymbol{\alpha}$;

(2) 说明由 $\boldsymbol{\alpha}\times\boldsymbol{\beta}=\boldsymbol{\beta}\times\boldsymbol{\gamma}=\boldsymbol{\gamma}\times\boldsymbol{\alpha}$ 推不出 $\boldsymbol{\alpha}+\boldsymbol{\beta}+\boldsymbol{\gamma}=\mathbf{0}$, 但是如果 $\boldsymbol{\alpha}\times\boldsymbol{\beta}=\boldsymbol{\beta}\times\boldsymbol{\gamma}=\boldsymbol{\gamma}\times\boldsymbol{\alpha}\neq\mathbf{0}$, 则 $\boldsymbol{\alpha}+\boldsymbol{\beta}+\boldsymbol{\gamma}=\mathbf{0}$.

10. 用向量法证明三角形面积的海伦 (Helen) 公式:

$$S=\sqrt{p(p-a)(p-b)(p-c)},$$

其中 a,b,c 为三角形的三边长, p 为周长的一半, S 为面积.

11. 证明 $|(\boldsymbol{\alpha},\boldsymbol{\beta},\boldsymbol{\gamma})|\leqslant|\boldsymbol{\alpha}|\cdot|\boldsymbol{\beta}|\cdot|\boldsymbol{\gamma}|$, 并说明等式何时成立.

12. 证明下列等式, 并说明几何意义:

(1) $(\boldsymbol{\alpha}+\boldsymbol{\beta})\times(\boldsymbol{\alpha}-\boldsymbol{\beta})=2(\boldsymbol{\beta}\times\boldsymbol{\alpha})$;

(2) $(\boldsymbol{\alpha}+\boldsymbol{\beta},\boldsymbol{\beta}+\boldsymbol{\gamma},\boldsymbol{\gamma}+\boldsymbol{\alpha})=2(\boldsymbol{\alpha},\boldsymbol{\beta},\boldsymbol{\gamma})$.

13. 证明: 如果两个关于 $\boldsymbol{\xi}$ 的向量方程 $\boldsymbol{\alpha}_1\times\boldsymbol{\xi}=\boldsymbol{\beta}_1$ 和 $\boldsymbol{\alpha}_2\times\boldsymbol{\xi}=\boldsymbol{\beta}_2$ 有公共解, 则

$$\boldsymbol{\alpha}_1\cdot\boldsymbol{\beta}_2+\boldsymbol{\alpha}_2\cdot\boldsymbol{\beta}_1=0.$$

14. 设 $\boldsymbol{\alpha}$ 是非零向量, $\boldsymbol{\alpha}\cdot\boldsymbol{\beta}=0$, 向量 $\boldsymbol{\xi}$ 满足 $\boldsymbol{\alpha}\cdot\boldsymbol{\xi}=c$, $\boldsymbol{\alpha}\times\boldsymbol{\xi}=\boldsymbol{\beta}$, 证明:

$$\boldsymbol{\xi}=\frac{c\boldsymbol{\alpha}-\boldsymbol{\alpha}\times\boldsymbol{\beta}}{|\boldsymbol{\alpha}|^2}.$$

15. 证明: 对于空间中不共线的三点 A,B,C, 如果 $\overrightarrow{OA}=\boldsymbol{\alpha},\overrightarrow{OB}=\boldsymbol{\beta},\overrightarrow{OC}=\boldsymbol{\gamma}$, 则 $\boldsymbol{\alpha}\times\boldsymbol{\beta}+\boldsymbol{\beta}\times\boldsymbol{\gamma}+\boldsymbol{\gamma}\times\boldsymbol{\alpha}$ 垂直于 A,B,C 所确定的平面.

16. 证明下列恒等式:

(1) $(\boldsymbol{\alpha}\times\boldsymbol{\beta})\times(\boldsymbol{\gamma}\times\boldsymbol{\delta})=(\boldsymbol{\alpha},\boldsymbol{\beta},\boldsymbol{\delta})\boldsymbol{\gamma}-(\boldsymbol{\alpha},\boldsymbol{\beta},\boldsymbol{\gamma})\boldsymbol{\delta}=(\boldsymbol{\alpha},\boldsymbol{\gamma},\boldsymbol{\delta})\boldsymbol{\beta}-(\boldsymbol{\beta},\boldsymbol{\gamma},\boldsymbol{\delta})\boldsymbol{\alpha}$;

(2) $(\boldsymbol{\alpha}\times\boldsymbol{\beta})\cdot(\boldsymbol{\gamma}\times\boldsymbol{\delta})+(\boldsymbol{\alpha}\times\boldsymbol{\gamma})\cdot(\boldsymbol{\delta}\times\boldsymbol{\beta})+(\boldsymbol{\alpha}\times\boldsymbol{\delta})\cdot(\boldsymbol{\beta}\times\boldsymbol{\gamma})=0$;

(3) $\boldsymbol{\alpha}\times(\boldsymbol{\beta}\times(\boldsymbol{\gamma}\times\boldsymbol{\delta}))=(\boldsymbol{\beta}\cdot\boldsymbol{\delta})(\boldsymbol{\alpha}\times\boldsymbol{\gamma})-(\boldsymbol{\beta}\cdot\boldsymbol{\gamma})(\boldsymbol{\alpha}\times\boldsymbol{\delta})$;

(4) $(\boldsymbol{\alpha}\times\boldsymbol{\delta},\boldsymbol{\beta}\times\boldsymbol{\delta},\boldsymbol{\gamma}\times\boldsymbol{\delta})=0$.

17. 证明: 如果 $\boldsymbol{\alpha}$ 与 $\boldsymbol{\beta}$ 不共线, 则 $\boldsymbol{\alpha}\times(\boldsymbol{\alpha}\times\boldsymbol{\beta})$ 与 $\boldsymbol{\beta}\times(\boldsymbol{\alpha}\times\boldsymbol{\beta})$ 不共线.

18. 证明: $\boldsymbol{\alpha}\times\boldsymbol{\beta}+\boldsymbol{\beta}\times\boldsymbol{\gamma}+\boldsymbol{\gamma}\times\boldsymbol{\alpha}=\mathbf{0}$ 成立当且仅当存在不全为零的实数 k_1,k_2,k_3, 使得 $k_1+k_2+k_3=0$, 且 $k_1\boldsymbol{\alpha}+k_2\boldsymbol{\beta}+k_3\boldsymbol{\gamma}=\mathbf{0}$.

1.3 向量的坐标表示

坐标系建立了平面或空间中的点到有序数组的一一对应关系. 例如中学里学过的平面直角坐标系和极坐标系. 这两种坐标系都用到距离、夹角等度量来定义坐标. 下面我们将建立一种不涉及度量的新坐标系, 即仿射坐标系.

1.3.1 空间仿射坐标系

向量分解定理是建立仿射坐标系的理论基础. 在空间中, 假设 $\boldsymbol{e}_1,\boldsymbol{e}_2,\boldsymbol{e}_3$ 是三个不共面的向量, 根据向量分解定理, 对于任意向量 $\boldsymbol{\alpha}$, 存在唯一的实数组 x,y,z 使得

$$\boldsymbol{\alpha}=x\boldsymbol{e}_1+y\boldsymbol{e}_2+z\boldsymbol{e}_3,$$

这样就得到了从全体向量的集合到全体三元有序数组的集合的一一对应关系.

取定空间中的一点 O, 则有了从空间 (所有点的集合) 到全体向量的集合的一一对应关系:

$$\text{点 } A \text{ 对应到它的定位向量 } \overrightarrow{OA}.$$

将上述两个一一对应关系结合起来, 就得到了从空间 (所有点的集合) 到全体三元有序数组集合的一一对应关系, 这就建立了空间的仿射坐标系.

定义 1.3.1 在空间中取定一个点 O 和三个不共面的向量 $\boldsymbol{e}_1,\boldsymbol{e}_2,\boldsymbol{e}_3$ 之后, 就称取定了一个空间**仿射坐标系**, 记作 $[O;\boldsymbol{e}_1,\boldsymbol{e}_2,\boldsymbol{e}_3]$. 点 O 称为**坐标原点**, $\boldsymbol{e}_1,\boldsymbol{e}_2,\boldsymbol{e}_3$ 称为**坐标向量**. 任意向量 $\boldsymbol{\alpha}$ 对坐标向量的分解系数称为 $\boldsymbol{\alpha}$ 的**坐标**; 对于空间中任意一点 A, 把它的定位向量 $\overrightarrow{OA}$ 的坐标称为 A 的**坐标**.

如果向量组 $\boldsymbol{e}_1,\boldsymbol{e}_2,\boldsymbol{e}_3$ 是右 (左) 手系, 则称仿射坐标系 $[O;\boldsymbol{e}_1,\boldsymbol{e}_2,\boldsymbol{e}_3]$ 为**右 (左) 手坐标系**, 简称**右 (左) 手系**.

过原点 O 平行于坐标向量且以其方向为正方向的数轴称为**坐标轴**, 平行于 $\boldsymbol{e}_1,\boldsymbol{e}_2,\boldsymbol{e}_3$ 的坐标轴分别称为 x **轴**、y **轴**、z **轴**. 每两条坐标轴所张成的平面称为**坐标平面**, 分别称为 xy **平面**、yz **平面**和 xz **平面**. 三个坐标平面把空间分成 8

个部分, 称为 8 个**卦限**, 它们的顺序如图 1.23 所示, 空间中点的坐标 x, y, z 的符号在各个卦限内是确定的, 如表 1.1 所示.

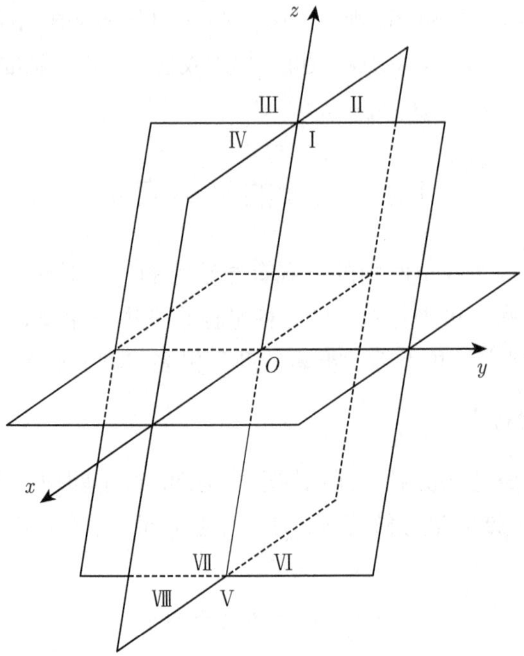

图 1.23

表 1.1

坐标	卦限							
	I	II	III	IV	V	VI	VII	VIII
x	+	−	−	+	+	−	−	+
y	+	+	−	−	+	+	−	−
z	+	+	+	+	−	−	−	−

涉及度量的问题时, 我们常用直角坐标系, 它是一种特殊的仿射坐标系.

定义 1.3.2　在空间仿射坐标系 $[O; \boldsymbol{e}_1, \boldsymbol{e}_2, \boldsymbol{e}_3]$ 中, 如果三个坐标向量 $\boldsymbol{e}_1, \boldsymbol{e}_2, \boldsymbol{e}_3$ 是互相垂直的单位向量, 则称其为**空间直角坐标系**.

在平面几何问题中, 可以建立平面仿射坐标系. 设 π 是一张平面, 取定 π 上一点 O 和两个平行于 π 的不共线向量 $\boldsymbol{e}_1, \boldsymbol{e}_2$, 同样根据向量分解定理, 得到平面仿射坐标系 $[O; \boldsymbol{e}_1, \boldsymbol{e}_2]$, 平面上任意一点 A 的坐标是它的定位向量 $\overrightarrow{OA}$ 对 $\boldsymbol{e}_1, \boldsymbol{e}_2$ 的分解系数. 当 $\boldsymbol{e}_1, \boldsymbol{e}_2$ 是互相垂直的单位向量时, 相应的坐标系就是平面直角坐标系.

1.3.2 向量线性运算的坐标表示

在仿射坐标系中, 向量有了坐标, 于是向量的线性运算也可以通过坐标来表示, 进而可以把用向量的线性运算解决几何问题的过程数量化. 为了方便起见, 有时也用向量的坐标来表示向量, 写成 $\boldsymbol{\alpha}=(x,y,z)$.

定理 1.3.1 在仿射坐标系 $[O;\boldsymbol{e}_1,\boldsymbol{e}_2,\boldsymbol{e}_3]$ 中, 已知向量 $\boldsymbol{\alpha}=(a_1,a_2,a_3),\boldsymbol{\beta}=(b_1,b_2,b_3)$, 则

(1) $\boldsymbol{\alpha}+\boldsymbol{\beta}=(a_1+b_1,a_2+b_2,a_3+b_3)$;

(2) 对于任意实数 k, $k\boldsymbol{\alpha}=(ka_1,ka_2,ka_3)$.

证明 (1) 由向量加法和数乘的性质知

$$\begin{aligned}\boldsymbol{\alpha}+\boldsymbol{\beta}&=a_1\boldsymbol{e}_1+a_2\boldsymbol{e}_2+a_3\boldsymbol{e}_3+b_1\boldsymbol{e}_1+b_2\boldsymbol{e}_2+b_3\boldsymbol{e}_3\\&=(a_1+b_1)\boldsymbol{e}_1+(a_2+b_2)\boldsymbol{e}_2+(a_3+b_3)\boldsymbol{e}_3,\end{aligned}$$

于是

$$\boldsymbol{\alpha}+\boldsymbol{\beta}=(a_1+b_1,a_2+b_2,a_3+b_3).$$

(2) 由数乘向量的性质知

$$k\boldsymbol{\alpha}=k(a_1\boldsymbol{e}_1+a_2\boldsymbol{e}_2+a_3\boldsymbol{e}_3)=(ka_1)\boldsymbol{e}_1+(ka_2)\boldsymbol{e}_2+(ka_3)\boldsymbol{e}_3,$$

于是

$$k\boldsymbol{\alpha}=(ka_1,ka_2,ka_3).$$ □

由定理还可以得到点坐标和向量坐标的关系.

推论 1.3.1 设点 A,B 的坐标分别为 $(x_1,y_1,z_1),(x_2,y_2,z_2)$, 则向量 $\overrightarrow{AB}$ 的坐标为

$$(x_2-x_1,y_2-y_1,z_2-z_1).$$

证明 注意到 $\overrightarrow{AB}=\overrightarrow{OB}-\overrightarrow{OA}=\overrightarrow{OB}+(-1)\overrightarrow{OA}$, 利用定理 1.3.1 即可得出结论. □

下面我们用向量的线性运算的坐标表示来解决一些几何问题.

命题 1.3.1 在空间仿射坐标系中, 两个向量共线当且仅当它们的对应坐标成比例.

证明 向量 $\boldsymbol{\alpha}=(a_1,a_2,a_3)$ 和 $\boldsymbol{\beta}=(b_1,b_2,b_3)$ 共线当且仅当存在不全为零的实数 k,m , 使得

$$k\boldsymbol{\alpha}+m\boldsymbol{\beta}=\mathbf{0},$$

等价于坐标满足

$$ka_1 + mb_1 = 0, \quad ka_2 + mb_2 = 0, \quad ka_3 + mb_3 = 0,$$

即 $\boldsymbol{\alpha}, \boldsymbol{\beta}$ 的对应坐标成比例. □

同理, 在平面仿射坐标系中, 两个向量 $\boldsymbol{\alpha} = (a_1, a_2), \boldsymbol{\beta} = (b_1, b_2)$ 共线当且仅当它们的对应坐标成比例, 亦可写成

$$\begin{vmatrix} a_1 & a_2 \\ b_1 & b_2 \end{vmatrix} = 0.$$

例1.3.1 在一个平面仿射坐标系中, 已知三点 A, B, C 的坐标依次为 (x_1, y_1), (x_2, y_2), (x_3, y_3), 则

$$A, B, C \text{共线} \Longleftrightarrow \begin{vmatrix} x_1 & y_1 & 1 \\ x_2 & y_2 & 1 \\ x_3 & y_3 & 1 \end{vmatrix} = 0.$$

证明 根据行列式的性质,

$$\begin{vmatrix} x_1 & y_1 & 1 \\ x_2 & y_2 & 1 \\ x_3 & y_3 & 1 \end{vmatrix} = \begin{vmatrix} x_1 - x_3 & y_1 - y_3 \\ x_2 - x_3 & y_2 - y_3 \end{vmatrix}.$$

于是

$$\begin{aligned} \begin{vmatrix} x_1 & y_1 & 1 \\ x_2 & y_2 & 1 \\ x_3 & y_3 & 1 \end{vmatrix} = 0 &\Longleftrightarrow \begin{vmatrix} x_1 - x_3 & y_1 - y_3 \\ x_2 - x_3 & y_2 - y_3 \end{vmatrix} = 0 \\ &\Longleftrightarrow \overrightarrow{CA} \text{ 与 } \overrightarrow{CB} \text{ 共线} \\ &\Longleftrightarrow A, B, C \text{ 共线}. \end{aligned}$$

□

例 1.3.2 在一个空间仿射坐标系中, 已知两点 A, B 的坐标分别为 $(x_1, y_1, z_1), (x_2, y_2, z_2)$, 试用它们表示直线 AB 上任意一点的坐标.

解 对于直线 AB 上的任意一点 C, 由命题 1.1.6 知

$$\overrightarrow{OC} = (1 - s)\overrightarrow{OA} + s\overrightarrow{OB},$$

其中 O 是坐标原点, $\overrightarrow{AC}=s\overrightarrow{AB}$, 于是点 C 的坐标为

$$((1-s)x_1+sx_2,(1-s)y_1+sy_2,(1-s)z_1+sz_2).$$

如果点 C $(C\neq B)$ 分线段 AB 成定比 λ, 则根据 $\lambda=\dfrac{s}{1-s}$, 点 C 坐标还可表示为

$$\left(\frac{x_1+\lambda x_2}{1+\lambda},\frac{y_1+\lambda y_2}{1+\lambda},\frac{z_1+\lambda z_2}{1+\lambda}\right).$$ □

例 1.3.3 用坐标法证明四面体三组对棱中点的连线交于一点, 且这点是各连线的中点.

证明 设四面体 $ABCD$ 的棱 AB,AC,AD,BC,CD,DB 的中点分别为 E, F,G,H,I,J (图 1.24).

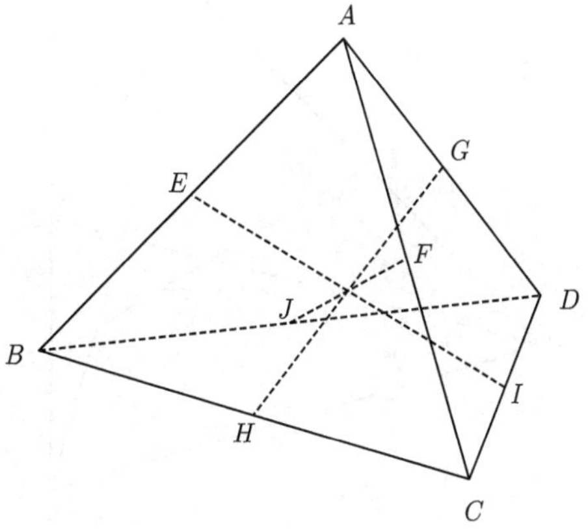

图 1.24

在仿射坐标系 $[A;\overrightarrow{AB},\overrightarrow{AC},\overrightarrow{AD}]$ 中, 各点坐标为

$$A(0,0,0),\quad B(1,0,0),\quad C(0,1,0),\quad D(0,0,1),\quad E\left(\frac{1}{2},0,0\right),$$

$$F\left(0,\frac{1}{2},0\right),\quad G\left(0,0,\frac{1}{2}\right),\quad H\left(\frac{1}{2},\frac{1}{2},0\right),\quad I\left(0,\frac{1}{2},\frac{1}{2}\right),\quad J\left(\frac{1}{2},0,\frac{1}{2}\right).$$

对棱中点的连线分别是 EI,FJ,GH, 易求出 EI,FJ,GH 中点的坐标都为 $\left(\frac{1}{4},\frac{1}{4},\frac{1}{4}\right)$, 从而得证. □

1.3.3　内积、外积和混合积的坐标表示

1. 内积的坐标表示

在仿射坐标系 $[O;\boldsymbol{e}_1,\boldsymbol{e}_2,\boldsymbol{e}_3]$ 中, 向量 $\boldsymbol{\alpha}=(a_1,a_2,a_3)$ 和 $\boldsymbol{\beta}=(b_1,b_2,b_3)$ 的内积为

$$\boldsymbol{\alpha}\cdot\boldsymbol{\beta}=(a_1\boldsymbol{e}_1+a_2\boldsymbol{e}_2+a_3\boldsymbol{e}_3)\cdot(b_1\boldsymbol{e}_1+b_2\boldsymbol{e}_2+b_3\boldsymbol{e}_3)=\sum_{i,j=1}^{3}a_ib_j\boldsymbol{e}_i\cdot\boldsymbol{e}_j.$$

要算出内积的值, 就必须知道三个坐标向量 $\boldsymbol{e}_1,\boldsymbol{e}_2,\boldsymbol{e}_3$ 之间的内积, 共六个数, 可见在一般仿射坐标系中用坐标计算内积并不简单.

例 1.3.4　正四面体 $ABCD$ 的边长为 a, E,F 分别是棱 AB,CD 的中点 (图 1.25), 求点 E,F 的距离 d.

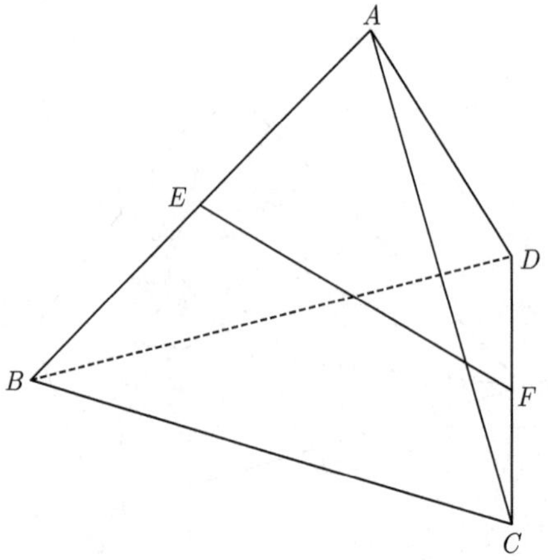

图 1.25

解　记 $\boldsymbol{e}_1=\overrightarrow{AB},\boldsymbol{e}_2=\overrightarrow{AC},\boldsymbol{e}_3=\overrightarrow{AD}$, 作仿射坐标系 $[A;\boldsymbol{e}_1,\boldsymbol{e}_2,\boldsymbol{e}_3]$, 由

$$\overrightarrow{AE}=\frac{1}{2}\overrightarrow{AB}=\frac{1}{2}\boldsymbol{e}_1+0\boldsymbol{e}_2+0\boldsymbol{e}_3,$$

可知点 E 的坐标为 $\left(\frac{1}{2},0,0\right)$. 再由

$$\overrightarrow{AF}=\frac{1}{2}\overrightarrow{AC}+\frac{1}{2}\overrightarrow{AD}=0\boldsymbol{e}_1+\frac{1}{2}\boldsymbol{e}_2+\frac{1}{2}\boldsymbol{e}_3,$$

可知点 F 的坐标为 $\left(0,\frac{1}{2},\frac{1}{2}\right)$, 从而

$$\overrightarrow{EF}=\left(-\frac{1}{2},\frac{1}{2},\frac{1}{2}\right).$$

因为 $ABCD$ 是正四面体, 所以

$$\boldsymbol{e}_i\cdot\boldsymbol{e}_j=\begin{cases}a^2\cos\dfrac{\pi}{3}=\dfrac{a^2}{2}, & i\neq j,\\ a^2, & i=j,\end{cases}$$

于是

$$d=\sqrt{\overrightarrow{EF}^2}=\sqrt{\left(-\frac{1}{2}\boldsymbol{e}_1+\frac{1}{2}\boldsymbol{e}_2+\frac{1}{2}\boldsymbol{e}_3\right)^2}=\frac{\sqrt{2}}{2}a.$$ □

在直角坐标系 $[O;\boldsymbol{e}_1,\boldsymbol{e}_2,\boldsymbol{e}_3]$ 中, 因为

$$\boldsymbol{e}_i\cdot\boldsymbol{e}_j=\delta_{ij}=\begin{cases}1, & i=j,\\ 0, & i\neq j,\end{cases}$$

其中 $i,j=1,2,3$. 所以对于向量 $\boldsymbol{\alpha}=(a_1,a_2,a_3)$ 和 $\boldsymbol{\beta}=(b_1,b_2,b_3)$, 有

$$\begin{aligned}\boldsymbol{\alpha}\cdot\boldsymbol{\beta}&=\left(\sum_{i=1}^3 a_i\boldsymbol{e}_i\right)\cdot\left(\sum_{j=1}^3 b_j\boldsymbol{e}_j\right)\\&=\sum_{i,j=1}^3 a_ib_j\boldsymbol{e}_i\cdot\boldsymbol{e}_j\\&=\sum_{i=1}^3 a_ib_i.\end{aligned}$$

说明**在空间直角坐标系中, 两个向量的内积等于它们的对应坐标乘积之和**:

$$\boldsymbol{\alpha}\cdot\boldsymbol{\beta}=a_1b_1+a_2b_2+a_3b_3.$$

进一步, 向量的长度和夹角也可以用直角坐标来进行表示:

$$|\boldsymbol{\alpha}|=\sqrt{\boldsymbol{\alpha}\cdot\boldsymbol{\alpha}}=\sqrt{a_1^2+a_2^2+a_3^2},$$

$$\cos\langle\boldsymbol{\alpha},\boldsymbol{\beta}\rangle=\frac{\boldsymbol{\alpha}\cdot\boldsymbol{\beta}}{|\boldsymbol{\alpha}||\boldsymbol{\beta}|}=\frac{a_1b_1+a_2b_2+a_3b_3}{\sqrt{a_1^2+a_2^2+a_3^2}\sqrt{b_1^2+b_2^2+b_3^2}}.$$

在空间直角坐标系中, 向量

$$\boldsymbol{\alpha}=a_1\boldsymbol{e}_1+a_2\boldsymbol{e}_2+a_3\boldsymbol{e}_3,$$

两端同时与 $\boldsymbol{e}_i$ 作内积得 $a_i=\boldsymbol{\alpha}\cdot\boldsymbol{e}_i$, 于是

$$\boldsymbol{\alpha}=\sum_{i=1}^{3}(\boldsymbol{\alpha}\cdot\boldsymbol{e}_i)\boldsymbol{e}_i.$$

记 $\boldsymbol{\alpha}$ 与各坐标轴的夹角 (即与各坐标向量的夹角) 分别为 $\theta_1,\theta_2,\theta_3$, 称 $\theta_1,\theta_2,\theta_3$ 为向量 $\boldsymbol{\alpha}$ 的**方向角**, 则

$$\boldsymbol{\alpha}\cdot\boldsymbol{e}_i=|\boldsymbol{\alpha}||\boldsymbol{e}_i|\cos\theta_i=|\boldsymbol{\alpha}|\cos\theta_i,\quad i=1,2,3,$$

故

$$\boldsymbol{\alpha}=|\boldsymbol{\alpha}|\sum_{i=1}^{3}\cos\theta_i\boldsymbol{e}_i,$$

称 $\cos\theta_1,\cos\theta_2,\cos\theta_3$ 为向量 $\boldsymbol{\alpha}$ 的**方向余弦**, 它们有如下关系:

$$\cos^2\theta_1+\cos^2\theta_2+\cos^2\theta_3=1.$$

同理, 在平面直角坐标系中, 向量 $\boldsymbol{\alpha}=(a_1,a_2),\boldsymbol{\beta}=(b_1,b_2)$ 的内积为

$$\boldsymbol{\alpha}\cdot\boldsymbol{\beta}=a_1b_1+a_2b_2.$$

例 1.3.5　在一个平面直角坐标系中, 已知向量 $\boldsymbol{\alpha}=(a_1,a_2)$ 与 $\boldsymbol{\beta}=(b_1,b_2)$, 则以 $\boldsymbol{\alpha},\boldsymbol{\beta}$ 为邻边的平行四边形的面积为

$$S=\left\|\begin{matrix}a_1 & a_2\\ b_1 & b_2\end{matrix}\right\|.$$

证明　因为

$$S=|\boldsymbol{\alpha}||\boldsymbol{\beta}|\sin\langle\boldsymbol{\alpha},\boldsymbol{\beta}\rangle,$$

所以

$$\begin{aligned}S^2&=\boldsymbol{\alpha}^2\boldsymbol{\beta}^2\sin^2\langle\boldsymbol{\alpha},\boldsymbol{\beta}\rangle=\boldsymbol{\alpha}^2\boldsymbol{\beta}^2-\boldsymbol{\alpha}^2\boldsymbol{\beta}^2\cos^2\langle\boldsymbol{\alpha},\boldsymbol{\beta}\rangle\\&=|\boldsymbol{\alpha}|^2|\boldsymbol{\beta}|^2-(\boldsymbol{\alpha}\cdot\boldsymbol{\beta})^2=(a_1^2+a_2^2)(b_1^2+b_2^2)-(a_1b_1+a_2b_2)^2\\&=(a_1b_2-a_2b_1)^2,\end{aligned}$$

从而

$$S=\left\|\begin{matrix}a_1 & a_2\\ b_1 & b_2\end{matrix}\right\|.$$

□

例 1.3.6 平面上不存在顶点的直角坐标都为有理数的正三角形.

证明 设 $\triangle ABC$ 为平面上的正三角形, 它的边长为 d . 如果 A, B, C 的坐标都为有理数, 则 $\overrightarrow{CA}=(a_1,a_2),\overrightarrow{CB}=(b_1,b_2)$ 的坐标和 d^2 都为有理数.

一方面, 由例 1.3.5 知

$$S_{\triangle ABC}=\frac{1}{2}\left\|\begin{matrix} a_1 & a_2 \\ b_1 & b_2 \end{matrix}\right\|$$

为有理数; 而另一方面 $S_{\triangle ABC}=\dfrac{\sqrt{3}}{4}d^2$ 为无理数, 矛盾. 从而平面上不存在顶点的直角坐标都为有理数的正三角形. □

2. 外积和混合积的坐标表示

在直角坐标系中, 坐标向量是两两垂直的单位向量, 因此内积的表示变得非常简单, 外积和混合积亦是如此. 下面讨论在右手直角坐标系中, 外积和混合积的坐标表示 (除非特殊说明, 本书后面提到的直角坐标系都是右手系). 更一般地, 外积和混合积的仿射坐标表示留作练习.

在直角坐标系 $[O;\boldsymbol{e}_1,\boldsymbol{e}_2,\boldsymbol{e}_3]$ 中, 坐标向量 $\boldsymbol{e}_1,\boldsymbol{e}_2,\boldsymbol{e}_3$ 满足

$$\boldsymbol{e}_1\times\boldsymbol{e}_2=\boldsymbol{e}_3,\quad \boldsymbol{e}_2\times\boldsymbol{e}_3=\boldsymbol{e}_1,\quad \boldsymbol{e}_3\times\boldsymbol{e}_1=\boldsymbol{e}_2.$$

因此对任意的向量 $\boldsymbol{\alpha}=(a_1,a_2,a_3),\boldsymbol{\beta}=(b_1,b_2,b_3)$ 有

$$\begin{aligned}\boldsymbol{\alpha}\times\boldsymbol{\beta}&=\left(\sum_{i=1}^{3}a_i\boldsymbol{e}_i\right)\times\left(\sum_{i=1}^{3}b_i\boldsymbol{e}_i\right)\\&=(a_2b_3-a_3b_2)\boldsymbol{e}_2\times\boldsymbol{e}_3+(a_3b_1-a_1b_3)\boldsymbol{e}_3\times\boldsymbol{e}_1+(a_1b_2-a_2b_1)\boldsymbol{e}_1\times\boldsymbol{e}_2\\&=(a_2b_3-a_3b_2)\boldsymbol{e}_1+(a_3b_1-a_1b_3)\boldsymbol{e}_2+(a_1b_2-a_2b_1)\boldsymbol{e}_3.\end{aligned}$$

说明 $\boldsymbol{\alpha}\times\boldsymbol{\beta}$ 的坐标为

$$\left(\begin{vmatrix} a_2 & a_3 \\ b_2 & b_3 \end{vmatrix},\begin{vmatrix} a_3 & a_1 \\ b_3 & b_1 \end{vmatrix},\begin{vmatrix} a_1 & a_2 \\ b_1 & b_2 \end{vmatrix}\right),$$

或形式地写成

$$\boldsymbol{\alpha}\times\boldsymbol{\beta}=\begin{vmatrix} \boldsymbol{e}_1 & \boldsymbol{e}_2 & \boldsymbol{e}_3 \\ a_1 & a_2 & a_3 \\ b_1 & b_2 & b_3 \end{vmatrix}.$$

例 1.3.7　在一个空间直角坐标系中, 已知 $\triangle ABC$ 的顶点坐标为 $A(1,2,3)$, $B(2,4,4)$, $C(1,1,4)$, 求 $\triangle ABC$ 的面积和 $\angle A$ 的正弦值.

解　首先向量 $\overrightarrow{AB}=(1,2,1)$, $\overrightarrow{AC}=(0,-1,1)$, 于是外积

$$\overrightarrow{AB}\times\overrightarrow{AC}=\begin{vmatrix} \boldsymbol{e}_1 & \boldsymbol{e}_2 & \boldsymbol{e}_3 \\ 1 & 2 & 1 \\ 0 & -1 & 1 \end{vmatrix}=3\boldsymbol{e}_1-\boldsymbol{e}_2-\boldsymbol{e}_3,$$

故 $\triangle ABC$ 的面积为

$$S_{\triangle ABC}=\frac{1}{2}|\overrightarrow{AB}\times\overrightarrow{AC}|=\frac{\sqrt{11}}{2},$$

$\angle A$ 的正弦值为

$$\sin A=\sin\langle\overrightarrow{AB},\overrightarrow{AC}\rangle=\frac{|\overrightarrow{AB}\times\overrightarrow{AC}|}{|\overrightarrow{AB}||\overrightarrow{AC}|}=\frac{\sqrt{33}}{6}.$$

□

例 1.3.8　解方程组

$$\begin{cases} a_1x+b_1y+c_1z=0, \\ a_2x+b_2y+c_2z=0, \end{cases}$$

这里两个方程的系数不成比例.

证明　设在一个空间直角坐标系中, $\boldsymbol{\alpha}=(a_1,b_1,c_1),\boldsymbol{\beta}=(a_2,b_2,c_2)$, 则解方程组等价于求向量 $\boldsymbol{\gamma}=(x,y,z)$, 使得

$$\boldsymbol{\alpha}\cdot\boldsymbol{\gamma}=0,\quad \boldsymbol{\beta}\cdot\boldsymbol{\gamma}=0.$$

由于两个方程系数不成比例, 所以 $\boldsymbol{\alpha}$ 与 $\boldsymbol{\beta}$ 不共线, 故同时垂直于 $\boldsymbol{\alpha},\boldsymbol{\beta}$ 的 $\boldsymbol{\gamma}$ 是 $\boldsymbol{\alpha}\times\boldsymbol{\beta}$ 的倍数, 因此方程组解的一般形式为

$$(x,y,z)=t\left(\begin{vmatrix} b_1 & c_1 \\ b_2 & c_2 \end{vmatrix},\begin{vmatrix} c_1 & a_1 \\ c_2 & a_2 \end{vmatrix},\begin{vmatrix} a_1 & b_1 \\ a_2 & b_2 \end{vmatrix}\right),$$

其中 t 为任意实数.　□

下面根据内积和外积的坐标表示来给出混合积的坐标表示.

在直角坐标系 $[O;\boldsymbol{e}_1,\boldsymbol{e}_2,\boldsymbol{e}_3]$ 中, 对于任意向量

$$\boldsymbol{\alpha}=(a_1,a_2,a_3),\quad \boldsymbol{\beta}=(b_1,b_2,b_3),\quad \boldsymbol{\gamma}=(c_1,c_2,c_3),$$

先计算外积

$$\boldsymbol{\alpha}\times\boldsymbol{\beta}=\begin{vmatrix}a_2 & a_3\\ b_2 & b_3\end{vmatrix}\boldsymbol{e}_1+\begin{vmatrix}a_3 & a_1\\ b_3 & b_1\end{vmatrix}\boldsymbol{e}_2+\begin{vmatrix}a_1 & a_2\\ b_1 & b_2\end{vmatrix}\boldsymbol{e}_3,$$

再和 $\boldsymbol{\gamma}$ 作内积得

$$(\boldsymbol{\alpha}\times\boldsymbol{\beta})\cdot\boldsymbol{\gamma}=\begin{vmatrix}a_2 & a_3\\ b_2 & b_3\end{vmatrix}c_1+\begin{vmatrix}a_3 & a_1\\ b_3 & b_1\end{vmatrix}c_2+\begin{vmatrix}a_1 & a_2\\ b_1 & b_2\end{vmatrix}c_3=\begin{vmatrix}a_1 & a_2 & a_3\\ b_1 & b_2 & b_3\\ c_1 & c_2 & c_3\end{vmatrix}.$$

注 1.3.1 我们知道混合积的绝对值是平行六面体的体积, 再根据上面混合积的坐标表示可以看到, 三阶行列式的几何背景是体积. 从例 1.3.5 可以看到二阶行列式的几何背景是面积. 此外一阶行列式的绝对值可以看作线段的长度.

根据混合积的几何意义以及坐标表示, 容易得到判断三个向量是否共面的又一法则.

命题 1.3.2 设向量 $\boldsymbol{\alpha},\boldsymbol{\beta},\boldsymbol{\gamma}$ 在一个空间直角坐标系中的坐标分别为

$$\boldsymbol{\alpha}=(a_1,a_2,a_3),\quad \boldsymbol{\beta}=(b_1,b_2,b_3),\quad \boldsymbol{\gamma}=(c_1,c_2,c_3),$$

则向量组 $\boldsymbol{\alpha},\boldsymbol{\beta},\boldsymbol{\gamma}$ 共面的充要条件是

$$\begin{vmatrix}a_1 & a_2 & a_3\\ b_1 & b_2 & b_3\\ c_1 & c_2 & c_3\end{vmatrix}=0.$$

事实上, 上述命题中直角坐标改为仿射坐标结论仍然成立, 留作习题.

例 1.3.9 证明方程组

$$\begin{cases}a_1x+b_1y+c_1z=0,\\ a_2x+b_2y+c_2z=0,\\ a_3x+b_3y+c_3z=0\end{cases}\tag{1.5}$$

有非零解的充要条件是

$$\begin{vmatrix}a_1 & b_1 & c_1\\ a_2 & b_2 & c_2\\ a_3 & b_3 & c_3\end{vmatrix}=0.$$

证明　方法一: 设在一个空间直角坐标系中,

$$\boldsymbol{\alpha}=(a_1,a_2,a_3),\quad \boldsymbol{\beta}=(b_1,b_2,b_3),\quad \boldsymbol{\gamma}=(c_1,c_2,c_3),$$

则方程组 (1.5) 有非零解当且仅当存在不全为 0 的实数 x_0,y_0,z_0, 使得

$$x_0\boldsymbol{\alpha}+y_0\boldsymbol{\beta}+z_0\boldsymbol{\gamma}=\mathbf{0}.$$

这等价于 $\boldsymbol{\alpha},\boldsymbol{\beta},\boldsymbol{\gamma}$ 共面, 即

$$(\boldsymbol{\alpha},\boldsymbol{\beta},\boldsymbol{\gamma})=\begin{vmatrix} a_1 & b_1 & c_1\\ a_2 & b_2 & c_2\\ a_3 & b_3 & c_3 \end{vmatrix}=0.$$

方法二: 设在一个空间直角坐标系中,

$$\boldsymbol{\alpha}=(a_1,b_1,c_1),\quad \boldsymbol{\beta}=(a_2,b_2,c_2),\quad \boldsymbol{\gamma}=(a_3,b_3,c_3),$$

则方程组 (1.5) 有非零解当且仅当存在非零向量 $\boldsymbol{\delta}=(x_0,y_0,z_0)$, 使得

$$\boldsymbol{\delta}\cdot\boldsymbol{\alpha}=0,\quad \boldsymbol{\delta}\cdot\boldsymbol{\beta}=0,\quad \boldsymbol{\delta}\cdot\boldsymbol{\gamma}=0.$$

这等价于 $\boldsymbol{\alpha},\boldsymbol{\beta},\boldsymbol{\gamma}$ 共面 (习题 1.2 题 7), 即

$$(\boldsymbol{\alpha},\boldsymbol{\beta},\boldsymbol{\gamma})=\begin{vmatrix} a_1 & b_1 & c_1\\ a_2 & b_2 & c_2\\ a_3 & b_3 & c_3 \end{vmatrix}=0.$$ □

例 1.3.10　证明方程组

$$\begin{cases} a_1x+b_1y+c_1z=d_1,\\ a_2x+b_2y+c_2z=d_2,\\ a_3x+b_3y+c_3z=d_3 \end{cases} \tag{1.6}$$

有唯一解的充要条件是

$$\begin{vmatrix} a_1 & b_1 & c_1\\ a_2 & b_2 & c_2\\ a_3 & b_3 & c_3 \end{vmatrix}\neq 0.$$

证明 设在一个空间直角坐标系中

$$\boldsymbol{\alpha}=(a_1,a_2,a_3),\quad \boldsymbol{\beta}=(b_1,b_2,b_3),\quad \boldsymbol{\gamma}=(c_1,c_2,c_3),\quad \boldsymbol{\delta}=(d_1,d_2,d_3),$$

则方程组 (1.6) 可改写为

$$\boldsymbol{\delta}=x\boldsymbol{\alpha}+y\boldsymbol{\beta}+z\boldsymbol{\gamma}.$$

充分性: 已知

$$\begin{vmatrix} a_1 & b_1 & c_1 \\ a_2 & b_2 & c_2 \\ a_3 & b_3 & c_3 \end{vmatrix} \neq 0,$$

则 $\boldsymbol{\alpha},\boldsymbol{\beta},\boldsymbol{\gamma}$ 不共面. 由向量分解定理知, $\boldsymbol{\delta}$ 可以由 $\boldsymbol{\alpha},\boldsymbol{\beta},\boldsymbol{\gamma}$ 线性表示, 且表示方法唯一, 说明方程组 (1.6) 有唯一解.

必要性: 已知方程组有唯一解 (k,m,n), 则

$$\boldsymbol{\delta}=k\boldsymbol{\alpha}+m\boldsymbol{\beta}+n\boldsymbol{\gamma}.$$

下面用反证法证明 $\boldsymbol{\alpha},\boldsymbol{\beta},\boldsymbol{\gamma}$ 不共面. 假设它们共面, 则存在不全为 0 的实数 k',m',n', 使得

$$k'\boldsymbol{\alpha}+m'\boldsymbol{\beta}+n'\boldsymbol{\gamma}=\mathbf{0}.$$

于是

$$(k+k')\boldsymbol{\alpha}+(m+m')\boldsymbol{\beta}+(n+n')\boldsymbol{\gamma}=\boldsymbol{\delta}.$$

说明 $(k+k',m+m',n+n')$ 是不同于 (k,m,n) 的方程组的解, 矛盾. □

由例 1.2.5 知上述方程组有唯一解时, 解 (k,m,n) 为

$$k=\frac{(\boldsymbol{\delta},\boldsymbol{\beta},\boldsymbol{\gamma})}{(\boldsymbol{\alpha},\boldsymbol{\beta},\boldsymbol{\gamma})}=\begin{vmatrix} d_1 & b_1 & c_1 \\ d_2 & b_2 & c_2 \\ d_3 & b_3 & c_3 \end{vmatrix}\Bigg/\begin{vmatrix} a_1 & b_1 & c_1 \\ a_2 & b_2 & c_2 \\ a_3 & b_3 & c_3 \end{vmatrix},$$

$$m=\frac{(\boldsymbol{\alpha},\boldsymbol{\delta},\boldsymbol{\gamma})}{(\boldsymbol{\alpha},\boldsymbol{\beta},\boldsymbol{\gamma})}=\begin{vmatrix} a_1 & d_1 & c_1 \\ a_2 & d_2 & c_2 \\ a_3 & d_3 & c_3 \end{vmatrix}\Bigg/\begin{vmatrix} a_1 & b_1 & c_1 \\ a_2 & b_2 & c_2 \\ a_3 & b_3 & c_3 \end{vmatrix},$$

$$n=\frac{(\boldsymbol{\alpha},\boldsymbol{\beta},\boldsymbol{\delta})}{(\boldsymbol{\alpha},\boldsymbol{\beta},\boldsymbol{\gamma})}=\begin{vmatrix} a_1 & b_1 & d_1 \\ a_2 & b_2 & d_2 \\ a_3 & b_3 & d_3 \end{vmatrix}\Bigg/\begin{vmatrix} a_1 & b_1 & c_1 \\ a_2 & b_2 & c_2 \\ a_3 & b_3 & c_3 \end{vmatrix}.$$

这一结果是求线性方程组解的克拉默 (Cramer) 法则 (可参见高等代数或线性代数教材), 而这里利用坐标法给出了它的几何证明.

习题 1.3

1. 设在梯形 $ABCD$ 中, 向量 $\overrightarrow{AB}=2\overrightarrow{DC}$, 又设 E 是腰 BC 的中点, F 是底 CD 的中点, 求点 A,B 和向量 $\overrightarrow{AB}$ 在仿射坐标系 $[C;\overrightarrow{AE},\overrightarrow{AF}]$ 中的坐标.

2. 设 $ABCDEF$ 是正六边形,

(1) 求各顶点在仿射坐标系 $[A;\overrightarrow{AB},\overrightarrow{AF}]$ 中的坐标;

(2) 求向量 $\overrightarrow{AB}$, $\overrightarrow{AF}$ 在仿射坐标系 $[A;\overrightarrow{AC},\overrightarrow{AE}]$ 中的坐标.

3. 设 AB,AC,AD 是平行六面体的顶点 A 处的三条棱, N 是此平行六面体的过 A 的对角线和 B,C,D 所确定的平面的交点, 求 N 在仿射坐标系 $[A;\overrightarrow{AB},\overrightarrow{AC},\overrightarrow{AD}]$ 中的坐标.

4. 设点 C 分线段 AB 成 $2:1$, 点 A 的坐标为 $(3,0,4)$, 点 C 的坐标为 $(1,2,2)$, 求点 B 的坐标.

5. 用坐标法证明梅涅劳斯 (Menelaus) 定理.

6. 在一个空间直角坐标系中, 已知向量 $\boldsymbol{\alpha}=(2,-2,1),\boldsymbol{\beta}=(1,-1,-3),\boldsymbol{\gamma}=(1,0,2)$, 求:

(1) $\boldsymbol{\alpha}-3\boldsymbol{\beta}+2\boldsymbol{\gamma}$;

(2) $\cos\langle\boldsymbol{\alpha},\boldsymbol{\gamma}\rangle$;

(3) $(\boldsymbol{\alpha}-2\boldsymbol{\beta})\times(2\boldsymbol{\alpha}+\boldsymbol{\beta}-\boldsymbol{\gamma})$;

(4) $(\boldsymbol{\alpha},\boldsymbol{\beta},\boldsymbol{\gamma})$;

(5) 同时垂直于 $\boldsymbol{\alpha},\boldsymbol{\beta}$ 的单位向量.

7. 在一个空间直角坐标系中, 已知向量 $\boldsymbol{\alpha}=(1,0,2),\boldsymbol{\beta}=(1,1,1),\boldsymbol{\gamma}=(1,0,-2)$, 试把 $\boldsymbol{\alpha}$ 分解为向量 $\boldsymbol{\alpha}_1$ 和 $\boldsymbol{\alpha}_2$ 的和, 使得 $\boldsymbol{\alpha}_1$ 和 $\boldsymbol{\beta},\boldsymbol{\gamma}$ 共面, $\boldsymbol{\alpha}_2$ 和 $\boldsymbol{\beta},\boldsymbol{\gamma}$ 都垂直.

8. 已知向量 $\boldsymbol{\alpha}_1,\boldsymbol{\alpha}_2,\boldsymbol{\alpha}_3$ 互相垂直且都不是零向量, $\boldsymbol{\gamma}=\sum\limits_{i=1}^{3}k_i\boldsymbol{\alpha}_i$, 求 $\boldsymbol{\gamma}$ 的模以及 $\boldsymbol{\gamma}$ 分别与 $\boldsymbol{\alpha}_1,\boldsymbol{\alpha}_2,\boldsymbol{\alpha}_3$ 夹角的余弦值.

9. 在一个空间直角坐标系中, 已知向量 $\boldsymbol{\alpha}=(-2,3,6),\boldsymbol{\beta}=(1,-2,2)$ 的起点相同, $|\boldsymbol{\gamma}|=5\sqrt{42}$, 求沿 $\boldsymbol{\alpha}$ 和 $\boldsymbol{\beta}$ 的夹角平分线上的向量 $\boldsymbol{\gamma}$ 的坐标.

10. 在一个空间直角坐标系中, 求以向量 $\boldsymbol{\alpha}=(2,0,3),\boldsymbol{\beta}=(-1,1,-2)$ 为邻边的平行四边形对角线夹角的正弦值.

11. 用坐标法证明恒等式: $(\boldsymbol{\alpha}\times\boldsymbol{\beta})\times\boldsymbol{\gamma}=(\boldsymbol{\alpha}\cdot\boldsymbol{\gamma})\boldsymbol{\beta}-(\boldsymbol{\beta}\cdot\boldsymbol{\gamma})\boldsymbol{\alpha}$.

12. 设在一个空间直角坐标系中, 四面体的顶点为 $A(1,2,3)$, $B(2,3,4)$, $C(3,0,5)$, $D(0,0,1)$, 求:

(1) 三角形 ABC 的面积、重心以及 AB 边上的高;

(2) 四面体 $ABCD$ 的体积.

13. 用坐标法证明柯西-施瓦茨 (Cauchy-Schwarz) 不等式

$$\left(\sum_{i=1}^{3}a_ib_i\right)^2\leqslant\left(\sum_{i=1}^{3}a_i^2\right)\left(\sum_{i=1}^{3}b_i^2\right).$$

14. 设 a,b,c,d,e,f 均为实数, $d+e+f\neq 0$, 满足

$$a^2+b^2+c^2=25,$$

$$d^2+e^2+f^2=36,$$

$$ad+be+cf=30,$$

求 $\dfrac{a+b+c}{d+e+f}$ 的值.

15. 在一个空间直角坐标系中, 已知四点 A,B,C,D 的坐标依次为

$$(x_i,y_i,z_i),\quad i=1,2,3,4,$$

证明：四点 A,B,C,D 共面当且仅当

$$\begin{vmatrix} x_1 & y_1 & z_1 & 1\\ x_2 & y_2 & z_2 & 1\\ x_3 & y_3 & z_3 & 1\\ x_4 & y_4 & z_4 & 1\end{vmatrix}=0.$$

16. 用坐标法证明

$$(\boldsymbol{\alpha}\times\boldsymbol{\beta},\boldsymbol{\beta}\times\boldsymbol{\gamma},\boldsymbol{\gamma}\times\boldsymbol{\alpha})=\begin{vmatrix} \boldsymbol{\alpha}\cdot\boldsymbol{\alpha} & \boldsymbol{\alpha}\cdot\boldsymbol{\beta} & \boldsymbol{\alpha}\cdot\boldsymbol{\gamma}\\ \boldsymbol{\beta}\cdot\boldsymbol{\alpha} & \boldsymbol{\beta}\cdot\boldsymbol{\beta} & \boldsymbol{\beta}\cdot\boldsymbol{\gamma}\\ \boldsymbol{\gamma}\cdot\boldsymbol{\alpha} & \boldsymbol{\gamma}\cdot\boldsymbol{\beta} & \boldsymbol{\gamma}\cdot\boldsymbol{\gamma}\end{vmatrix}=\left|\begin{pmatrix}\boldsymbol{\alpha}\\ \boldsymbol{\beta}\\ \boldsymbol{\gamma}\end{pmatrix}\cdot\begin{pmatrix}\boldsymbol{\alpha} & \boldsymbol{\beta} & \boldsymbol{\gamma}\end{pmatrix}\right|.$$

17. 在一个空间仿射坐标系中, 已知

$$\boldsymbol{\alpha}=(a_1,a_2,a_3),\quad \boldsymbol{\beta}=(b_1,b_2,b_3),\quad \boldsymbol{\gamma}=(c_1,c_2,c_3),$$

证明向量组 $\boldsymbol{\alpha},\boldsymbol{\beta},\boldsymbol{\gamma}$ 共面的充要条件是

$$\begin{vmatrix} a_1 & a_2 & a_3\\ b_1 & b_2 & b_3\\ c_1 & c_2 & c_3\end{vmatrix}=0.$$

第 2 章　空间中的平面和直线

本书的研究对象是空间中的图形，它通常指空间中具有某种共同属性的点集. 例如平面、直线、曲面和曲线等. 在空间中取定一个仿射坐标系之后，就有了空间中的点和三元有序数组也就是坐标的一一对应，从而图形上点的共同属性就可以转化为对点坐标的约束，即图形的方程.

图形方程的概念在中学平面几何中已经出现过. 现在将范围扩大到空间中，一般来说，对于一个图形 S，如果 S 上的点的坐标满足某种数量关系，而 S 外的点的坐标不满足这种数量关系，就称这种数量关系为 S 的方程. 如果这个方程是以三个坐标 x, y, z 为变量的三元方程或三元方程组，则通常称其为图形的一般方程. 此外，在空间仿射坐标系中，任何以 x, y, z 为变量的三元方程 (组) 都决定了一个图形，即它的所有解作为坐标对应的点构成的图形.

我们的研究思路是，在坐标系中首先通过分析图形上点的几何特征来建立它的方程，再用方程进一步研究图形的特征、属性以及相互关系，这就是坐标法. 坐标法实现了数与形的结合，使得我们能用可计算的代数工具来研究抽象的几何问题. 几何图形是千变万化的，方程同样种类繁多，我们不能期望于处理所有的问题. 在本书中只对一些特殊的图形建立方程，也只对简单的方程讨论其图形.

本章讨论的是最简单的空间图形：平面和直线. 通过分析其上点的共同几何属性来建立它们的方程，随后从方程出发来讨论它们之间的位置关系等. 无论是采用一般的仿射坐标系还是选取特殊的直角坐标系，结论 (与度量无关的) 都是一样的，因此为了便于理解，约定本章内容在空间右手直角坐标系中进行讨论.

2.1　空间中的平面

2.1.1　平面的方程

建立一个图形的方程，首先要找到图形上点的共同属性. 对于空间中的平面来说，这个共同属性有很多不同的表达形式. 下面我们分别从其中最重要的两种形式出发来建立平面的方程.

1. 点法式条件

在空间中, 一个平面是由它经过的一个点和垂直于它的一个非零向量来唯一决定的, 称这个条件为平面的**点法式条件**. 下面将在此条件下建立平面的方程.

设平面 π 过点 M_0, 非零向量 $\boldsymbol{n}$ 垂直于 π, 则空间中的点 M 在平面 π 上当且仅当

$$\overrightarrow{M_0M} \text{ 垂直于 } \boldsymbol{n},$$

如图 2.1 所示, 这就是平面上点的共同属性. 我们称向量 $\boldsymbol{n}$ 为平面 π 的法向量.

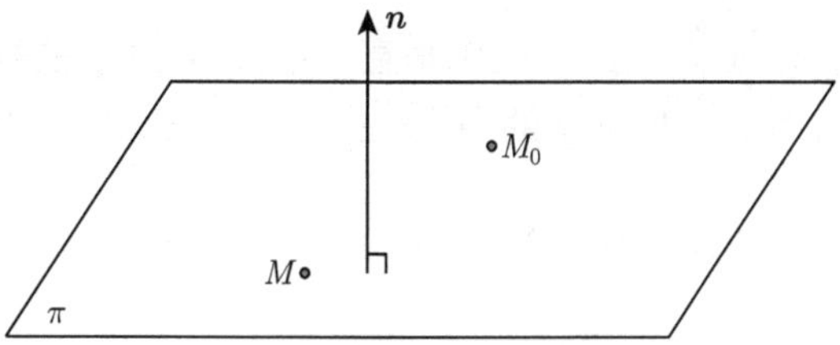

图 2.1

此时平面 π 有向量方程

$$\overrightarrow{M_0M} \cdot \boldsymbol{n} = 0. \tag{2.1}$$

在取定的坐标系中, 设法向量 $\boldsymbol{n} = (A, B, C)$, 点 M_0 坐标为 (x_0, y_0, z_0), 则空间中的点 $M(x, y, z)$ 在平面 π 上当且仅当 (2.1) 式成立, 用坐标表示有

$$A(x - x_0) + B(y - y_0) + C(z - z_0) = 0,$$

称其为平面 π 的**点法式方程**. 整理之后, 有形式

$$Ax + By + Cz + D = 0,$$

其中 $D = -Ax_0 - By_0 - Cz_0$. 可见每个平面都可以用一个三元一次方程来表示, 这种方程称为平面的**一般方程**.

反过来, 任给一个三元一次方程

$$Ax + By + Cz + D = 0,$$

一次项系数 A, B, C 不全为零. 不妨设 $A \neq 0$, 则该方程可以化为

$$A\left(x + \frac{D}{A}\right) + By + Cz = 0,$$

显然它是过点 $\left(-\dfrac{D}{A},0,0\right)$, 以 (A,B,C) 为法向量的平面的方程. 说明每个三元一次方程都表示一个平面, 并且其一次项系数构成的向量 (A,B,C) 是该平面的法向量.

要注意的是平面和三元一次方程的这种对应关系并不是一一的. 因为如果平面 π 有方程 $Ax+By+Cz+D=0$, 那么对于任意非零的实数 k, $kAx+kBy+kCz+kD=0$ 也是 π 的方程.

例 2.1.1 已知两点 $M_1(1,2,2)$ 和 $M_2(3,0,4)$, 求线段 M_1M_2 的垂直平分面 π 的方程.

解 由于向量 $\overrightarrow{M_1M_2}=(2,-2,2)$ 垂直于线段 M_1M_2 的垂直平分面 π, 从而是它的法向量. 又因为 M_1 与 M_2 的中点 $(2,1,3)$ 在 π 上, 所以 π 点法式方程为

$$2(x-2)-2(y-1)+2(z-3)=0,$$

化简得

$$x-y+z-4=0.$$

□

2. 点向式条件

在空间中, 一个平面是由它经过的一个点和两个平行于它的不共线向量来唯一决定的, 称这个条件为平面的**点向式条件**. 下面将在此条件下建立平面的方程.

设平面 π 过点 M_0, 平行于两个不共线的向量 $\boldsymbol{\alpha}$ 和 $\boldsymbol{\beta}$, 则空间中的点 M 在平面 π 上当且仅当

$$\overrightarrow{M_0M},\boldsymbol{\alpha},\boldsymbol{\beta}\ \text{共面},$$

如图 2.2 所示, 这是平面上点的共同属性的另一形式.

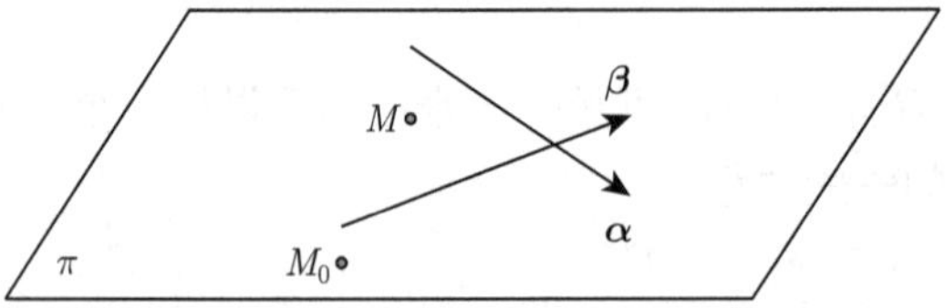

图 2.2

根据向量分解定理, 由于 $\boldsymbol{\alpha}$ 和 $\boldsymbol{\beta}$ 不共线, 所以 $\overrightarrow{M_0M},\boldsymbol{\alpha},\boldsymbol{\beta}$ 共面等价于存在实数 k,m, 使得

$$\overrightarrow{M_0M}=k\boldsymbol{\alpha}+m\boldsymbol{\beta}. \tag{2.2}$$

在取定的坐标系中, 设点 M_0、向量 $\boldsymbol{\alpha},\boldsymbol{\beta}$ 的坐标依次为 $(x_0,y_0,z_0),(a_1,a_2,a_3),(b_1,b_2,b_3)$, 则空间中的点 $M(x,y,z)$ 在平面 π 上当且仅当 (2.2) 式成立, 用坐标表示有

$$\begin{cases} x-x_0=ka_1+mb_1, \\ y-y_0=ka_2+mb_2, \\ z-z_0=ka_3+mb_3, \end{cases}$$

即

$$\begin{cases} x=x_0+ka_1+mb_1, \\ y=y_0+ka_2+mb_2, \\ z=z_0+ka_3+mb_3, \end{cases} \tag{2.3}$$

称其为平面 π 的**参数方程**, 其中 k,m 是参数, 分别取遍全体实数时就对应了平面 π 上的所有点.

此外, $\overrightarrow{M_0M},\boldsymbol{\alpha},\boldsymbol{\beta}$ 共面又等价于

$$(\overrightarrow{M_0M},\boldsymbol{\alpha},\boldsymbol{\beta})=0.$$

利用混合积的坐标表示, 我们可以得到平面 π 的一般方程

$$\begin{vmatrix} x-x_0 & y-y_0 & z-z_0 \\ a_1 & a_2 & a_3 \\ b_1 & b_2 & b_3 \end{vmatrix}=0. \tag{2.4}$$

注 2.1.1 在仿射坐标系中, 如果已知平面 π 过点 $M_0(x_0,y_0,z_0)$, 平行于两个不共线的向量 $\boldsymbol{\alpha}=(a_1,a_2,a_3)$ 和 $\boldsymbol{\beta}=(b_1,b_2,b_3)$, 那么从上面的讨论过程不难看出, 它仍有参数方程 (2.3) 和一般方程 (2.4).

例 2.1.2 求过不共线三点 $M_i(x_i,y_i,z_i)$, $i=1,2,3$ 的平面 π 的方程.

解 因为 $\overrightarrow{M_3M_1}=(x_1-x_3,y_1-y_3,z_1-z_3)$ 和 $\overrightarrow{M_3M_2}=(x_2-x_3,y_2-y_3,z_2-z_3)$ 是平行于平面 π 的两个不共线向量, 所以平面 π 的参数方程为

$$\begin{cases} x-x_3=k(x_1-x_3)+m(x_2-x_3), \\ y-y_3=k(y_1-y_3)+m(y_2-y_3), \\ z-z_3=k(z_1-z_3)+m(z_2-z_3). \end{cases}$$

一般方程为

$$\begin{vmatrix} x-x_3 & y-y_3 & z-z_3 \\ x_1-x_3 & y_1-y_3 & z_1-z_3 \\ x_2-x_3 & y_2-y_3 & z_2-z_3 \end{vmatrix}=0,$$

可进一步写成

$$\begin{vmatrix} x & y & z & 1 \\ x_1 & y_1 & z_1 & 1 \\ x_2 & y_2 & z_2 & 1 \\ x_3 & y_3 & z_3 & 1 \end{vmatrix}=0.$$ □

在直角坐标系中, 平面一般方程的一次项系数指明了它的法向量, 不仅如此, 还可以从方程的系数看出平面与坐标系的关系.

设平面 π 的方程为 $Ax+By+Cz+D=0$, 则

(1) 平面 π 过原点 O 当且仅当 $D=0$.

(2) 平面 π 平行于 z 轴当且仅当 $C=0$. 因为此时 π 的法向量 (A,B,C) 与 z 轴的方向 $(0,0,1)$ 垂直.

(3) 平面 π 平行于 xy 平面当且仅当 $A=B=0$. 因为此时 π 的法向量 (A,B,C) 与 x 轴的方向 $(1,0,0)$ 以及 y 轴的方向 $(0,1,0)$ 都垂直.

(4) 不过原点的平面 π 与三个坐标轴依次交于点 $(a,0,0),(0,b,0),(0,0,c)$, 当且仅当 π 有**截距式方程**

$$\frac{x}{a}+\frac{y}{b}+\frac{z}{c}=1,$$

此时分别称 a,b,c 为 π 在 x 轴、y 轴、z 轴上的截距.

2.1.2　点与平面的位置关系

设平面 π 过点 $M_0(x_0,y_0,z_0)$, 法向量为 $\boldsymbol{n}=(A,B,C)$, 则 π 有方程

$$\overrightarrow{M_0M}\cdot\boldsymbol{n}=0,$$

其中 M 为 π 上任意一点, 如果 M 的坐标记为 (x,y,z), 则 π 有一般方程

$$Ax+By+Cz+D=0,$$

其中 $D=-(Ax_0+By_0+Cz_0)$.

对于空间中任意一点 $M'(x',y',z')$, 显然 M' 在 π 上等价于 $Ax'+By'+Cz'+D=0$.

下面考虑 M' 不在 π 上的情况.

(1) M' 在 π 的法向量 $\boldsymbol{n}$ 的正向所指的一侧当且仅当

$$\overrightarrow{M_0M'} \cdot \boldsymbol{n} > 0,$$

等价地,

$$Ax' + By' + Cz' + D > 0.$$

(2) M' 在 π 的法向量 $\boldsymbol{n}$ 的反向所指的一侧当且仅当

$$\overrightarrow{M_0M'} \cdot \boldsymbol{n} < 0,$$

等价地,

$$Ax' + By' + Cz' + D < 0.$$

说明位于平面 π 同 (异) 侧的点的坐标代入 π 一般方程的左端是同 (异) 号的. 这一结果可总结为下述命题.

命题 2.1.1 设平面 π 的方程为 $Ax + By + Cz + D = 0$, 则不等式

$$Ax + By + Cz + D > 0$$

和

$$Ax + By + Cz + D < 0$$

表示的图形分别是 π 把空间分割成的两个半空间.

接下来我们计算一下点到平面的距离.

对于平面 π 外一点 M', 记 $d(M', \pi)$ 为 M' 到 π 的距离. 过 M' 向 π 作垂线, 记垂足为点 P (图 2.3).

因为 $\overrightarrow{PM'}$ 是 $\overrightarrow{M_0M'}$ 在 $\boldsymbol{n}$ 方向上的投影向量, 所以

$$|\overrightarrow{PM'}| = \left|(\overrightarrow{M_0M'} \cdot \boldsymbol{n})\frac{\boldsymbol{n}}{|\boldsymbol{n}|^2}\right| = \frac{|\overrightarrow{M_0M'} \cdot \boldsymbol{n}|}{|\boldsymbol{n}|},$$

用坐标表示有

$$d(M', \pi) = |\overrightarrow{PM'}| = \frac{|Ax' + By' + Cz' + D|}{\sqrt{A^2 + B^2 + C^2}}.$$

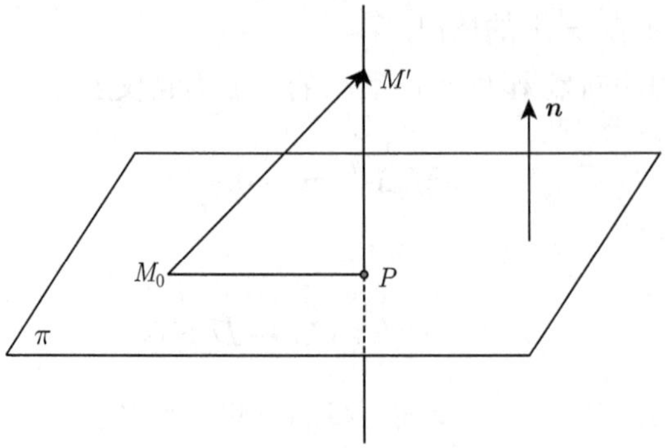

图 2.3

例 2.1.3 设平面 π 的截距式方程为

$$\frac{x}{a}+\frac{y}{b}+\frac{z}{c}=1,$$

求原点 O 到 π 的距离.

解 由点到平面距离公式可得

$$d(O,\pi)=\frac{|Ax'+By'+Cz'+D|}{\sqrt{A^2+B^2+C^2}}=\frac{1}{\sqrt{\dfrac{1}{a^2}+\dfrac{1}{b^2}+\dfrac{1}{c^2}}}. \qquad \square$$

例 2.1.4 设 π 为一平面, P 为平面 π 外一点, 过点 P 作三条两两互相垂直的直线与 π 分别交于点 M_1, M_2, M_3, 则

$$\frac{1}{|\overrightarrow{PM_1}|^2}+\frac{1}{|\overrightarrow{PM_2}|^2}+\frac{1}{|\overrightarrow{PM_3}|^2}=\frac{1}{d^2},$$

其中 d 为点 P 到平面 π 的距离.

证明 以 P 为原点, $\dfrac{\overrightarrow{PM_1}}{|\overrightarrow{PM_1}|},\dfrac{\overrightarrow{PM_2}}{|\overrightarrow{PM_2}|},\dfrac{\overrightarrow{PM_3}}{|\overrightarrow{PM_3}|}$ 为坐标向量, 建立直角坐标系. 平面 π 的方程为

$$\frac{x}{|\overrightarrow{PM_1}|}+\frac{y}{|\overrightarrow{PM_2}|}+\frac{z}{|\overrightarrow{PM_3}|}=1,$$

于是点 P 到 π 的距离为

$$d=\frac{1}{\sqrt{\dfrac{1}{|\overrightarrow{PM_1}|^2}+\dfrac{1}{|\overrightarrow{PM_2}|^2}+\dfrac{1}{|\overrightarrow{PM_3}|^2}}},$$

所以

$$\frac{1}{|\overrightarrow{PM_1}|^2}+\frac{1}{|\overrightarrow{PM_2}|^2}+\frac{1}{|\overrightarrow{PM_3}|^2}=\frac{1}{d^2}.$$ □

由点到平面的距离引出了平面的又一种方程形式如下.

设平面 π 的方程为 $\overrightarrow{M_0M}\cdot\boldsymbol{n}=0$, 则可以改写成

$$\overrightarrow{OM}\cdot\boldsymbol{n}=\overrightarrow{OM_0}\cdot\boldsymbol{n},$$

其中 O 为原点. 因为 $\overrightarrow{OM_0}\cdot\boldsymbol{n}=\pm|\boldsymbol{n}|d(O,\pi)$ 是常数, 所以

$$\overrightarrow{OM}\cdot\boldsymbol{n}=c$$

也表示一个平面, 其中 c 为常数.

由于

$$(\overrightarrow{OM}\cdot\boldsymbol{n})\frac{\boldsymbol{n}}{\boldsymbol{n}^2}=\frac{c}{|\boldsymbol{n}|^2}\boldsymbol{n},$$

故方程 $\overrightarrow{OM}\cdot\boldsymbol{n}=c$ 所表示的平面 π 由这样的点 M 构成: $\overrightarrow{OM}$ 在 $\boldsymbol{n}$ 上的投影向量为 $\frac{c}{|\boldsymbol{n}|^2}\boldsymbol{n}$.

例 2.1.5 设平面 π 的方程为 $\overrightarrow{M_0M}\cdot\boldsymbol{n}=0$. M_1,M_2 是空间中不在 π 上的两点, 且 $\overrightarrow{M_1M_2}$ 与 π 不平行. 求

(1) 点 M_1 关于平面 π 的对称点 M_1';

(2) π 上的点 Q, 使得 $|d(M_1,Q)-d(M_2,Q)|$ 最大.

证明 (1) 设 P 为直线 M_1M_1' 与 π 的交点, 则 $\overrightarrow{M_1P}$ 为 $\overrightarrow{M_1M_0}$ 在 π 的法向量 $\boldsymbol{n}$ 上的投影向量 (图 2.4(a)), 于是

$$\overrightarrow{M_1P}=(\overrightarrow{M_1M_0}\cdot\boldsymbol{n})\frac{\boldsymbol{n}}{\boldsymbol{n}^2},$$

从而

$$\overrightarrow{OM_1'}=\overrightarrow{OM_1}+2\overrightarrow{M_1P}=\overrightarrow{OM_1}+2(\overrightarrow{M_1M_0}\cdot\boldsymbol{n})\frac{\boldsymbol{n}}{\boldsymbol{n}^2}.$$

(2) 如果 M_1,M_2 在平面 π 的同侧, 则由三角形的两边之差小于第三边可知, 直线 M_1M_2 与平面 π 的交点为所求的 Q (图 2.4(b)).

设 $\overrightarrow{M_1Q}=k\overrightarrow{M_2Q}$ $(k>0)$, 则

$$k=\frac{|\overrightarrow{M_1Q}|}{|\overrightarrow{M_2Q}|}=\frac{|\overrightarrow{M_1Q}\cdot\boldsymbol{n}|}{|\overrightarrow{M_2Q}\cdot\boldsymbol{n}|}=\frac{|\overrightarrow{M_1M_0}\cdot\boldsymbol{n}|}{|\overrightarrow{M_2M_0}\cdot\boldsymbol{n}|}. \tag{2.5}$$

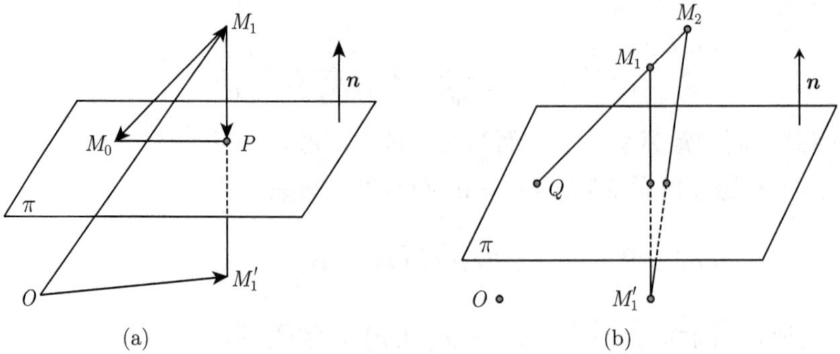

图 2.4

又因为

$$\overrightarrow{OQ}=\overrightarrow{OM_1}+\overrightarrow{M_1Q},\quad \overrightarrow{OQ}=\overrightarrow{OM_2}+\overrightarrow{M_2Q},$$

所以

$$\overrightarrow{OQ}-\overrightarrow{OM_1}=k(\overrightarrow{OQ}-\overrightarrow{OM_2}).$$

故

$$\overrightarrow{OQ}=\frac{1}{1-k}(\overrightarrow{OM_1}-k\overrightarrow{OM_2}),$$

其中 k 可由 (2.5) 式计算得到.

如果 M_1,M_2 在平面 π 的异侧, 记 M_2 关于 π 的对称点为 M_2', 若 $\overrightarrow{M_1M_2'}$ 平行于 π, 则所求的 Q 不存在. 当 $\overrightarrow{M_1M_2'}$ 与 π 不平行时, 直线 M_1M_2' 与 π 的交点为所求的 Q.

由上面的结论可知

$$\begin{aligned}\overrightarrow{OQ}&=\frac{1}{1-k}(\overrightarrow{OM_1}-k\overrightarrow{OM_2'})\\&=\frac{1}{1-k}\left(\overrightarrow{OM_1}-k\left(\overrightarrow{OM_2}+2(\overrightarrow{M_2M_0}\cdot\boldsymbol{n})\frac{\boldsymbol{n}}{\boldsymbol{n}^2}\right)\right),\end{aligned}$$

其中

$$k=\frac{|\overrightarrow{M_1Q}|}{|\overrightarrow{M_2'Q}|}=\frac{|\overrightarrow{M_1M_0}\cdot\boldsymbol{n}|}{|\overrightarrow{M_2'M_0}\cdot\boldsymbol{n}|}=\frac{|\overrightarrow{M_1M_0}\cdot\boldsymbol{n}|}{|\overrightarrow{M_2M_0}\cdot\boldsymbol{n}|}.\qquad\square$$

2.1.3　两个平面的位置关系

空间中两个平面的位置关系有相交、平行 (无公共点) 和重合三种情形. 我们知道平面一般方程的一次项系数指明了它的法向量, 而两个平面平行等价于它们的法向量平行, 两个法向量的平行又等价于它们的坐标对应成比例, 从而有判断两个平面位置关系的如下方法.

定理 2.1.1 已知两个平面的方程

$$\pi_1 : A_1x + B_1y + C_1z + D_1 = 0,$$

$$\pi_2 : A_2x + B_2y + C_2z + D_2 = 0,$$

则

(1) π_1 与 π_2 相交的充要条件是

$$A_1 : B_1 : C_1 \neq A_2 : B_2 : C_2;$$

(2) π_1 与 π_2 平行的充要条件是存在非零实数 k, 使得

$$(A_1, B_1, C_1) = k(A_2, B_2, C_2), \quad \text{但} D_1 \neq kD_2;$$

(3) π_1 与 π_2 重合的充要条件是存在非零实数 k, 使得

$$(A_1, B_1, C_1, D_1) = k(A_2, B_2, C_2, D_2).$$

假设同上, 当 π_1 与 π_2 相交时, 它们交于一条直线, 该直线方程为

$$\begin{cases} A_1x + B_1y + C_1z + D_1 = 0, \\ A_2x + B_2y + C_2z + D_2 = 0. \end{cases}$$

此时 $\boldsymbol{n}_i = (A_i, B_i, C_i)$ 是 π_i 的法向量 $(i = 1, 2)$, π_1 与 π_2 相交形成的两个二面角分别为 $\langle \boldsymbol{n}_1, \boldsymbol{n}_2 \rangle$ 和 $\pi - \langle \boldsymbol{n}_1, \boldsymbol{n}_2 \rangle$. 我们把其中较小的那个角称为这两个平面的**夹角** (图 2.5), 于是 π_1 与 π_2 的夹角为

$$\theta = \arccos \frac{|\boldsymbol{n}_1 \cdot \boldsymbol{n}_2|}{|\boldsymbol{n}_1||\boldsymbol{n}_2|} = \arccos \frac{|A_1A_2 + B_1B_2 + C_1C_2|}{\sqrt{A_1^2 + B_1^2 + C_1^2} \cdot \sqrt{A_2^2 + B_2^2 + C_2^2}}.$$

例 2.1.6 已知平面 $\pi_1 : A_1x + B_1y + C_1z + D_1 = 0$ 与 $\pi_2 : A_2x + B_2y + C_2z + D_2 = 0$ 相交, $P(x', y', z')$ 是空间中一点, 且不在 π_1 和 π_2 上. 求 π_1, π_2 所成的二面角中含有点 P 的那个二面角 φ 的余弦值.

解 过点 P 分别向平面 π_1, π_2 作垂线, 垂足依次为 Q_1, Q_2, 显然

$$\varphi + \langle \overrightarrow{PQ_1}, \overrightarrow{PQ_2} \rangle = \pi,$$

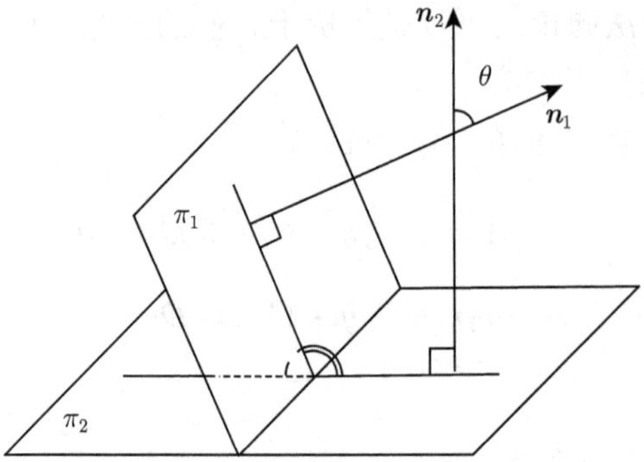

图 2.5

令 $\boldsymbol{n}_i=(A_i,B_i,C_i)\ (i=1,2)$, 取 $\pi_1\cap\pi_2$ 中的一点 $M_0(x_0,y_0,z_0)$, 则 $\overrightarrow{PQ_1},\overrightarrow{PQ_2}$ 分别是 $\overrightarrow{PM_0}$ 在 $\boldsymbol{n}_1$ 和 $\boldsymbol{n}_2$ 方向上的投影向量 (图 2.6), 所以

$$\overrightarrow{PQ_1}=(\overrightarrow{PM_0}\cdot\boldsymbol{n}_1)\frac{\boldsymbol{n}_1}{\boldsymbol{n}_1^2},$$
$$\overrightarrow{PQ_2}=(\overrightarrow{PM_0}\cdot\boldsymbol{n}_2)\frac{\boldsymbol{n}_2}{\boldsymbol{n}_2^2}.$$

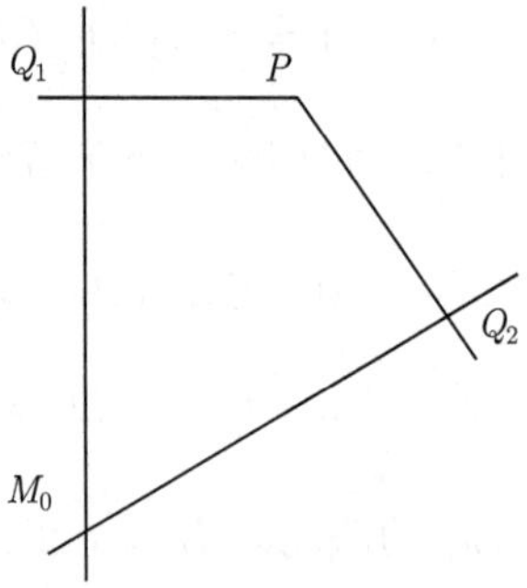

图 2.6

于是

$$\begin{aligned}\cos\varphi&=-\cos\langle\overrightarrow{PQ_1},\overrightarrow{PQ_2}\rangle\\&=-\frac{(\overrightarrow{PM_0}\cdot\boldsymbol{n}_1)(\overrightarrow{PM_0}\cdot\boldsymbol{n}_2)(\boldsymbol{n}_1\cdot\boldsymbol{n}_2)}{|\overrightarrow{PM_0}\cdot\boldsymbol{n}_1||\overrightarrow{PM_0}\cdot\boldsymbol{n}_2||\boldsymbol{n}_1||\boldsymbol{n}_2|}\\&=-\frac{A_1x'+B_1y'+C_1z'+D_1}{|A_1x'+B_1y'+C_1z'+D_1|}\cdot\frac{A_2x'+B_2y'+C_2z'+D_2}{|A_2x'+B_2y'+C_2z'+D_2|}\\&\quad\cdot\frac{A_1A_2+B_2B_2+C_1C_2}{\sqrt{A_1^2+B_1^2+C_1^2}\sqrt{A_2^2+B_2^2+C_2^2}}.\end{aligned}$$

□

类似于两个平面, 也可以用方程系数来判断三个平面的位置关系, 留作练习. 下面针对三个平面相交于一点的情形举例说明.

例 2.1.7 设平面 $\pi_i(i=1,2,3)$ 的方程分别为

$$A_ix+B_iy+C_iz+D_i=0,$$

则 π_1,π_2,π_3 相交于一点的充要条件是

$$\begin{vmatrix} A_1 & B_1 & C_1 \\ A_2 & B_2 & C_2 \\ A_3 & B_3 & C_3 \end{vmatrix} \neq 0.$$

证明 注意到三个平面相交于一点当且仅当它们的方程构成的方程组有唯一解, 再由例 1.3.10 可得. □

习题 2.1

1. 求满足下列条件的平面的方程:

(1) 过点 $M_0(2,1,-1)$, 法向量为 $\boldsymbol{n}=(1,-2,3)$;

(2) 原点到平面的垂足为点 $P(2,3,-6)$;

(3) 过两点 $A(0,4,-3),B(1,-2,6)$, 平行于向量 $\boldsymbol{\alpha}=(1,0,2)$;

(4) 过 x 轴和点 $P(4,-1,2)$;

(5) 过点 $P(2,-2,1)$ 且平行于平面 $2x-3z+4=0$;

(6) 平行于向量 $\boldsymbol{\alpha}=(2,1,-1)$ 且在 x 轴和 y 轴上的截距分别为 3 和 -2.

2. 求满足下列条件的平面的参数方程:

(1) 过三点 $A(1,0,0),B(1,3,2),C(-1,0,-2)$;

(2) 过两点 $A(1,1,1),B(1,0,2)$ 且垂直于平面 $x+2y-z-6=0$;

(3) 过点 $A(1,2,3)$ 且与平面 $x-y+z+1=0$ 和 $3y-2z+2=0$ 都垂直.

3. 将下列平面的参数方程化为一般方程:

$$\begin{cases} x=3+k-m, \\ y=-1+2k+m, \\ z=5k-2m; \end{cases} \qquad \begin{cases} x=-2+k, \\ y=-3-k+m, \\ z=1+3k-m. \end{cases}$$

4. 判断下列各组平面的位置关系:

(1) $x-y-z=1$ 与 $x-y+2z+4=0$;

(2) $x+3y-z-2=0$ 与 $2x+6y-2z+1=0$;

(3) $3x+9y-6z+3=0$ 与 $x+3y-2z+1=0$.

5. 设三个平面的方程为

$$\pi_1 : ax + y + z + 1 = 0;$$

$$\pi_2 : x + ay + z + 3 = 0;$$

$$\pi_3 : x + y - 2z + 3 = 0,$$

当 a 为什么数时, 它们不相交于一点, 又互相都不平行?

6. 求平行平面 $Ax + By + Cz + D_1 = 0$ 与 $Ax + By + Cz + D_2 = 0$ 之间的距离.

7. 判断点 $(1, 2, 3)$ 和 $(2, 0, 5)$ 位于平面 $3x - 4y + z - 2 = 0$ 的同侧还是异侧.

8. 试问当平面 $x + ky - 2z - 9 = 0$ 满足下列条件时, k 分别为何值,

(1) 与平面 $2x - 3y + z + 14 = 0$ 夹角为 $45°$;

(2) 原点到平面的距离为 3.

9. 求满足下列条件的平面的方程:

(1) 以 $\boldsymbol{n} = (1, 2, 3)$ 为法向量且与三个坐标平面围成的四面体体积为 6;

(2) 过点 $A(0, 0, 1), B(3, 0, 0)$ 且与 xy 平面夹角为 $60°$;

(3) 过 z 轴且与平面 $2x + y - z - 1 = 0$ 夹角为 $30°$.

10. 已知两个平行平面的方程为 $\pi_1 : 2x - y + 3z - 5 = 0$ 和 $\pi_2 : 4x - 2y + 6z + 1 = 0$, 求到 π_1 的距离与到 π_2 的距离之比为 $2 : 1$ 的点的轨迹.

11. 设平面 $\pi : Ax + By + Cz + D = 0$ 与连接两点 $M_1(x_1, y_1, z_1)$ 和 $M_2(x_2, y_2, z_2)$ 的线段交于点 M, M_2 不在平面 π 上且 $\overrightarrow{M_1M} = k\overrightarrow{MM_2}$, 证明:

$$k = -\frac{Ax_1 + By_1 + Cz_1 + D}{Ax_2 + By_2 + Cz_2 + D}.$$

12. 求平面 $\pi_1 : x + y + z + 1 = 0$ 与 $\pi_2 : x + 2y + z + 4 = 0$ 形成的两个二面角中含有 $(1, 0, 0)$ 的二面角.

13. 已知两平面的方程为 $\pi_1 : 2x - y + z - 7 = 0$ 和 $\pi_2 : x + y + 2z + 11 = 0$,

(1) 求由此两平面构成的包含原点的二面角的角平分面的方程;

(2) 上述二面角是锐角还是钝角?

14. 设平面 π_i 的方程为 $A_ix + B_iy + C_iz + D_i = 0$, $i = 1, 2$.

(1) 求平面 π_1 关于点 $M(x_0, y_0, z_0)$ 对称的平面的方程;

(2) 求平面 π_1 关于 π_2 对称的平面的方程.

2.2　空间中的直线

2.2.1　直线的方程

空间中的一条直线可以看成两个相交平面的交线. 如果直线 L 是平面

$$\pi_1 : A_1x + B_1y + C_1z + D_1 = 0$$

与

$$\pi_2 : A_2x + B_2y + C_2z + D_2 = 0$$

的交线, 则

$$\begin{cases} A_1x + B_1y + C_1z + D_1 = 0, \\ A_2x + B_2y + C_2z + D_2 = 0 \end{cases} \tag{2.6}$$

是 L 的方程, 称为直线的**一般方程**.

另外, 空间中的一条直线由它经过的一个点和所平行的一个非零向量唯一决定. 下面将在此条件下建立直线的方程.

设直线 L 经过点 $M_0(x_0, y_0, z_0)$, 平行于非零向量 $\boldsymbol{u} = (X, Y, Z)$, 则空间中的点 $M(x, y, z)$ 在直线 L 上当且仅当

$$\overrightarrow{M_0M} \text{ 平行于 } \boldsymbol{u},$$

如图 2.7 所示, 这就是直线上点的共同属性. 我们称向量 $\boldsymbol{u}$ 为直线 L 的**方向向量**.

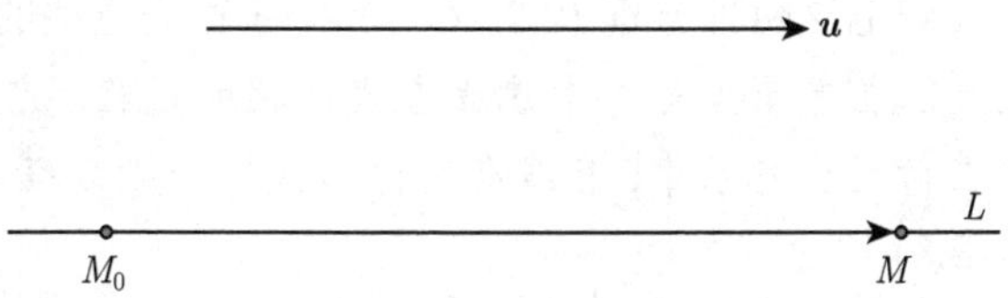

图 2.7

此时直线 L 有向量方程

$$\overrightarrow{M_0M} \times \boldsymbol{u} = \boldsymbol{0},$$

用坐标表示得到直线的**标准方程**

$$\frac{x - x_0}{X} = \frac{y - y_0}{Y} = \frac{z - z_0}{Z}. \tag{2.7}$$

注 2.2.1 如果 X, Y, Z 中有一个为 0, 不妨设 $Z = 0$, 则上面的标准方程理解成一般方程

$$\begin{cases} \dfrac{x - x_0}{X} = \dfrac{y - y_0}{Y}, \\ z = z_0. \end{cases}$$

同理, 如果 X, Y, Z 中有两个为 0, 不妨设 $Y=Z=0$, 则上面的标准方程理解成一般方程

$$\begin{cases} y=y_0, \\ z=z_0. \end{cases}$$

另一方面, $\overrightarrow{M_0M}$ 平行于 $\boldsymbol{u}$ 又等价于存在实数 t, 使得

$$\overrightarrow{M_0M}=t\boldsymbol{u},$$

再用坐标表示, 就得到了直线的**参数方程**

$$\begin{cases} x=x_0+tX, \\ y=y_0+tY, \\ z=z_0+tZ. \end{cases} \tag{2.8}$$

直线的这两种方程 (2.7) 和 (2.8) 都直接表现出其几何意义, 即它所经过的一个点和所平行的方向. 我们把这两种方程 (2.7) 和 (2.8) 统称为直线的**点向式方程**.

注 2.2.2　上述在直角坐标系中建立直线方程的过程, 完全可以应用到仿射坐标系中, 因此在仿射坐标系中, 直线有同样形式的一般方程 (2.6)、标准方程 (2.7) 和参数方程 (2.8).

一条直线可以有无数个平面经过它, 因此直线的一般方程不唯一. 另外从直线的一般方程不能直接看出其几何特点, 即方向向量和所经过的点, 需要经过一定量的计算.

设直线 L 有一般方程

$$\begin{cases} A_1x+B_1y+C_1z+D_1=0, \\ A_2x+B_2y+C_2z+D_2=0, \end{cases}$$

那么其中两个经过 L 的相交平面的法向量分别为

$$\boldsymbol{n}_1=(A_1,B_1,C_1), \quad \boldsymbol{n}_2=(A_2,B_2,C_2).$$

因此

$$\boldsymbol{u}=\boldsymbol{n}_1\times\boldsymbol{n}_2=\left(\begin{vmatrix} B_1 & C_1 \\ B_2 & C_2 \end{vmatrix}, \begin{vmatrix} C_1 & A_1 \\ C_2 & A_2 \end{vmatrix}, \begin{vmatrix} A_1 & B_1 \\ A_2 & B_2 \end{vmatrix}\right)$$

为 L 的方向向量 (图 2.8). 我们只需再求 L 上的一点, 也就是上面方程组的一个解, 即可得到直线的点向式方程.

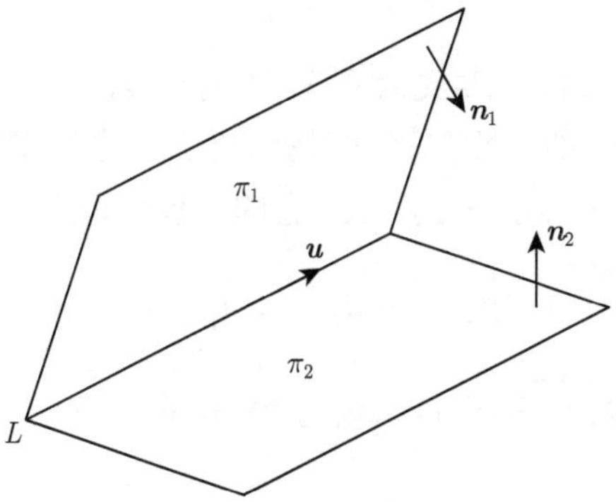

图 2.8

例 2.2.1 求直线

$$L:\begin{cases}x+y+1=0,\\ y+2z+2=0\end{cases}$$

的参数方程.

解 首先直线 L 的方向向量为

$$(1,1,0)\times(0,1,2)=(2,-2,1).$$

接下来求 L 上的一个点, 即方程组的一个解. 常用方法是先取定一个未知数的值, 再求出另外两个未知数的值. 例如取 $y=0$, 求出 $x=-1, z=-1$, 那么 $M_0(-1,0,-1)$ 就是 L 上的一个点.

因此直线 L 的参数方程为

$$\begin{cases}x=-1+2t,\\ y=-2t,\\ z=-1+t.\end{cases}$$ □

虽然直线的一般方程缺少直观性, 应用起来不那么方便, 但它是由外部条件即经过直线的平面决定的, 所以在许多情况下更容易求得.

例 2.2.2　已知点 $M_0(0,0,-2)$ 和平面 $\pi: 3x-2y+2z-1=0$, 直线 L 的方程为

$$\frac{x-1}{4}=\frac{y-3}{-2}=\frac{z}{1}.$$

求过 M_0, 平行于 π 并且和 L 相交的直线 L' 的方程.

解　我们求直线 L' 的一般方程, 即找到两个经过 L' 的不平行的平面.

设 π_1 是过点 M_0 平行于 π 的平面, 它的方程可设为

$$3x-2y+2z+D=0,$$

将点 M_0 坐标 $(0,0,-2)$ 代入得 $D=4$, 于是 π_1 的方程为

$$3x-2y+2z+4=0.$$

设 π_2 是过点 M_0 和直线 L 的平面. 从 L 的方程可看出它经过点 $M_1(1,3,0)$ 且平行于向量 $\boldsymbol{u}=(4,-2,1)$, 因此 π_2 平行于向量 $\overrightarrow{M_0M_1}=(1,3,2)$ 和 $\boldsymbol{u}$, 故 π_2 的方程为

$$\begin{vmatrix} x & y & z+2 \\ 1 & 3 & 2 \\ 4 & -2 & 1 \end{vmatrix}=0,$$

即

$$x+y-2z-4=0.$$

直线 L' 是平面 π_1 和 π_2 的交线, 于是它的方程为

$$\begin{cases} 3x-2y+2z+4=0, \\ x+y-2z-4=0. \end{cases}$$ □

2.2.2　点与直线的位置关系

设直线 L 经过点 $M_0(x_0,y_0,z_0)$, 方向向量为 $\boldsymbol{u}=(X,Y,Z)$, $P(x,y,z)$ 为空间中任意一点, 过 P 向 L 作垂线, 垂足为 Q, 则点 P 到直线 L 的距离为

$$\begin{aligned} d(P,L) &= |\overrightarrow{QP}| = |\overrightarrow{M_0P}|\sin\langle\overrightarrow{M_0P},\boldsymbol{u}\rangle \\ &= |\overrightarrow{M_0P}|\sin\langle\overrightarrow{M_0P},\boldsymbol{u}\rangle\frac{|\boldsymbol{u}|}{|\boldsymbol{u}|} \end{aligned}$$

$$= \frac{|\overrightarrow{M_0P} \times \boldsymbol{u}|}{|\boldsymbol{u}|}.$$

用坐标表示有

$$d(P,L) = \sqrt{\frac{\begin{vmatrix} y-y_0 & z-z_0 \\ Y & Z \end{vmatrix}^2 + \begin{vmatrix} z-z_0 & x-x_0 \\ Z & X \end{vmatrix}^2 + \begin{vmatrix} x-x_0 & y-y_0 \\ X & Y \end{vmatrix}^2}{X^2+Y^2+Z^2}}.$$

例 2.2.3 求点 P 关于直线 $L: \overrightarrow{M_0M} \times \boldsymbol{u} = \boldsymbol{0}$ 的对称点 P'.

解 设 Q 是直线 PP' 与 L 的交点 (图 2.9), 则

$$\overrightarrow{M_0Q} = (\overrightarrow{M_0P} \cdot \boldsymbol{u})\frac{\boldsymbol{u}}{\boldsymbol{u}^2}.$$

又因为

$$\overrightarrow{OQ} = \frac{1}{2}(\overrightarrow{OP} + \overrightarrow{OP'}),$$

所以

$$\overrightarrow{OP'} = 2\overrightarrow{OQ} - \overrightarrow{OP} = 2\overrightarrow{OM_0} + 2(\overrightarrow{M_0P} \cdot \boldsymbol{u})\frac{\boldsymbol{u}}{\boldsymbol{u}^2} - \overrightarrow{OP}.$$ □

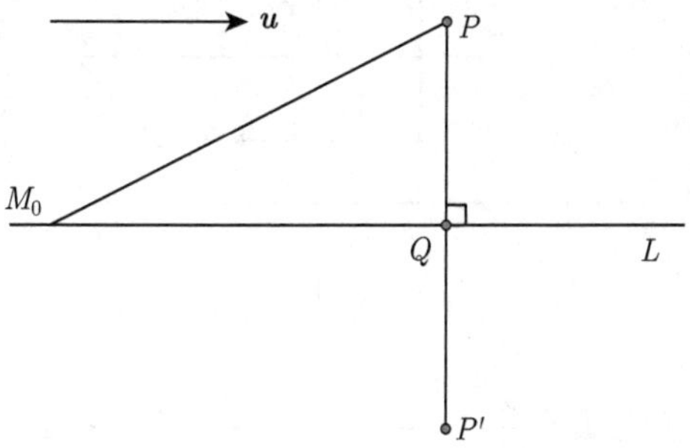

图 2.9

2.2.3 直线与平面的位置关系

空间中的直线与平面的位置关系有平行、相交和直线在平面上三种情形, 从直线的点向式方程和平面的一般方程可以给出这些情形的判断.

定理 2.2.1 已知直线 L 的标准方程和平面 π 的一般方程

$$L: \frac{x-x_0}{X} = \frac{y-y_0}{Y} = \frac{z-z_0}{Z},$$

$$\pi : Ax + By + Cz + D = 0,$$

则

(1) L 与 π 相交的充要条件是 $AX + BY + CZ \neq 0$;

(2) L 与 π 平行的充要条件是 $AX+BY+CZ = 0$ 且 $Ax_0+By_0+Cz_0+D \neq 0$;

(3) L 在 π 上的充要条件是 $AX+BY+CZ = 0$ 且 $Ax_0+By_0+Cz_0+D = 0$.

假设同上, 记 $\boldsymbol{n} = (A, B, C), \boldsymbol{u} = (X, Y, Z)$, 则当 L 与 π 相交时, 规定 L 与 π 的**夹角**为

$$\theta = \left|\frac{\pi}{2} - \langle \boldsymbol{n}, \boldsymbol{u}\rangle\right|,$$

即当 L 与 π 垂直时, 夹角为 90°, 当 L 与 π 不垂直时, θ 是 $\boldsymbol{u}$ 与 $\boldsymbol{u}$ 在 π 上的投影向量所成的角 (图 2.10), 此时为锐角. 用坐标表示为

$$\begin{aligned}\theta &= \arcsin|\cos\langle \boldsymbol{n}, \boldsymbol{u}\rangle| = \arcsin\frac{|\boldsymbol{n}\cdot\boldsymbol{u}|}{|\boldsymbol{n}||\boldsymbol{u}|}\\ &= \arcsin\frac{|AX + BY + CZ|}{\sqrt{A^2 + B^2 + C^2}\sqrt{X^2 + Y^2 + Z^2}}.\end{aligned}$$

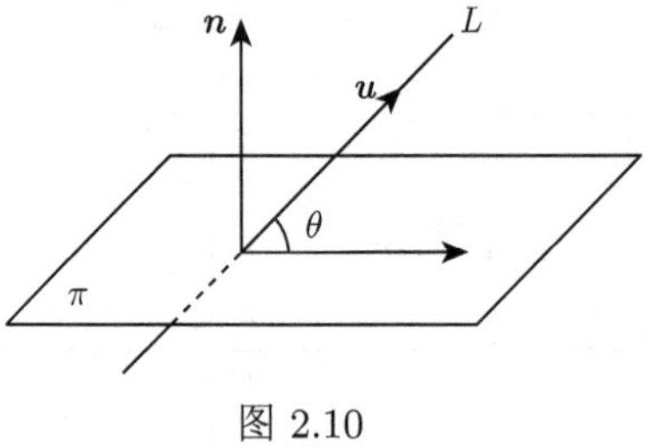

图 2.10

例 2.2.4　证明直线 $L: \dfrac{x}{-1} = \dfrac{y-1}{1} = \dfrac{z-1}{2}$ 与平面 $\pi: 2x + y - z - 3 = 0$ 相交, 并求出它们的交点和夹角.

证明　因为直线 L 的方向向量 $\boldsymbol{u} = (-1, 1, 2)$ 与平面 π 的法向量 $\boldsymbol{n} = (2, 1, -1)$ 的内积 $\boldsymbol{n}\cdot\boldsymbol{u} = -3 \neq 0$, 所以 L 与 π 相交.

令

$$\frac{x}{-1} = \frac{y-1}{1} = \frac{z-1}{2} = t,$$

得 $x = -t, y = t+1, z = 2t+1$, 代入 π 的方程计算得 $t = -1$. 于是 L 与 π 的交点为 $(1, 0, -1)$.

L 与 π 的夹角为

$$\theta = \arcsin \frac{|\boldsymbol{n} \cdot \boldsymbol{u}|}{|\boldsymbol{n}||\boldsymbol{u}|} = \arcsin \frac{1}{2} = \frac{\pi}{6}. \qquad \square$$

直线 L 的一般方程指出了两个经过该直线的不同平面 π_1 和 π_2, 因此直线 L 与平面 π 的位置关系转化为三个平面 π_1, π_2 和 π 的位置关系, 再利用例 1.3.10, 得到下面的结果.

命题 2.2.1 已知直线 L 的一般方程

$$\begin{cases} A_1x + B_1y + C_1z + D_1 = 0, \\ A_2x + B_2y + C_2z + D_2 = 0 \end{cases}$$

和平面 π 的一般方程 $Ax + By + Cz + D = 0$, 则

(1) L 与 π 相交的充要条件是

$$\begin{vmatrix} A_1 & B_1 & C_1 \\ A_2 & B_2 & C_2 \\ A & B & C \end{vmatrix} \neq 0;$$

(2) L 与 π 平行的充要条件是方程组

$$\begin{cases} A_1x + B_1y + C_1z + D_1 = 0, \\ A_2x + B_2y + C_2z + D_2 = 0, \\ Ax + By + Cz + D = 0 \end{cases}$$

无解;

(3) L 在 π 上的充要条件是方程组

$$\begin{cases} A_1x + B_1y + C_1z + D_1 = 0, \\ A_2x + B_2y + C_2z + D_2 = 0, \\ Ax + By + Cz + D = 0 \end{cases}$$

有无穷多解.

定义 2.2.1 空间中通过同一条直线的所有平面的集合称为一个**平面束**, 这条直线称为该平面束的**轴**.

平面束中有无数个平面, 但它们的方程有下面的一般形式.

命题 2.2.2　设直线 L 有一般方程

$$\begin{cases} A_1x+B_1y+C_1z+D_1=0, \\ A_2x+B_2y+C_2z+D_2=0, \end{cases}$$

则平面 π 在以 L 为轴的平面束中的充要条件是存在不全为 0 的实数 k,m, 使得 π 的方程为

$$k(A_1x+B_1y+C_1z+D_1)+m(A_2x+B_2y+C_2z+D_2)=0. \tag{2.9}$$

证明　充分性: 因为直线 L 的方程中系数 A_1,B_1,C_1 与 A_2,B_2,C_2 不成比例, 所以对于不全为 0 的 k,m,

$$kA_1+mA_2,\quad kB_1+mB_2,\quad kC_1+mC_2$$

不全为零, 于是方程 (2.9) 表示一个平面, 记为 π. 又因为直线 L 上的每一点坐标都满足方程 (2.9) , 所以 L 在平面 π 上, 从而 π 在以 L 为轴的平面束中.

必要性: 设平面 π 在以 L 为轴的平面束中, $\boldsymbol{n}$ 为其法向量, 则 $\boldsymbol{n}$ 垂直于 L. 因为向量

$$\boldsymbol{n}_1=(A_1,B_1,C_1),\quad \boldsymbol{n}_2=(A_2,B_2,C_2)$$

也垂直于 L, 所以 $\boldsymbol{n},\boldsymbol{n}_1,\boldsymbol{n}_2$ 共面. 又因为 $\boldsymbol{n}_1,\boldsymbol{n}_2$ 不共线, 所以存在不全为 0 的实数 k,m, 使得

$$\boldsymbol{n}=k\boldsymbol{n}_1+m\boldsymbol{n}_2.$$

此时 π 的方程 $\overrightarrow{M_0M}\cdot\boldsymbol{n}=0$ 可写为

$$k\overrightarrow{M_0M}\cdot\boldsymbol{n}_1+m\overrightarrow{M_0M}\cdot\boldsymbol{n}_2=0,$$

其中 M_0 为 L 上一点. 用坐标表示可得方程 (2.9). □

推论 2.2.1　设直线 L 有一般方程

$$\begin{cases} A_1x+B_1y+C_1z+D_1=0, \\ A_2x+B_2y+C_2z+D_2=0, \end{cases}$$

平面 π 在以直线 L 为轴的平面束中, 且过 L 外一点 $M'(x',y',z')$, 则 π 的方程为

$$\begin{aligned}&(A_2x'+B_2y'+C_2z'+D_2)(A_1x+B_1y+C_1z+D_1)\\ &-(A_1x'+B_1y'+C_1z'+D_1)(A_2x+B_2y+C_2z+D_2)=0.\end{aligned}$$

证明 根据命题 2.2.2, 存在不全为 0 的 k, m, 使得 π 的方程为

$$k(A_1x+B_1y+C_1z+D_1)+m(A_2x+B_2y+C_2z+D_2)=0.$$

因为点 $M'(x',y',z')$ 在 π 上, 所以

$$k(A_1x'+B_1y'+C_1z'+D_1)+m(A_2x'+B_2y'+C_2z'+D_2)=0.$$

于是可以取

$$k=A_2x'+B_2y'+C_2z'+D_2,$$

$$m=-(A_1x'+B_1y'+C_1z'+D_1),$$

且 M' 不在 L 上保证了 k 和 m 不全为 0. □

例 2.2.5 设直线 L 为平面 $\pi_1: x+y-z+2=0$ 与 $\pi_2: 4x-3y+z+2=0$ 的交线, 求下列平面的方程:

(1) 过 L 和点 $(1,3,2)$;

(2) 过 L 且平行于 x 轴.

解 过 L 的平面方程可设为

$$k(x+y-z+2)+m(4x-3y+z+2)=0,$$

即

$$(k+4m)x+(k-3m)y+(-k+m)z+2k+2m=0. \tag{2.10}$$

(1) 将点 $(1,3,2)$ 坐标代入方程 (2.10) , 得

$$4k-m=0,$$

取 $k=1, m=4$, 得所求平面的方程

$$17x-11y+3z+10=0.$$

(2) 所求平面平行于 x 轴, 则令方程 (2.10) 中 x 的系数为零, 即

$$k+4m=0,$$

取 $k=4, m=-1$, 得所求平面的方程

$$7y-5z+6=0.$$

□

例 2.2.6　已知直线 L 的一般方程为

$$\begin{cases} 3x+2y-z+1=0, \\ x-2z=0, \end{cases}$$

平面 π 的方程为 $4x+ay+2z+b=0$, 且 L 在 π 上, 求 a,b.

解　因为 π 在以 L 为轴的平面束中, 故可设

$$4x+ay+2z+b=k(3x+2y-z+1)+m(x-2z),$$

对比系数得

$$\begin{cases} 3k+m=4, \\ 2k=a, \\ -k-2m=2, \\ k=b, \end{cases}$$

解得 $m=-2, k=2, a=4, b=2$. □

2.2.4　两条直线的位置关系

在中学立体几何中我们知道, 不同在任何一个平面内的两条直线称为异面直线. 空间中两条直线的位置关系有共面和异面, 其中共面又分为平行、相交和重合这三种情形. 直线的点向式方程可以直接表现出其几何意义, 因此用其来判断直线间的位置关系较为方便, 而利用直线的一般方程来研究位置关系相对复杂一些, 留在习题中.

定理 2.2.2　已知直线 L_1 过点 M_1 方向向量为 $\boldsymbol{u}_1$, 直线 L_2 过点 M_2 方向向量为 $\boldsymbol{u}_2$, 则 L_1 与 L_2 共面当且仅当三个向量 $\overrightarrow{M_1M_2}, \boldsymbol{u}_1, \boldsymbol{u}_2$ 共面, 即

$$(\overrightarrow{M_1M_2}, \boldsymbol{u}_1, \boldsymbol{u}_2)=0.$$

假设同上, 具体到平行、相交和重合的判别, 可以通过观察两条直线的方向向量是否平行以及它们是否有公共点.

当 L_1 与 L_2 相交时, 形成的两个角为 $\langle \boldsymbol{u}_1, \boldsymbol{u}_2\rangle$ 和 $\pi-\langle \boldsymbol{u}_1, \boldsymbol{u}_2\rangle$, 我们把其中较小的那个角称为这两条直线的**夹角**, 于是 L_1 与 L_2 的夹角为

$$\theta=\arccos\frac{|\boldsymbol{u}_1\cdot \boldsymbol{u}_2|}{|\boldsymbol{u}_1||\boldsymbol{u}_2|}.$$

当 L_1, L_2 是一对异面直线时, 它们之间的**距离** $d(L_1, L_2)$ 是指 L_1, L_2 的公垂线段的长度, 它等于向量 $\overrightarrow{M_1M_2}$ 在公垂线方向 $\boldsymbol{u}_1 \times \boldsymbol{u}_2$ 上的投影向量的长度, 故

$$d(L_1, L_2) = \left|(\overrightarrow{M_1M_2} \cdot (\boldsymbol{u_1} \times \boldsymbol{u_2}))\frac{\boldsymbol{u_1} \times \boldsymbol{u_2}}{(\boldsymbol{u_1} \times \boldsymbol{u_2})^2}\right| = \frac{|(\overrightarrow{M_1M_2}, \boldsymbol{u_1}, \boldsymbol{u_2})|}{|\boldsymbol{u_1} \times \boldsymbol{u_2}|}. \tag{2.11}$$

另一方面, 如果过 L_1 作平行于 L_2 的平面 π, 则 $d(L_1, L_2)$ 就是 L_2 到 π 的距离, 也就是点 M_2 到 π 的距离, 结果同 (2.11) 式.

命题 2.2.3 *异面直线 $L_1 : \overrightarrow{M_1M} \times \boldsymbol{u}_1 = \boldsymbol{0}$ 与 $L_2 : \overrightarrow{M_2M} \times \boldsymbol{u}_2 = \boldsymbol{0}$ 的公垂线 L 的方程为*

$$\begin{cases}(\overrightarrow{M_1M}, \boldsymbol{u}_1, \boldsymbol{u}_1 \times \boldsymbol{u}_2) = 0,\\(\overrightarrow{M_2M}, \boldsymbol{u}_2, \boldsymbol{u}_1 \times \boldsymbol{u}_2) = 0.\end{cases} \tag{2.12}$$

证明 记直线 L_i 与 L 相交所共的平面为 π_i, 则 π_i 过点 M_i 平行于向量 $\boldsymbol{u}_i$ 和 $\boldsymbol{u}_1 \times \boldsymbol{u}_2$, 于是 π_i 的方程为

$$(\overrightarrow{M_iM}, \boldsymbol{u}_i, \boldsymbol{u}_1 \times \boldsymbol{u}_2) = 0, \quad i = 1, 2.$$

L 是 π_1 和 π_2 的交线, 因此方程为 (2.12). □

例 2.2.7 *已知直线 L_1 有一般方程*

$$\begin{cases}x - y = 0,\\y + z = 0,\end{cases}$$

直线 L_2 有一般方程

$$\begin{cases}y - z + 1 = 0,\\x - 1 = 0,\end{cases}$$

求它们的距离和公垂线的方程.

解 方法一: 首先将 L_1 和 L_2 的一般方程化为标准方程, 再利用公式 (2.11) 和 (2.12) 求得它们的距离和公垂线的方程.

方法二: 设 π 为过 L_1 且平行于 L_2 的平面, 则 L_2 上任意一点到 π 的距离即为 L_1 与 L_2 的距离.

设 π 的方程为

$$k(x - y) + m(y + z) = 0, \tag{2.13}$$

由于 π 与 L_2 平行, 所以无公共点, 故

$$\begin{vmatrix} k & m-k & m \\ 0 & 1 & -1 \\ 1 & 0 & 0 \end{vmatrix} = k - 2m = 0,$$

取 $k=2, m=1$, 代回 (2.13) 式得 π 的方程

$$2x - y + z = 0.$$

再取 L_2 上一点 $M_2(1,0,1)$, 可得

$$d(L_1, L_2) = d(M_2, \pi) = \frac{|1\times 2 + 0\times(-1) + 1\times 1|}{\sqrt{2^2+1+1}} = \frac{\sqrt{6}}{2}.$$

设 L 为 L_1 与 L_2 的公垂线, 记直线 L_i 与 L 相交所共的平面为 π_i, $i=1,2$. 设 π_1 的方程为

$$k(x-y) + m(y+z) = 0,$$

则法向量为 $\boldsymbol{n}_1 = (k, m-k, m)$, 由于 π_1 与 π 垂直, $\boldsymbol{n} = (2,-1,1)$ 是 π 的法向量, 所以 $\boldsymbol{n}_1 \cdot \boldsymbol{n} = (k, m-k, m)\cdot(2,-1,1) = 0$, 解得 $k=0$, 故 π_1 的方程为

$$y + z = 0.$$

设 π_2 的方程为

$$k(y - z + 1) + m(x-1) = 0,$$

则法向量为 $\boldsymbol{n}_2 = (m, k, -k)$, 同理, 有 $\boldsymbol{n}_2 \cdot \boldsymbol{n} = (m,k,-k)\cdot(2,-1,1) = 0$, 解得 $m = k$, 故 π_2 的方程为

$$x + y - z = 0.$$

公垂线 L 是平面 π_1 与 π_2 的交线, 于是有一般方程

$$\begin{cases} y + z = 0, \\ x + y - z = 0. \end{cases}$$ □

下面讨论平面和直线这部分内容的一个综合性例子来结束本章.

例 2.2.8 已知直线 L_1 有一般方程

$$\begin{cases} x-1=0, \\ y+z=0, \end{cases}$$

直线 L_2 过点 $M_2(-1,0,1)$, 平行于向量 $\boldsymbol{u}_2=(0,2,1)$, 平面 π 的方程为 $x+z=0$. 求由全体与 L_1, L_2 都相交且平行于 π 的直线所构成的图形 S 的方程.

解 方法一: (参数法) 由于构成 S 的每一条直线都平行于 π, 从而必在一个平行于 π 的平面

$$\pi_t: x+z=t$$

上, 记此直线为 L_t^* .

记 π_t 与 L_2 的交点为 M_t, 联合 π_t 与 L_2 的方程, 可得 M_t 的坐标为 $(-1,2t, t+1)$.

另一方面, 由于 L_t^* 与 L_1 相交, 可设 L_t^* 与 L_1 所共的平面 π_t^* 的方程为

$$k(x-1)+m(y+z)=0,$$

点 M_t 也在此平面上, 将其坐标代入上式可得 $(3t+1)m-2k=0$, 故 π_t^* 的方程为

$$(3t+1)(x-1)+2y+2z=0,$$

于是 L_t^* 作为 π_t 与 π_t^* 的交线有一般方程

$$\begin{cases} x+z=t, \\ (3t+1)(x-1)+2y+2z=0. \end{cases}$$

消去参数 t 得曲面 S 的方程

$$3x^2+3xz-2x+2y-z-1=0.$$

方法二: (轨迹法) 寻找图形 S 上点的几何属性, 再转化为点坐标所满足的关系式, 就可以得到图形 S 的方程.

首先由直线 L_1 的一般方程可知它过点 $M_1(1,0,0)$, 平行于向量 $\boldsymbol{u}_1=(0,-1,1)$.

空间中的点 $M(x,y,z)$ 在 S 上当且仅当存在经过点 M 的直线 L, 满足 L 与 L_1, L_2 都相交且平行于 π, 这等价于

$$\begin{cases} (\overrightarrow{M_1M}, \boldsymbol{u}_1, \boldsymbol{u})=0, \\ (\overrightarrow{M_2M}, \boldsymbol{u}_2, \boldsymbol{u})=0, \\ \boldsymbol{n}\cdot\boldsymbol{u}=0, \end{cases} \tag{2.14}$$

其中 $\boldsymbol{u}$ 是 L 的方向向量, $\boldsymbol{n}=(1,0,1)$ 是 π 的法向量.

由于同时与非零向量 $\boldsymbol{u}$ 垂直的三个向量一定共面, 所以 (2.14) 式又等价于

$$(\overrightarrow{M_1M}\times\boldsymbol{u}_1,\overrightarrow{M_2M}\times\boldsymbol{u}_2,\boldsymbol{n})=0. \tag{2.15}$$

用坐标表示有

$$\begin{aligned}\overrightarrow{M_1M}\times\boldsymbol{u}_1&=(y+z,1-x,1-x),\\ \overrightarrow{M_2M}\times\boldsymbol{u}_2&=(y-2z+2,-x-1,2x+2),\end{aligned}$$

故 (2.15) 式等价于

$$\begin{vmatrix} y+z & 1-x & 1-x\\ y-2z+2 & -x-1 & 2x+2\\ 1 & 0 & 1\end{vmatrix}=0,$$

化简得 S 的方程

$$3x^2+3xz-2x+2y-z-1=0. \tag{2.16}$$

□

习题 2.2

1. 求满足下列条件的直线的方程:

(1) 过两点 $M_i(x_i,y_i,z_i),i=1,2$;

(2) 过点 $P(1,0,1)$ 且平行于 y 轴;

(3) 过点 $P(1,2,3)$ 且垂直于平面 $x+4y-2z-1=0$.

2. 将下列直线的一般方程化为标准方程:

(1) $\begin{cases}3x-y-z-1=0,\\ 4y+3z+3=0;\end{cases}$ (2) $\begin{cases}x-2y+z-3=0,\\ x+y-z+2=0.\end{cases}$

3. 判断下列各组直线与平面的位置关系, 如果相交则求出交点:

(1) 直线 $\dfrac{x-1}{1}=\dfrac{y-1}{1}=\dfrac{z-8}{2}$ 与平面 $x+y-z+4=0$;

(2) 直线 $\dfrac{x-1}{1}=\dfrac{y+1}{-2}=\dfrac{z}{6}$ 与平面 $2x+3y+z-1=0$;

(3) 直线 $\begin{cases}x-2y+z-4=0,\\ x+y-z+1=0\end{cases}$ 与平面 $2x+3y+z=0$;

(4) 直线 $\begin{cases}3x+z+4=0,\\ x+y+z-2=0\end{cases}$ 与平面 $2x-y+6=0$.

4. 讨论直线方程

$$\begin{cases}A_1x+B_1y+C_1z+D_1=0,\\A_2x+B_2y+C_2z+D_2=0\end{cases}$$

中各系数满足什么条件, 才能使直线分别具有下列性质:

(1) 过原点;

(2) 与 y 轴平行;

(3) 与 z 轴相交;

(4) 与 yz 平面相交.

5. 求点 $P(-1,-1,-2)$ 到直线 $x-3=\dfrac{y+2}{2}=\dfrac{z-8}{-2}$ 的距离以及它关于该直线的对称点.

6. 求满足下列条件的平面的方程:

(1) 过直线 $\dfrac{x-1}{2}=\dfrac{y}{1}=\dfrac{z}{2}$ 和原点;

(2) 过直线 $\begin{cases}x+3y-1=0,\\2y+z+1=0\end{cases}$ 且垂直于平面 $3x-2y+6z-1=0$;

(3) 过直线 $\dfrac{x}{-1}=\dfrac{y-2}{2}=\dfrac{z-1}{3}$, 在 x 轴和 y 轴上的截距相等且非零;

(4) 过点 $(4,-3,1)$ 且平行于直线 $\dfrac{x}{6}=\dfrac{y}{2}=\dfrac{z}{-3}$ 和 $\begin{cases}x+2y-z+1=0,\\2x-z+2=0.\end{cases}$

7. 讨论直线 $\dfrac{x-c}{2}=\dfrac{y}{b}=\dfrac{z+2}{1}$ 和 $\dfrac{x}{a}=\dfrac{y+2}{-1}=\dfrac{z}{1}$ 重合、平行、相交或异面时, 参数 a,b,c 分别满足的条件.

8. 求满足下列条件的直线的方程:

(1) 过点 $(1,0,-2)$, 平行于平面 $x-2y+z-1=0$ 且与直线 $\dfrac{x+1}{2}=\dfrac{y}{1}=\dfrac{z-1}{-1}$ 共面;

(2) 在平面 $x+y+z+1=0$ 内且与直线 $\begin{cases}x+z+1=0,\\x+2y=0\end{cases}$ 垂直相交;

(3) 过点 $(2,-3,1)$, 与平面 $x+y=0$ 夹角为 $30°$, 且与直线 $\dfrac{x-2}{1}=\dfrac{y+1}{2}=\dfrac{z-2}{2}$ 相交;

(4) 过点 $(4,0,-1)$, 与直线 $\dfrac{x-1}{2}=\dfrac{y+3}{4}=\dfrac{z-5}{5}$ 和 $\dfrac{x}{5}=\dfrac{y-2}{-1}=\dfrac{z+1}{2}$ 都共面.

9. 设直线与三个坐标平面的夹角分别为 $\theta_1,\theta_2,\theta_3$, 证明:

$$\cos^2\theta_1+\cos^2\theta_2+\cos^2\theta_3=2.$$

10. 求直线 $\begin{cases}5x-4y-2z-5=0,\\x+2z-1=0\end{cases}$ 在平面 $2x+y+z-1=0$ 上的垂直投影直线的方程.

11. 求下列各对异面直线的距离和公垂线的方程:

(1) $\dfrac{x-2}{1}=\dfrac{y-7}{-2}=\dfrac{z-6}{1}$ 和 $\dfrac{x+1}{7}=\dfrac{y+1}{-6}=\dfrac{z+1}{1}$;

(2) x 轴和 $\begin{cases}x+y-z-6=0,\\2x+z+1=0.\end{cases}$

12. 已知直线 L_1 和 L_2 分别有一般方程

$$L_1:\begin{cases}x+2y-z+1=0,\\x-4y-z+2=0;\end{cases}\quad L_2:\begin{cases}x-y+z-2=0,\\4x-2y+1=0.\end{cases}$$

(1) 求过 L_1 且平行于 L_2 的平面的方程;

(2) 求过点 $(1,1,1)$ 且与 L_1,L_2 都共面的直线的方程.

13. 设 L_i 是过点 M_i, 以 $\boldsymbol{\alpha}_i$ 为方向的三条两两异面的直线, $i=1,2,3$. 求所有与此三条直线都共面的直线构成的图形的方程.

14. 设 L_1 和 L_2 是两条异面直线, 证明 L_1 上任意一点到 L_2 上任意一点的连线的中点轨迹是一个平面, 且这个平面垂直平分 L_1 与 L_2 的公垂线段.

15. 设两条直线 L_1 和 L_2 分别有一般方程

$$L_1:\begin{cases}A_1x+B_1y+C_1z+D_1=0,\\A_2x+B_2y+C_2z+D_2=0,\end{cases}\quad L_2:\begin{cases}A_3x+B_3y+C_3z+D_3=0,\\A_4x+B_4y+C_4z+D_4=0.\end{cases}$$

证明:

(1) L_1 平行于 L_2 的充要条件是 $\begin{vmatrix}A_1&B_1&C_1\\A_2&B_2&C_2\\A_3&B_3&C_3\end{vmatrix}=\begin{vmatrix}A_1&B_1&C_1\\A_2&B_2&C_2\\A_4&B_4&C_4\end{vmatrix}=0$;

(2) L_1 和 L_2 共面的充要条件是 $\begin{vmatrix}A_1&B_1&C_1&D_1\\A_2&B_2&C_2&D_2\\A_3&B_3&C_3&D_3\\A_4&B_4&C_4&D_4\end{vmatrix}=0$.

第 3 章 空间中的曲面和曲线

在本章中, 我们将研究一些空间中的曲面和曲线, 仍然采用坐标法. 一方面通过分析图形上点的共同属性来建立它的方程, 另一方面通过对方程的研究得到图形的性质, 了解图形的形状. 这些都约定在空间右手直角坐标系中进行, 其中不涉及度量的结论在仿射坐标系中是一样的.

3.1 曲面和曲线的方程

在空间几何中, 曲面看成满足一定条件或者说具有某种几何特征的点的集合. 通过建立直角 (或仿射) 坐标系, 将空间中的点与坐标一一对应上, 随后把图形上点的几何特征用坐标表示出来, 这样就有了图形与方程的对应.

通常, 曲面 S 用一个三元方程

$$F(x,y,z)=0 \tag{3.1}$$

来表示, 即曲面 S 上每一点的坐标都满足该方程, 反之满足方程 (3.1) 的有序数组 (x,y,z) 一定是 S 上某点的坐标, 称方程 (3.1) 为曲面 S 的**一般方程**, 称曲面 S 为方程 (3.1) 表示的**图形**.

如果曲面方程没有实数解, 我们就称它为**虚曲面**, 例如 $x^2+y^2+z^2+1=0$ 可以称为虚 (椭) 球面. 有时曲面方程只表示空间中的一个点或一条曲线, 例如 $x^2+y^2+z^2=0$ 表示原点, $y^2+z^2=0$ 表示 x 轴, 称这种曲面是**退化的**.

空间曲线通常可看成两个曲面的交线, 例如直线可看成两个平面的交线, 圆周可看成一个球面和一个平面的交线. 如果空间曲线 Γ 是曲面 $S_1: F(x,y,z)=0$ 和 $S_2: G(x,y,z)=0$ 的交线, 则

$$\begin{cases} F(x,y,z)=0, \\ G(x,y,z)=0 \end{cases} \tag{3.2}$$

是 Γ 的**一般方程**, 称曲线 Γ 为方程 (3.2) 表示的**图形**.

图形还可以有参数方程, 曲面的**参数方程**含有两个参数, 一般形式为

$$\begin{cases} x = f(s,t), \\ y = g(s,t), \quad (s,t) \in D, \\ z = h(s,t), \end{cases} \tag{3.3}$$

其中 D 是平面上的一个区域.

一方面对于 D 中的任意一点 (s,t), 点 $M(f(s,t), g(s,t), h(s,t))$ 都在曲面上, 另一方面对于曲面上的任意一点 $A(x,y,z)$, 其坐标都可以由 D 中的某一对参数值 (s,t) 代入方程 (3.3) 得到.

曲线的**参数方程**含有一个参数, 一般形式为

$$\begin{cases} x = f(t), \\ y = g(t), \quad t \in (a,b). \\ z = h(t), \end{cases} \tag{3.4}$$

事实上, 在物理学中, 曲线常常是质点的运动轨迹, 随着时间的变化, 点的位置在变化, 因此点坐标是时间 t 的函数, 这就得到了曲线的一个参数方程 (3.4). 当然参数也不必都是时间, 可以用其他的变量, 例如在微分几何中通常选取弧长为曲线的参数.

例 3.1.1　已知曲面 S 的一般方程为 $F(x,y,z)=0$, 求 S 关于点 $M_0(x_0,y_0,z_0)$ 对称的图形 S' 的方程.

解　设 $M'(x',y',z')$ 为 S' 上任意一点, 则 M' 关于 M_0 的对称点 $M(x,y,z)$ 在 S 上, 再由

$$x_0 = \frac{x+x'}{2}, \quad y_0 = \frac{y+y'}{2}, \quad z_0 = \frac{z+z'}{2},$$

可知

$$x = 2x_0 - x', \quad y = 2y_0 - y', \quad z = 2z_0 - z'.$$

它们满足方程 $F(x,y,z)=0$, 因此

$$F(2x_0 - x', 2y_0 - y', 2z_0 - z') = 0,$$

这就是 S' 的方程. □

例 3.1.2 证明在空间中存在与所有平面都相交的曲线.

证明 构造空间曲线 Γ, 它的参数方程为

$$\begin{cases} x = t^5, \\ y = t^3, \\ z = t. \end{cases}$$

对于空间中任意平面 $\pi: Ax + By + Cz + D = 0$, 将曲线 Γ 上点的坐标代入 π 的方程得

$$At^5 + Bt^3 + Ct + D = 0.$$

由于实系数方程的虚根是成共轭对出现的, 所以这个关于 t 的奇数次方程一定有实数根, 说明 Γ 与空间中的所有平面都有交点. □

球面是一类常见的空间曲面, 我们在中学的立体几何中就有所了解, 下面将以球面为例, 来初步探索一下空间中的曲面和曲线.

定义 3.1.1 空间中到定点 $M_0(x_0, y_0, z_0)$ 的距离为常数 R 的点集, 称为以 M_0 为**球心**, 以 R 为**半径**的**球面**.

易知, 空间中的点 M 在此球面上当且仅当

$$|\overrightarrow{M_0M}| = R.$$

用坐标表示得到球面的一般方程:

$$(x - x_0)^2 + (y - y_0)^2 + (z - z_0)^2 = R^2,$$

或写成

$$x^2 + y^2 + z^2 + 2ax + 2by + 2cz + d = 0,$$

其中 $a^2 + b^2 + c^2 - d > 0$.

例 3.1.3 求四面体 $M_1M_2M_3M_4$ 的外接球面的方程.

解 设 M_i 的坐标为 (x_i, y_i, z_i), 所求的球面方程为

$$x^2 + y^2 + z^2 + 2ax + 2by + 2cz + d = 0,$$

则有

$$x_i^2 + y_i^2 + z_i^2 + 2ax_i + 2by_i + 2cz_i + d = 0, \quad i = 1, 2, 3, 4.$$

设 $M(x, y, z)$ 为球面上一点, 则有

$$1\begin{pmatrix}x^2+y^2+z^2\\x_1^2+y_1^2+z_1^2\\x_2^2+y_2^2+z_2^2\\x_3^2+y_3^2+z_3^2\\x_4^2+y_4^2+z_4^2\end{pmatrix}+2a\begin{pmatrix}x\\x_1\\x_2\\x_3\\x_4\end{pmatrix}+2b\begin{pmatrix}y\\y_1\\y_2\\y_3\\y_4\end{pmatrix}+2c\begin{pmatrix}z\\z_1\\z_2\\z_3\\z_4\end{pmatrix}+d\begin{pmatrix}1\\1\\1\\1\\1\end{pmatrix}=\begin{pmatrix}0\\0\\0\\0\\0\end{pmatrix}.$$

故线性方程组

$$\begin{pmatrix}x^2+y^2+z^2 & x & y & z & 1\\x_1^2+y_1^2+z_1^2 & x_1 & y_1 & z_1 & 1\\x_2^2+y_2^2+z_2^2 & x_2 & y_2 & z_2 & 1\\x_3^2+y_3^2+z_3^2 & x_3 & y_3 & z_3 & 1\\x_4^2+y_4^2+z_4^2 & x_4 & y_4 & z_4 & 1\end{pmatrix}\begin{pmatrix}m\\m_1\\m_2\\m_3\\m_4\end{pmatrix}=\begin{pmatrix}0\\0\\0\\0\\0\end{pmatrix}$$

有非零解 $(1,2a,2b,2c,d)$, 从而

$$\begin{vmatrix}x^2+y^2+z^2 & x & y & z & 1\\x_1^2+y_1^2+z_1^2 & x_1 & y_1 & z_1 & 1\\x_2^2+y_2^2+z_2^2 & x_2 & y_2 & z_2 & 1\\x_3^2+y_3^2+z_3^2 & x_3 & y_3 & z_3 & 1\\x_4^2+y_4^2+z_4^2 & x_4 & y_4 & z_4 & 1\end{vmatrix}=0. \tag{3.5}$$

由于四点 M_1,M_2,M_3,M_4 不共面, 所以

$$\begin{vmatrix}x_1 & y_1 & z_1 & 1\\x_2 & y_2 & z_2 & 1\\x_3 & y_3 & z_3 & 1\\x_4 & y_4 & z_4 & 1\end{vmatrix}\neq 0.$$

从而 (3.5) 式是关于 x,y,z 的一个二次多项式方程, 即为所求的球面方程. □

下面介绍球面的一种参数方程, 它的参数具有明确的几何意义, 应用也十分广泛. 设 S 是以 O 为球心, R 为半径的球面. 对于 S 上任意一点 $M(x,y,z)$, 设 M' 为 M 在 xy 平面上的投影, $\overrightarrow{OM}$ 与 z 轴正方向的夹角为 φ, 在 xy 平面上 $\overrightarrow{OM'}$ 绕 O 点顺时针旋转 θ 角后指向 x 轴正方向 (图 3.1), 用 φ,θ 表示 M 的直角坐标就得到了 S 的参数方程

$$\begin{cases} x = R\sin\varphi\cos\theta, \\ y = R\sin\varphi\sin\theta, \\ z = R\cos\varphi, \end{cases}$$

其中参数 $0 \leqslant \theta < 2\pi, 0 \leqslant \varphi \leqslant \pi$. 这时除去球面的南北两极 ($\varphi = 0$ 或 π), 球面上的点 M 与参数组 (φ, θ) 是一一对应的.

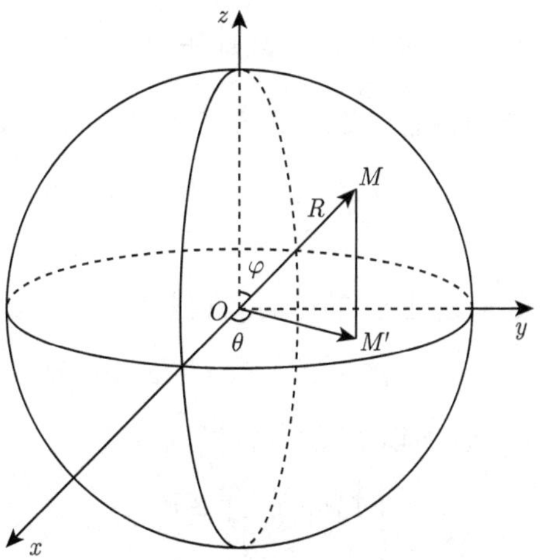

图 3.1

如果我们让半径 R 在 $[0, +\infty)$ 范围内任意变动, 并记其为 r, 则这些以原点为球心, r 为半径的球面充满了整个空间. 这样就建立了空间中 (除去 z 轴外) 的点 M 与有序三元数组 (r, φ, θ) 的一一对应, 这种对应关系称为空间的**球坐标系**, 称 (r, φ, θ) 为点 M 的**球坐标**, 其中坐标的范围 $r > 0, 0 < \varphi < \pi, 0 \leqslant \theta < 2\pi$.

球坐标与直角坐标之间有变换公式:

$$\begin{cases} x = r\sin\varphi\cos\theta, \\ y = r\sin\varphi\sin\theta, \\ z = r\cos\varphi. \end{cases}$$

事实上, z 轴上的点也有有序三元数组 (球坐标) (r, φ, θ) 与其对应, 只是不唯一. 当 M 为原点时, $r = 0$, φ, θ 的值任意; 当 M 为 z 轴上原点以外的点时, $\varphi = 0$ 或 π, θ 的值任意.

在球坐标系中, 一些与球面相关的曲面的方程变得非常简单. 例如一个以 O 为球心, R_0 为半径的球面在球坐标系中的方程为 $r = R_0$.

空间中的圆周与球面有密不可分的关系, 例如平面和球面的交线是圆周, 两个球面的交线也是圆周, 可以说球面是由圆周构成的. 在空间中会有无数个球面经过同一个圆周, 它们的方程有下面的一般形式.

命题 3.1.1　设 S_1, S_2 为两个球面, 方程分别为

$$F_1(x,y,z) = x^2 + y^2 + z^2 + 2a_1x + 2b_1y + 2c_1z + d_1 = 0,$$

$$F_2(x,y,z) = x^2 + y^2 + z^2 + 2a_2x + 2b_2y + 2c_2z + d_2 = 0,$$

$C = S_1 \cap S_2$ 为一个圆周. 证明 S 是过圆周 C 的球面的充要条件是 S 的方程为

$$F(x,y,z) = k_1F_1(x,y,z) + k_2F_2(x,y,z) = 0, \tag{3.6}$$

其中 $k_1 + k_2 \neq 0$.

证明　必要性：设 S 是过 C 的球面, 方程为

$$F(x,y,z) = x^2 + y^2 + z^2 + 2ax + 2by + 2cz + d = 0,$$

由于 $C = S_1 \cap S_2 = S_1 \cap S$, 所以 C 的方程可以写成

$$\begin{cases} F_1(x,y,z) = 0, \\ F_2(x,y,z) = 0 \end{cases}$$

或

$$\begin{cases} F_1(x,y,z) = 0, \\ F(x,y,z) = 0 \end{cases}$$

这两个方程组又分别等价于

$$\begin{cases} F_1(x,y,z) = 0, \\ F_2(x,y,z) - F_1(x,y,z) = 0 \end{cases}$$

和

$$\begin{cases} F_1(x,y,z) = 0, \\ F(x,y,z) - F_1(x,y,z) = 0. \end{cases}$$

易知 $F_2(x,y,z) - F_1(x,y,z) = 0$ 和 $F(x,y,z) - F_1(x,y,z) = 0$ 是过 C 的两个平面, 因此是重合的, 从而存在 k, 使得

$$F(x,y,z) - F_1(x,y,z) = k(F_2(x,y,z) - F_1(x,y,z)),$$

于是

$$F(x,y,z)=(1-k)F_1(x,y,z)+kF_2(x,y,z).$$

充分性: 设 S 有形如 (3.6) 式的方程, 由于 C 上点坐标满足方程

$$\begin{cases}F_1(x,y,z)=0,\\ F_2(x,y,z)=0,\end{cases}$$

所以也满足

$$F(x,y,z)=k_1F_1(x,y,z)+k_2F_2(x,y,z)=0,$$

说明 S 经过圆周 C.

又因为 $k_1+k_2\neq 0$, 所以 S 的方程形如

$$x^2+y^2+z^2+2ax+2by+2cz+d=0,$$

具有这种方程的非空图形一定是球面. □

习题 3.1

1. 指出下列方程所表示的图形:

(1) $yz+2z^2=0$;

(2) $x^2+3y^2+z^2=0$;

(3) $((x-1)^2+(y+1)^2+z^2-1)(x^2+y^2+z^2-4)=0$;

(4) $x^2+(x^2+y^2+z^2-1)^2=0$;

(5) $\begin{cases}x-1=0,\\ z+3=0;\end{cases}$

(6) $\begin{cases}x^2+y^2+z^2=9,\\ (x-1)^2+(y-1)^2+(z-1)^2=4.\end{cases}$

2. 求到点 $A(0,0,-c)$ 和 $B(0,0,c)$ 的距离之和为 $2b$ 的点的轨迹方程 $(b>c>0)$.

3. 给出维维亚尼 (Viviani) 曲线

$$\Gamma:\begin{cases}x^2+y^2+z^2=a^2,\\ x^2+\left(y-\dfrac{a}{2}\right)^2=\left(\dfrac{a}{2}\right)^2\end{cases}$$

的一个参数方程.

4. 设曲面 S 有一般方程 $F(x,y,z)=0$, 求:

(1) S 关于平面 $\pi:\overrightarrow{M_1M}\cdot\boldsymbol{n}=0$ 对称的图形 S_1 的方程, 其中 $M_1,\boldsymbol{n}$ 的坐标分别为 $(x_1,y_1,z_1),(X_1,Y_1,Z_1)$;

(2) S 关于直线 $L : \overrightarrow{M_2M} \times \boldsymbol{u} = \boldsymbol{0}$ 对称的图形 S_2 的方程, 其中 $M_2, \boldsymbol{u}$ 的坐标分别为 $(x_2, y_2, z_2), (X_2, Y_2, Z_2)$.

5. 求满足下列条件的球面的方程:

(1) 一条直径的两个端点为 $M_1(2, -3, 5)$ 和 $M_2(4, 1, -3)$;

(2) 过点 $P(0, -3, 1)$ 且与 xy 平面交线为圆周

$$\begin{cases} x^2 + y^2 = 16, \\ z = 0; \end{cases}$$

(3) 内切于由平面 $2x + 3y - 6z - 4 = 0$ 和三个坐标平面所构成的四面体的球面;

(4) 球心在第一卦限且与三条坐标轴都相切.

6. 证明下列曲线都是在球面上的:

$$\begin{cases} x = a\cos^2\theta, \\ y = a\sin^2\theta, \\ z = a\sqrt{2}\sin\theta\cos\theta, \end{cases} \quad 0 < \theta \leqslant \pi; \quad \begin{cases} x = t/(1 + t^2 + t^4), \\ y = t^2/(1 + t^2 + t^4), \\ z = t^3/(1 + t^2 + t^4), \end{cases} \quad -\infty < t < +\infty.$$

7. 求过圆周

$$\begin{cases} x^2 + y^2 + z^2 - 2x + 3y - 6z - 5 = 0, \\ 5x + 2y - z - 3 = 0 \end{cases}$$

和点 $P(2, -1, 1)$ 的球面的方程.

8. 把下列球坐标系中的方程转化为直角坐标系中的方程:

(1) $2 \leqslant r \leqslant 4$;　　(2) $r = 4\cos\varphi \left(0 \leqslant \varphi \leqslant \dfrac{\pi}{2}\right)$;

(3) $\varphi = \dfrac{\pi}{4}$;　　(4) $r = 2, \varphi = \dfrac{\pi}{3}$.

9. 过原点作球面, 分别交三条坐标轴于点 A, B, C, 如果保持四面体 $OABC$ 的体积等于定值 R, 求球心的轨迹.

3.2　几类常见的曲面

3.2.1　柱面

定义 3.2.1　由平行于某一定方向且与一条空间定曲线相交的一族平行直线所构成的曲面称为**柱面**. 定曲线称为柱面的**准线**, 平行直线族中的每一条直线都称为它的**直母线**, 定方向称为**柱面的方向**.

注意柱面的准线是不唯一的, 柱面上任何一条和所有直母线都相交的空间曲线都是它的准线. 例如平面是一类特殊的柱面, 它上面的每一条直线都可作为直母线. 除了平面等特殊情形外, 一般柱面的直母线方向是确定的, 可以用一个非零向量 $\boldsymbol{u}$ 来表示, 并说柱面平行于 $\boldsymbol{u}$.

如图 3.2 所示, 柱面是由它的方向和一条准线来确定的. 它既是准线沿着柱面的方向平行移动的轨迹, 也是直母线沿着准线平行移动的轨迹. 下面据此来求柱面的方程.

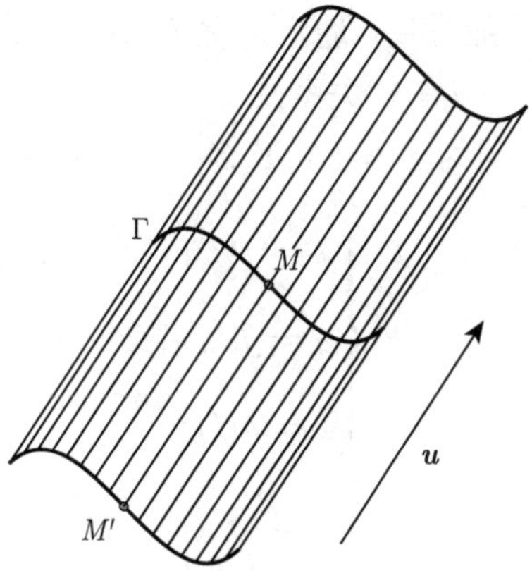

图 3.2

已知柱面 S 的方向为 $\boldsymbol{u}=(X,Y,Z)$, 一条准线 Γ 有一般方程

$$\begin{cases}F(x,y,z)=0,\\G(x,y,z)=0,\end{cases}$$

则空间中的点 $M(x,y,z)$ 在柱面 S 上当且仅当过点 M 平行于 $\boldsymbol{u}$ 的直线与 Γ 相交, 即存在 Γ 上一点 $M'(x',y',z')$, 使得

$$\overrightarrow{MM'} \text{ 平行于 } \boldsymbol{u},$$

等价于存在实数 t, 使得 $\overrightarrow{MM'}=t\boldsymbol{u}$.

用坐标表示有

$$\begin{cases}x'=x+tX,\\y'=y+tY,\\z'=z+tZ,\\F(x',y',z')=0,\\G(x',y',z')=0,\end{cases}$$

消去 x', y', z' 得

$$\begin{cases} F(x+tX, y+tY, z+tZ)=0, \\ G(x+tX, y+tY, z+tZ)=0, \end{cases}$$

再消去 t 就得到了 S 的一般方程. 通常情况下选择 F, G 中较简单的一个解出 t 再代回另一方程即可得到 x, y, z 的关系式.

如果已知柱面 S 的方向为 $\boldsymbol{u}=(X, Y, Z)$, 一条准线 Γ 有参数方程

$$\begin{cases} x=f(t), \\ y=g(t), \\ z=h(t), \end{cases}$$

则柱面 S 有参数方程

$$\begin{cases} x=f(t)+kX, \\ y=g(t)+kY, \\ z=h(t)+kZ, \end{cases}$$

其中 t, k 为参数.

例 3.2.1　求以

$$\begin{cases} x+y=0, \\ x^2+y^2+z^2=1 \end{cases}$$

为准线, $(1,1,1)$ 为方向的柱面的方程.

解　点 $M(x, y, z)$ 在柱面上当且仅当存在实数 t, 使得

$$\begin{cases} (x+t)+(y+t)=0, \\ (x+t)^2+(y+t)^2+(z+t)^2=1. \end{cases}$$

由第一式解出 $t=-\dfrac{x+y}{2}$, 代入第二式得

$$\left(\frac{x-y}{2}\right)^2+\left(\frac{y-x}{2}\right)^2+\left(z-\frac{x+y}{2}\right)^2=1.$$

整理得

$$3x^2+3y^2+4z^2-2xy-4yz-4xz-4=0,$$

即为所求柱面的方程. □

例 3.2.2 求以 xy 平面上的曲线

$$\begin{cases} F(x,y)=0, \\ z=0 \end{cases}$$

为准线, $\boldsymbol{u}=(X,Y,Z)(Z\neq 0)$ 为方向的柱面的方程.

解 点 $M(x,y,z)$ 在柱面上当且仅当存在实数 t, 使得

$$\begin{cases} F(x+tX,y+tY)=0, \\ z+tZ=0. \end{cases}$$

由第二式解出 $t=-\dfrac{z}{Z}$, 代入第一式得

$$F\left(x-\frac{X}{Z}z, y-\frac{Y}{Z}z\right)=0, \tag{3.7}$$

即为所求柱面的方程. □

注 3.2.1 当柱面的方向不平行于 xy 平面时, 它的每一条直母线都与 xy 平面相交, 所以有一条在 xy 平面上的准线, 那么从例 3.2.2 可知这种柱面的方程形如 (3.7) 式. 又由于任何一个柱面的方向必然会和某个坐标平面不平行, 因此柱面的一般方程总是形如

$$F(a_1x+b_1y+c_1z, a_2x+b_2y+c_2z)=0. \tag{3.8}$$

反之, (3.8) 式表示的图形一定是柱面, 方向为 $(a_1,b_1,c_1)\times(a_2,b_2,c_2)$, 证明留作习题.

特别地, 如果柱面平行于某个坐标轴, 例如 z 轴, 此时柱面与 xy 平面的交线是一条准线, 设其方程为

$$\begin{cases} F(x,y)=0, \\ z=0, \end{cases}$$

由例 3.2.2 易知柱面的方程就是

$$F(x,y)=0.$$

反之, 缺少一个变量的方程表示的图形是柱面, 它平行于所缺的那个变量对应的坐标轴. 例如, 方程

$$\frac{x^2}{a^2}+\frac{y^2}{b^2}=1,\quad \frac{x^2}{a^2}-\frac{y^2}{b^2}=1,\quad y^2=2px$$

都表示平行于 z 轴的柱面, 用垂直于直母线方向的平面与这些柱面相截, 所得准线族分别是相同的椭圆、相同的双曲线和相同的抛物线, 因此这些柱面分别称为**椭圆柱面**、**双曲柱面**和**抛物柱面**, 它们的方程都是二次的, 属于**二次柱面**.

确定一个方程所表示的图形也是我们所要考虑的问题, 下面看一个一般化的例子.

例 3.2.3　判断曲面 $S: y^2+2yz+z^2=1-x^2$ 是否为柱面.

解　原方程可写成

$$(y+z)^2=(1-x)(1+x).$$

令

$$\frac{y+z}{1+x}=\frac{1-x}{y+z}=k,$$

则 S 的方程可化为

$$\begin{cases}y+z=k(1+x),\\ 1-x=k(y+z),\end{cases}$$

故 S 由一族直线构成. 这族直线的方向

$$(k,-1,-1)\times(1,k,k)=(k^2+1)(0,-1,1)$$

是平行的, 故 S 为柱面. □

下面介绍两类特殊的柱面.

1. 投影柱面

定义 3.2.2　以空间曲线 Γ 为准线, 方向垂直于 xy 平面的柱面称为 Γ 对 xy 平面的**投影柱面**, 投影柱面与 xy 平面的交线称为 Γ 在 xy 平面上的**投影曲线**.

同理可以定义 Γ 在 yz 平面和在 xz 平面上的投影曲线.

命题 3.2.1　设空间曲线 Γ 的方程为

$$\begin{cases}F_1(x,y,z)=0,\\ F_2(x,y,z)=0,\end{cases}$$

如果由此方程可以解出

$$\begin{cases} f_1(x,y)=z, \\ f_2(x,y)=z, \end{cases}$$

则 $f_1(x,y)=f_2(x,y)$ 就是 Γ 对 xy 平面的投影柱面的方程.

证明 设 Γ 在 xy 平面上的投影曲线为 Γ'. 对于 Γ' 上任意一点 $M'(x_0,y_0,0)$, 存在曲线 Γ 上一点 $M(x_0,y_0,z_0)$, 使得 M' 是 M 在 xy 平面上的投影, 如图 3.3 所示.

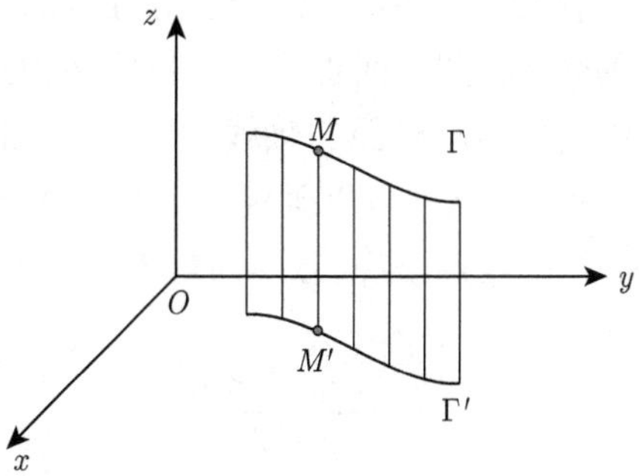

图 3.3

由 Γ 的方程可以解出

$$\begin{cases} f_1(x,y)=z, \\ f_2(x,y)=z, \end{cases}$$

则

$$f_1(x_0,y_0)=z_0=f_2(x_0,y_0),$$

故 M' 的坐标满足

$$f_1(x_0,y_0)=f_2(x_0,y_0).$$

反之, 对于满足方程

$$f_1(x,y)=f_2(x,y)$$

的任意一对数 x_0,y_0, 都存在 z_0 使得

$$f_1(x_0,y_0)=z_0=f_2(x_0,y_0),$$

那么 $M(x_0,y_0,z_0)$ 就是曲线 Γ 上的一点, 又它在 xy 平面上的投影是 $M'(x_0,y_0,0)$, 说明 M' 在 Γ' 上.

综上可知

$$\begin{cases} f_1(x,y)=f_2(x,y), \\ z=0 \end{cases}$$

就是投影曲线 Γ' 的方程, 因此 Γ 对 xy 平面的投影柱面的方程为

$$f_1(x,y)=f_2(x,y).$$ □

2. 圆柱面

圆柱面是一类特殊的柱面, 它可以看作一条定直线沿着与该直线垂直的平面上的一个圆周平行移动的轨迹. 圆柱面也可以看作空间中到一条定直线距离等于定长的点的轨迹, 该定直线称为圆柱面的**轴线**, 圆柱面上的点到轴线的距离称为它的**半径**. 轴线和半径这两个因素就可以确定一个圆柱面.

已知圆柱面 S 的轴线 L 过点 M_0, 方向向量为 $\boldsymbol{u}$, 半径为 R, 则空间中的点 M 在 S 上当且仅当

$$d(M,L)=\frac{|\overrightarrow{M_0M}\times\boldsymbol{u}|}{|\boldsymbol{u}|}=R.$$

若 $M, M_0, \boldsymbol{u}$ 的坐标依次记为 $(x,y,z),(x_0,y_0,z_0),(X,Y,Z)$, 则 S 的方程为

$$\frac{\left\|\begin{vmatrix} \boldsymbol{e}_1 & \boldsymbol{e}_2 & \boldsymbol{e}_3 \\ x-x_0 & y-y_0 & z-z_0 \\ X & Y & Z \end{vmatrix}\right\|}{\sqrt{X^2+Y^2+Z^2}}=R.$$

下面介绍圆柱面的一种参数方程. 设 S 是以 xy 平面上的圆周 $x^2+y^2=R^2$ 为准线, 平行于 z 轴的圆柱面. 对于 S 上任意一点 $M(x,y,z)$, 设 M' 为 M 在 xy 平面上的投影, 在 xy 平面上 $\overrightarrow{OM'}$ 绕 O 点顺时针旋转 θ 角后指向 x 轴正方向, M 的第三个坐标分量为 h (图 3.4). 用 θ, h 表示 M 的直角坐标就得到了 S 的参数方程

$$\begin{cases} x=R\cos\theta, \\ y=R\sin\theta, \\ z=h, \end{cases}$$

其中参数 $0\leqslant\theta<2\pi, -\infty<h<+\infty$. 圆柱面上的点与参数组 (θ,h) 是一一对应的. 类似于球面, 如果我们让半径 R 在 $[0,+\infty)$ 范围内任意变动, 并记其为 r, 则这些圆柱面就充满了整个空间. 这样就建立了空间中 (除去 z 轴外) 的点 M 与有

序三元数组 (r,θ,h) 的一一对应, 这种对应关系称为空间的**柱坐标系**, 称 (r,θ,h) 为点 M 的**柱坐标**, 其中坐标的范围 $r>0, 0\leqslant\theta<2\pi, -\infty<h<+\infty$.

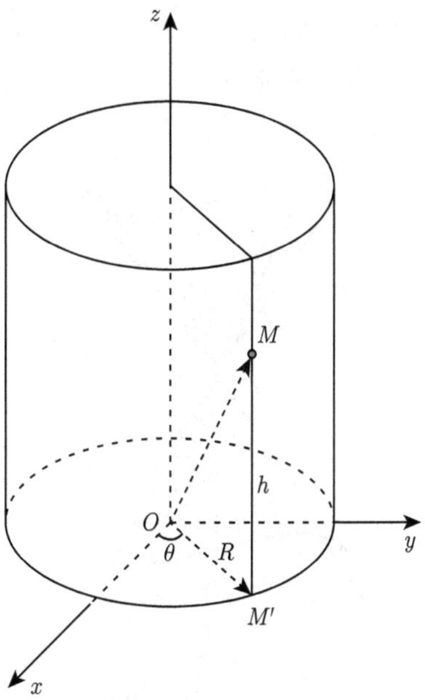

图 3.4

柱坐标与直角坐标之间有如下变换公式:

$$\begin{cases} x=r\cos\theta, \\ y=r\sin\theta, \\ z=h. \end{cases}$$

事实上, z 轴上的点也有有序三元数组 (柱坐标) (r,θ,h) 与其对应, 只是不唯一, θ 的值任意.

在柱坐标系中, 一些与柱面相关的曲面方程变得非常简单. 例如圆柱面 $x^2+y^2=1$ 在柱坐标系中的方程为 $r=1$, z 轴在柱坐标中的方程为 $r=0$.

3.2.2 锥面

定义 3.2.3 由过某一定点与一条空间定曲线 (不过定点的) 相交的一族直线所构成的曲面称为**锥面**, 定点称为锥面的**锥顶**, 定曲线称为锥面的**准线**, 直线族中的每一条直线都称为它的**直母线**.

注意锥面的准线是不唯一的, 如图 3.5 所示, 锥面上不过锥顶且与每一条直母线都相交的空间曲线都是它的准线. 平面是一类特殊的锥面, 它上面的每一点都可以作为锥顶, 对于取定的锥顶, 该平面上过锥顶的每一条直线都是直母线. 共轴平面系中的两个或多个平面也是锥面, 轴上的每一点都可以作为锥顶. 除了这些特殊情况之外, 一般锥面的锥顶是确定的.

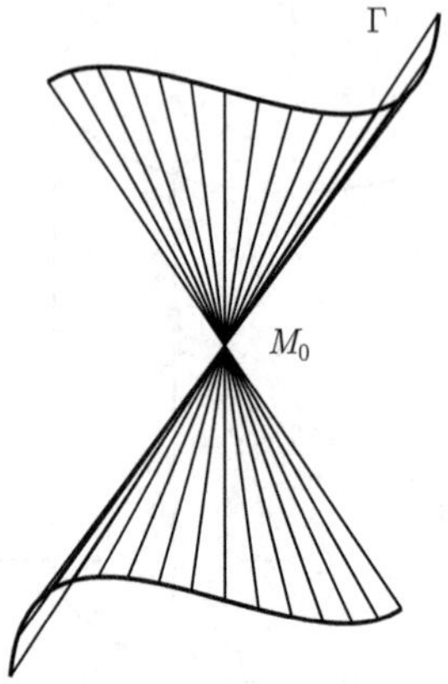

图 3.5

锥面可以看作由锥顶与准线上点连成的直线构成的曲面, 它是由锥顶和一条准线来确定的, 下面据此来求锥面的方程.

已知锥面 S 的锥顶为 $M_0(x_0, y_0, z_0)$, 一条准线 Γ 有一般方程

$$\begin{cases} F(x,y,z)=0, \\ G(x,y,z)=0, \end{cases}$$

则空间中的点 $M(x,y,z)$ 在 S 上当且仅当存在 Γ 上一点 $M'(x',y',z')$, 使得 M 在直母线 M_0M' 上, 等价于存在实数 t 使得

$$\overrightarrow{M_0M} = t\overrightarrow{M_0M'}.$$

用坐标表示有

$$\begin{cases} x = x_0 + t(x' - x_0), \\ y = y_0 + t(y' - y_0), \\ z = z_0 + t(z' - z_0), \\ F(x',y',z') = 0, \\ G(x',y',z') = 0, \end{cases}$$

消去 x', y', z' 得

$$\begin{cases} F\left(\dfrac{x-x_0}{t}+x_0, \dfrac{y-y_0}{t}+y_0, \dfrac{z-z_0}{t}+z_0\right)=0, \\ G\left(\dfrac{x-x_0}{t}+x_0, \dfrac{y-y_0}{t}+y_0, \dfrac{z-z_0}{t}+z_0\right)=0, \end{cases}$$

再消去 t 就得到 S(不包含锥顶) 的一般方程. 通常情况下选择 F, G 中较简单的一个解出 t 再代回另一方程即可得到 x, y, z 的关系式.

如果已知锥面 S 的锥顶为 $M_0(x_0, y_0, z_0)$, 一条准线 Γ 有参数方程

$$\begin{cases} x=f(t), \\ y=g(t), \\ z=h(t), \end{cases}$$

则锥面 S 的参数方程为

$$\begin{cases} x=x_0+k(f(t)-x_0), \\ y=y_0+k(g(t)-y_0), \\ z=z_0+k(h(t)-z_0), \end{cases}$$

其中 t, k 为参数.

例 3.2.4 求以原点为锥顶, 曲线

$$\begin{cases} F(x, y)=0, \\ z=h \end{cases}$$

为准线的锥面的方程.

解 点 $M(x, y, z)$ 在锥面上当且仅当存在实数 t, 使得

$$\begin{cases} x=tx', \\ y=ty', \\ z=tz', \\ F(x', y')=0, \\ z'=h. \end{cases}$$

消去 x', y', z', t 得

$$F\left(h\frac{x}{z}, h\frac{y}{z}\right) = 0.$$

它是去掉锥顶的锥面的方程. □

如果 $F(x,y)=0$ 是关于 x,y 的多项式方程, 则通过两边乘 z^n 去分母可以将锥顶补回来, 也可能会增加一些别的点 (如下面的例子).

例 3.2.5　求以原点为锥顶, 曲线

$$\begin{cases} x^2 = 2py, \\ z = 1 \end{cases}$$

为准线的锥面的方程.

解　根据例 3.2.4 得到去掉锥顶的锥面的方程

$$\frac{x^2}{z^2} = 2p\frac{y}{z}.$$

去分母得

$$x^2 = 2pyz.$$

图形多了整个 y 轴, 而不仅仅是锥顶, 故 $x^2 = 2pyz$ 表示的图形去掉 y 轴但保留原点是所求的锥面. □

例 3.2.6　求以原点为锥顶, 过点 $(1,0,0), (0,1,0), (0,0,1)$ 的圆周 Γ 为准线的锥面的方程.

解　准线 Γ 有方程

$$\begin{cases} x + y + z = 1, \\ x^2 + y^2 + z^2 = 1, \end{cases}$$

于是点 $M(x,y,z)$ 在锥面上 (非锥顶) 当且仅当存在实数 t, 使得

$$\begin{cases} \dfrac{x}{t} + \dfrac{y}{t} + \dfrac{z}{t} = 1, \\ \left(\dfrac{x}{t}\right)^2 + \left(\dfrac{y}{t}\right)^2 + \left(\dfrac{z}{t}\right)^2 = 1, \end{cases}$$

由第一式解出 $t = x + y + z$, 代入第二式得

$$x^2 + y^2 + z^2 = (x + y + z)^2,$$

去分母所增加的解就是 $(0,0,0)$, 故所求锥面的方程为

$$xy + yz + zx = 0.$$ □

对于三元函数 $F(x,y,z)$, 如果存在正整数 n, 使得

$$F(tx,ty,tz) = t^n F(x,y,z), \quad t \text{ 为任意实数},$$

则称 $F(x,y,z)$ 为 n 次**齐次函数**, 此时方程 $F(x,y,z)=0$ 称为 n 次**齐次方程**. 上述几个例子所得锥面方程都是齐次方程, 更一般地, 我们有如下定理.

定理 3.2.1 一个关于 x,y,z 的 n 次齐次方程表示的图形一定是以原点为锥顶的锥面.

证明 设 $F(x,y,z)=0$ 是一个 n 次齐次方程, 表示的图形是曲面 S. 由于对任意的实数 t,

$$F(tx,ty,tz) = t^n F(x,y,z),$$

所以 $F(0,0,0)=0$, 说明原点在 S 上.

如图 3.6 所示, 设 $P(x_0,y_0,z_0)$ 是曲面 S 上任一点 (非原点), 则

$$F(tx_0,ty_0,tz_0) = t^n F(x_0,y_0,z_0) = 0,$$

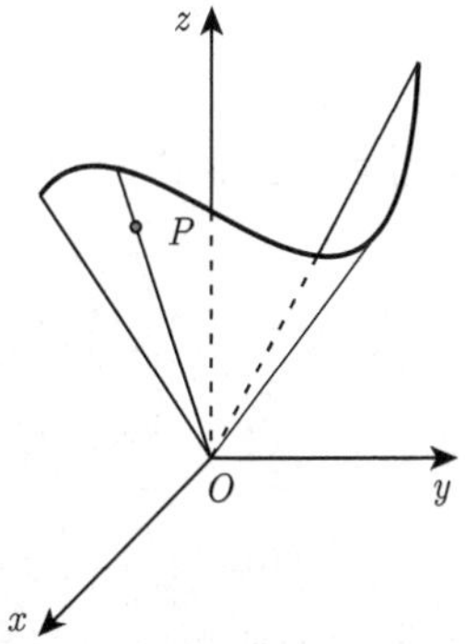

图 3.6

说明整条直线 OP 都在 S 上. 由 P 的任意性可知, S 是由过原点的一族直线构成的, 即它是以原点为锥顶的一个锥面. □

像例 3.2.6 这样, 准线是圆周, 锥顶与圆心的连线垂直于该圆所在的平面的锥面是圆锥面. 圆锥面还可以看作所有过定直线上一定点且与它的夹角为定值的直线构成的曲面, 相交的定点是它的锥顶, 定直线称为圆锥面的**轴线**, 夹角称为圆锥面的**半顶角**.

圆锥面是由轴线、锥顶和半顶角这三个条件来确定的.

如果已知圆锥面 S 的锥顶为 M_0, 轴线 L 的方向向量为 $\boldsymbol{u}$, 半顶角为 θ, 则空间中的点 M 在 S 上当且仅当

$$\langle \overrightarrow{M_0M}, \boldsymbol{u} \rangle = \theta \text{ 或 } \pi - \theta,$$

即

$$\frac{|\overrightarrow{M_0M} \cdot \boldsymbol{u}|}{|\overrightarrow{M_0M}||\boldsymbol{u}|} = \cos\theta.$$

3.2.3 直纹面

定义 3.2.4　由一族直线构成的曲面称为**直纹面**. 这些直线称为它的**直母线**, 直纹面上与所有直母线都相交的曲线称为它的**导线**.

直纹面可以看成是一条直母线沿着一条导线运动形成的. 柱面是直母线方向固定不变的直纹面, 锥面是直母线过一定点的直纹面.

如果已知直纹面 S 的一条导线 Γ 有参数方程

$$\begin{cases} x = x(t), \\ y = y(t), \\ z = z(t), \end{cases}$$

S 上过点 $M_t \in \Gamma$ 的直母线方向为 $(X(t), Y(t), Z(t))$, 则 S 的参数方程为

$$\begin{cases} x = x(t) + kX(t), \\ y = y(t) + kY(t), \\ z = z(t) + kZ(t), \end{cases}$$

其中 t, k 为参数.

例 3.2.7　设动直线 L' 与定直线 L 相交且夹角保持为 θ, L' 既做绕 L 的匀速转动, 又做沿 L 的匀速滑动,

(1) 求动直线 L' 生成的曲面 S 的方程;

(2) 设 P 为 L' 上一点, 当 L' 运动时, P 在 L' 上同时做匀速运动, 求 P 点的运动轨迹 Γ 的方程.

解　(1) 以定直线 L 为 z 轴, 在初始时刻 $t = 0$ 时, 动直线 L' 与 L 的交点为原点, L' 在 xz 平面上, 建立直角坐标系. 记 ω 为转动的角速度, h 为滑动速度.

空间中一点 $M(x, y, z)$ 在曲面 S 上当且仅当它是由 0 时刻的动直线上一点 M_0 运动 t 时间所得, 此时 M 和 M_0 到 z 轴距离相等, 记作 r, 如图 3.7 所示.

$$\begin{cases} x = r\cos\omega t, \\ y = r\sin\omega t, \\ z = ht + r\cot\theta, \end{cases}$$

即为 S 的参数方程, 其中 t, r 为参数.

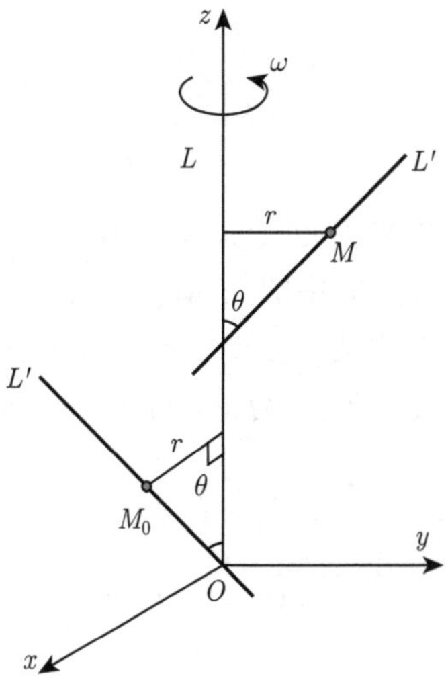

图 3.7

(2) 设 P 点在 $t=0$ 时刻与原点距离为 a, 在 L' 上以速度 v 向远离原点方向运动, 则 Γ 的方程为

$$\begin{cases} x=(a+vt)\sin\theta\cos\omega t, \\ y=(a+vt)\sin\theta\sin\omega t, \\ z=ht+(a+vt)\cos\theta. \end{cases}$$ □

3.2.4 旋转曲面

定义 3.2.5 由空间中的一条曲线 Γ 绕一条定直线 L 旋转一周所生成的曲面称为**旋转曲面**, 称 Γ 为它的**母线**, L 为它的**轴线**.

在旋转曲面上, 母线上每个点绕轴线旋转得到一个圆周, 称为**纬圆** (如果此点是母线和轴线的交点时, 就退化为一点). 纬圆所在的平面是互相平行且垂直于轴线的, 所有纬圆的圆心都在轴线上. 旋转曲面上与每个纬圆都相交的曲线都可作为母线, 过轴线的半平面与旋转曲面的交线称为**经线**. 显然经线可以作为母线, 但母线不一定是经线.

旋转曲面是由它的轴线和一条母线来确定的, 可以看成由它上面所有的纬圆构成的曲面.

已知旋转曲面 S 的一条母线 Γ 有一般方程

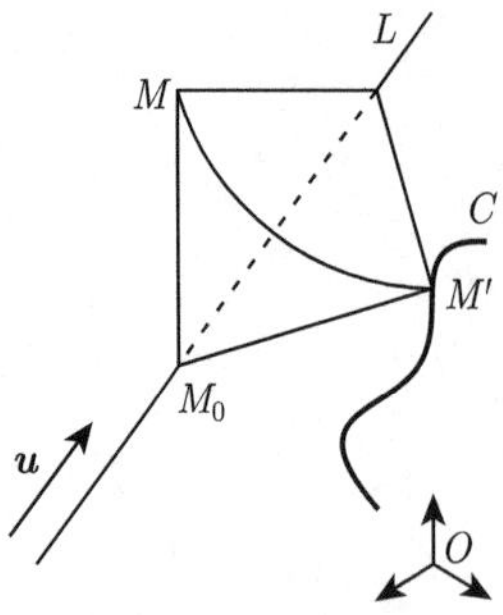

图 3.8

$$\begin{cases} F(x,y,z)=0, \\ G(x,y,z)=0, \end{cases}$$

轴线 L 过点 $M_0(x_0,y_0,z_0)$, 方向向量为 $\boldsymbol{u}=(X,Y,Z)$, 则空间中的点 $M(x,y,z)$ 在 S 上当且仅当 M 是由 Γ 上的某个点 $M'(x',y',z')$ 绕 L 旋转得到的 (图 3.8), 这又等价于 $\overrightarrow{MM'}$ 与 L 垂直且 $d(M,L)=d(M',L)$, 即

$$\begin{cases} \overrightarrow{MM'}\cdot\boldsymbol{u}=0, \\ |\overrightarrow{M_0M}|=|\overrightarrow{M_0M'}|, \end{cases}$$

用坐标表示有

$$\begin{cases} (x'-x)X+(y'-y)Y+(z'-z)Z=0, \\ (x-x_0)^2+(y-y_0)^2+(z-z_0)^2=(x'-x_0)^2+(y'-y_0)^2+(z'-z_0)^2, \\ F(x',y',z')=0, \\ G(x',y',z')=0, \end{cases}$$

消去 x',y',z' 就得到 S 的一般方程.

例 3.2.8 设旋转曲面 S 的轴线 L 过点 $M_0(1,1,-1)$ 平行于向量 $\boldsymbol{u}_1=(1,1,0)$, 母线 Γ 为过点 $(1,2,2)$ 平行于向量 $\boldsymbol{u}_2=(0,1,1)$ 的一条直线, 求旋转曲面 S 的方程.

解 母线 Γ 有参数方程

$$\begin{cases} x=1, \\ y=2+t, \\ z=2+t. \end{cases}$$

点 $M(x,y,z)\in S$ 当且仅当存在实数 t, 使得 M 是由 Γ 上的点 $M'(1,2+t,2+t)$ 绕轴线旋转得到的, 于是

$$\begin{cases} \overrightarrow{MM'}\cdot\boldsymbol{u}_1=0, \\ |\overrightarrow{M_0M}|=|\overrightarrow{M_0M'}|, \end{cases}$$

即

$$\begin{cases}(1-x)+(2+t-y)=0,\\(x-1)^2+(y-1)^2+(z+1)^2=(2+t-1)^2+(2+t+1)^2.\end{cases}$$

由第一式解出 $t=x+y-3$, 代入第二式就得到旋转曲面 S 的方程

$$(x-1)^2+(y-1)^2+(z-1)^2=(x+y-2)^2+(x+y)^2.$$

整理得

$$x^2+y^2-z^2+4xy-2x-2y-2z+1=0.$$ □

特别地, 考虑 yz 平面上的一条曲线 Γ

$$\begin{cases}F(y,z)=0,\\x=0,\end{cases}$$

绕 z 轴旋转一周所生成的旋转曲面 S. S 上的任意一点 $M(x,y,z)$ 总是由 Γ 上的一点 $(0,y',z')$ 绕 z 轴旋转得到的, 于是有

$$z=z',\quad y'^2=x^2+y^2.$$

故 S 的方程为

$$F(\sqrt{x^2+y^2},z)F(-\sqrt{x^2+y^2},z)=0. \tag{3.9}$$

该方程中, x 和 y 只以 x^2+y^2 的形式出现. 反过来, 形如 $f(x^2+y^2,z)=0$ 的方程表示的图形一定是以 z 轴为轴线的旋转曲面.

例 3.2.9 求圆周 C

$$\begin{cases}(y-a)^2+z^2=r^2,\quad 0<r<a,\\x=0\end{cases}$$

绕 z 轴旋转得到的环面的方程.

解 由于圆周 C 上点坐标的第二个分量总是大于 0, 由 (3.9) 式, 可知所求环面的方程为

$$(\sqrt{x^2+y^2}-a)^2+z^2=r^2.$$

整理得

$$(x^2+y^2+z^2+a^2-r^2)^2=4a^2(x^2+y^2).$$ □

对于以直线为母线的旋转曲面, 我们已经清楚的情形有: 母线与轴线平行时为圆柱面; 母线与轴线相交而不垂直时为圆锥面; 母线与轴线相交且垂直时为平面. 接下来看一下母线与轴线异面且不垂直的情形, 事实上, 例 3.2.8 就是这种旋转曲面, 但从算出的方程看不出来它的具体形象. 我们可以选取一个特定的直角坐标系来求这种旋转曲面的方程.

例 3.2.10　设 L_1, L_2 是两条不互相垂直的异面直线, 求 L_2 绕 L_1 旋转一周所生成的旋转曲面 S 的方程.

解　以 L_1 为 z 轴, L_1, L_2 的公垂线为 x 轴且 L_2 平行于 yz 平面, 建立空间直角坐标系. 此时 L_2 有方程

$$\begin{cases} x = a, \\ y = t, \\ z = bt. \end{cases}$$

点 $M(x, y, z)$ 在 S 上当且仅当存在实数 t, 使得 M 是由 L_2 上的点 $M'(a, t, bt)$ 绕轴线旋转得到的, 于是

$$\begin{cases} \overrightarrow{MM'} \cdot (0, 0, 1) = 0, \\ |\overrightarrow{OM}| = |\overrightarrow{OM'}|, \end{cases}$$

即

$$\begin{cases} bt - z = 0, \\ x^2 + y^2 + z^2 = a^2 + t^2 + (bt)^2. \end{cases}$$

消去 t 得 S 的方程

$$\frac{x^2 + y^2}{a^2} - \frac{z^2}{a^2 b^2} = 1. \qquad \square$$

由方程不难看出, 上述例题中的曲面 S 可以由 yz 平面上的双曲线

$$\begin{cases} \dfrac{y^2}{a^2} - \dfrac{z^2}{a^2 b^2} = 1, \\ x = 0 \end{cases}$$

绕 z 轴旋转一周所生成, 这样它的几何形状就很清楚了 (图 3.9), 称为**旋转单叶双曲面**, 这也是一个直纹面, 进一步的直纹性质我们会在下一节中介绍.

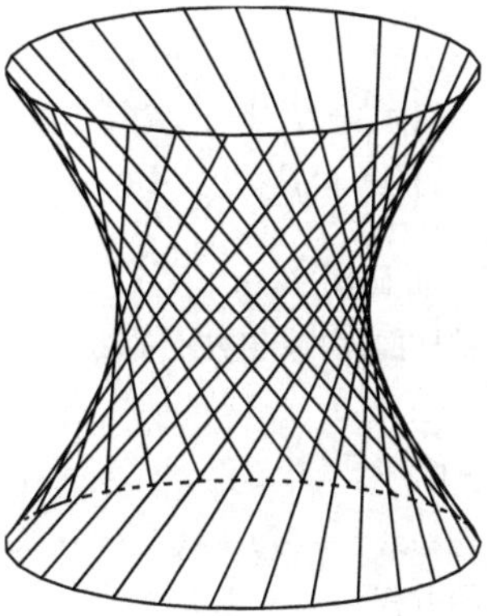

图 3.9

例 3.2.11 证明方程 $xy+yz+zx=a^2$ 所表示的曲面是旋转曲面, 并指出它的轴线.

证明 原方程可写成

$$(x+y+z)^2-x^2-y^2-z^2=2a^2.$$

令 $x^2+y^2+z^2=k^2$, 则上式等价于

$$\begin{cases}x^2+y^2+z^2=k^2,\\ x+y+z=\pm\sqrt{2a^2+k^2}.\end{cases}$$

这是一族圆周, 圆心在直线 $L: x=y=z$ 上. 它们所在的平面互相平行且垂直于 L, 因此原方程表示的图形是旋转曲面, 轴线为 $x=y=z$. □

习题 3.2

1. 求满足下列条件的柱面的方程:

(1) 以曲线 $\begin{cases}x^2-y^2=25,\\ z=0\end{cases}$ 为准线, 直母线平行于直线 $x=y=z$;

(2) 以曲线 $\begin{cases}(x-1)^2+(y+3)^2+(z-2)^2=25,\\ x+y-z+2=0\end{cases}$ 为准线, 直母线平行于 x 轴;

(3) 以曲线 $\begin{cases}x=y^2+z^2,\\ x=2z\end{cases}$ 为准线, 直母线垂直于该准线所在的平面.

2. 求空间曲线

$$\begin{cases} x^2+y^2+z^2=4, \\ x^2+y^2-2x=0 \end{cases}$$

在各坐标平面上的投影曲线的方程, 并画图.

3. 证明下列方程表示的曲面是柱面, 并求出柱面的方向:

(1) $(x+y)(y+z)=x+2y+z$;

(2) $x^2+y^2+z^2+2xz-1=0$.

4. 证明方程 $F(a_1x+b_1y+c_1z, a_2x+b_2y+c_2z)=0$ 表示的图形是柱面.

5. 求满足下列条件的圆柱面的方程:

(1) 外切于球面 $(x-1)^2+(y-1)^2+(z-1)^2=1$ 且方向为 $(1,1,1)$;

(2) 经过三条平行直线

$$x=y=z, \quad x+1=y=z-1, \quad x-1=y+1=z;$$

(3) 经过椭圆 $\begin{cases} \dfrac{x^2}{4}+y^2=1, \\ z=0. \end{cases}$

6. 把下列柱坐标系中的方程转化为直角坐标系中的方程, 并指出所表示的图形:

(1) $r=4$;

(2) $r=2\sin\theta(0\leqslant\theta<\pi)$.

7. 求满足下列条件的锥面的方程:

(1) 以双曲线 $\begin{cases} \dfrac{x^2}{a^2}-\dfrac{y^2}{b^2}=1, \\ z=c(c\neq 0) \end{cases}$ 为准线, 原点为锥顶;

(2) 以曲线 $\begin{cases} x^2+y^2+z^2=2Rz, \\ ax+by+cz+d=0 \end{cases}$ 为准线, $(0,0,2R)$ 为锥顶;

(3) 以 $(5,4,2)$ 为锥顶, 一条准线是 xy 平面上圆心为 $(1,1,0)$、半径为 2 的圆周.

8. 过 x 轴和 y 轴分别作动平面, 夹角为定值 θ, 求交线的轨迹方程, 并说明它是一个锥面.

9. 求满足下列条件的圆锥面的方程:

(1) 以 $(0,1,-1)$ 为锥顶, 轴线垂直于平面 $2x+2y-z+1=0$, 半顶角为 30°;

(2) 经过点 $M_1(2,-1,3)$ 和 $M_2(-2,-2,0)$, 轴线过点 $(3,-2,3)$ 且平行于 x 轴;

(3) 以 $(1,1,1)$ 为锥顶, 外切于球面 $x^2+y^2+z^2+2x-4y+4z+5=0$.

10. 求直线族

$$L_k: \frac{x-k^2}{1}=\frac{y-k}{2}=\frac{z}{3}$$

构成的图形的方程.

11. 求与 z 轴和直线 $\begin{cases} x = 1, \\ z = 0 \end{cases}$ 都相交, 且平行于平面 $x + y + z = 0$ 的所有直线构成的图形的方程.

12. 设直线 L_1 和 L_2 的参数方程分别为

$$L_1: \begin{cases} x = \dfrac{3}{2} + 3t, \\ y = -1 + 2t, \\ z = -t, \end{cases} \quad L_2: \begin{cases} x = 3t, \\ y = 2t, \\ z = 0, \end{cases}$$

所有连接 L_1 和 L_2 上相同参数的点的直线构成图形 S, 求 S 的方程.

13. 求下列旋转曲面的方程:

(1) 双曲线 $\begin{cases} \dfrac{z^2}{4} - \dfrac{y^2}{9} = 1, \\ x = 0 \end{cases}$ 分别绕它的实轴和虚轴旋转;

(2) 抛物线 $\begin{cases} y^2 = 2px, \\ z = 0 \end{cases}$ 绕它的准线旋转;

(3) 曲线 $\begin{cases} x^2 + y^2 = 1, \\ z = x^2 \end{cases}$ 绕 x 轴旋转;

(4) 直线 $\begin{cases} x - 1 = 0, \\ z = 0 \end{cases}$ 绕直线 $\begin{cases} x + z + 1 = 0, \\ 2x - 2y + z = 0 \end{cases}$ 旋转.

14. 设曲线 Γ 有参数方程

$$\begin{cases} x = f(t), \\ y = g(t), \quad a < t < b, \\ z = h(t), \end{cases}$$

求以 Γ 为母线、z 轴为轴线的旋转曲面的参数方程.

15. 证明到两条垂直相交的直线的距离平方和是常数的点的轨迹是一个旋转曲面.

16. 证明下列方程表示的曲面是旋转曲面, 并求出轴线:

(1) $(y^2 + z^2)(1 + x^2)^2 = 1$;

(2) $x^2 + y^2 + z^2 - 2a(xy + yz + xz) = b^2$.

3.3 二次曲面

前面介绍的几类常见曲面都具有明显的几何特征, 我们的主要问题也是从这些几何特征出发来建立方程的. 相反地, 在本节中将对较简单的二次方程, 从方程出发去研究图形的几何性质.

定义 3.3.1 在空间仿射坐标系中, 以 x, y, z 为变量的二次方程所表示的图形称为**二次曲面**.

显然二次曲面不是由图形本身的性质来定义的, 这不是一个纯几何的概念. 前两节中出现的球面以及部分的柱面、锥面、旋转曲面都在这个范围内, 也有一些较特别的, 例如, 一个平面、两个相交平面、两个平行平面都是二次曲面, 因为它们有形如

$$(A_1x + B_1y + C_1z + D_1)(A_2x + B_2y + C_2z + D_2) = 0$$

的方程.

空间中二次方程的一般形式为

$$a_{11}x^2 + a_{22}y^2 + a_{33}z^2 + 2a_{12}xy + 2a_{13}xz + 2a_{23}yz + 2b_1x + 2b_2y + 2b_3z + c = 0.$$

它有 10 个系数, 千变万化. 不难想象, 存在许多不同类型的二次曲面, 在后面的章节中我们会通过代数计算列出所有的类型, 每种类型都有相应的标准方程.

本节我们主要讨论在直角坐标系中以下 6 种方程所表示的二次曲面, 它们也是相应类型二次曲面的标准方程:

(1) $\dfrac{x^2}{a^2} + \dfrac{y^2}{b^2} + \dfrac{z^2}{c^2} = 1$; (2) $\dfrac{x^2}{a^2} + \dfrac{y^2}{b^2} - \dfrac{z^2}{c^2} = 1$;

(3) $\dfrac{x^2}{a^2} + \dfrac{y^2}{b^2} - \dfrac{z^2}{c^2} = -1$; (4) $\dfrac{x^2}{a^2} + \dfrac{y^2}{b^2} - \dfrac{z^2}{c^2} = 0$;

(5) $\dfrac{x^2}{a^2} + \dfrac{y^2}{b^2} = 2z$; (6) $\dfrac{x^2}{a^2} - \dfrac{y^2}{b^2} = 2z$.

通过方程来讨论这些曲面的形状, 主要的研究方法包括压缩法、对称性分析和平面截线法.

3.3.1 压缩法、对称性和平面截线

压缩是几何图形的一种形变. 例如, 我们可以把圆周压缩成椭圆, 椭圆也可以压缩成圆周. 这样就可以很直观地从熟知的图形来认识它压缩形变后的图形.

定义 3.3.2 在空间中,

(1) 把点 $M(x, y, z)$ 变成点 $M'(x, y, kz)(k > 0)$, 称为对点 M 做向 xy 平面的系数为 k 的压缩;

(2) 对一个图形做向 xy 平面的系数为 k 的压缩, 就是对图形上每一点都做这个压缩.

命题 3.3.1 设图形 S 的方程为 $F(x,y,z)=0$, 把它做向 xy 平面的系数为 $k(k>0)$ 的压缩后得到的图形记为 S', 则 S' 的方程为

$$F\left(x,y,\frac{z}{k}\right)=0.$$

证明 空间中的点 $M'(x,y,z)$ 是由点 $M\left(x,y,\dfrac{z}{k}\right)$ 做向 xy 平面的系数为 k 的压缩所得, 故 $M'(x,y,z)\in S'$ 当且仅当 $M\left(x,y,\dfrac{z}{k}\right)\in S$, 从而

$$F\left(x,y,\frac{z}{k}\right)=0$$

就是 S' 的方程. □

容易看出平面 (直线) 经过压缩后仍是平面 (直线), 并且压缩不会改变两条直线的共面性和平行性. 再例如, 曲面 $\dfrac{x^2}{a^2}+\dfrac{y^2}{b^2}+\dfrac{z^2}{c^2}=1$ 是由球面 $x^2+y^2+z^2=1$ 分别做向 xy 平面、yz 平面、xz 平面的系数为 c,a,b 的压缩得到的, 那么它的形状是一个椭球面.

对称性是一种重要的几何性质. 例如, 球面、圆柱面、圆锥面都具有很好的对称性. 具有良好对称性的图形也是我们研究的重点.

定义 3.3.3 如果一个图形上任意一点关于坐标原点 (或某一坐标轴, 或某一坐标平面) 的对称点也在该图形上, 我们就称该图形关于坐标原点 (或某一坐标轴, 或某一坐标平面) 对称.

在空间中, 点 $M(x,y,z)$ 关于坐标原点的对称点是 $(-x,-y,-z)$; 关于 x 轴的对称点是 $(x,-y,-z)$; 关于 xy 平面的对称点是 $(x,y,-z)$. 因此容易得到下面的结论.

命题 3.3.2 设图形 S 的方程为 $F(x,y,z)=0$, 则

(1) S 关于坐标原点对称当且仅当若 $F(x,y,z)=0$ 则 $F(-x,-y,-z)=0$;

(2) S 关于 x 轴对称当且仅当若 $F(x,y,z)=0$ 则 $F(x,-y,-z)=0$;

(3) S 关于 xy 平面对称当且仅当若 $F(x,y,z)=0$ 则 $F(x,y,-z)=0$.

推论 3.3.1 如果在图形 S 的方程 $F(x,y,z)=0$ 中, x,y,z 只以平方项的形式出现, 则 S 关于坐标原点、x 轴、y 轴、z 轴、xy 平面、yz 平面、xz 平面都对称.

这是相当强的对称性了, 还有一些稍弱的, 比方说关于部分坐标轴坐标平面对称的曲面方程也有相应的特点, 留作练习.

平面截线法是通过研究一族互相平行的平面与曲面的交线来了解曲面的方法. 这就类似于地理学中的等高线法.

常常采用平行于坐标平面的平面族, 例如平面 $z=h(|h|\leqslant 1)$ 与球面 $x^2+y^2+z^2=1$ 的交线是圆周

$$C_h:\begin{cases}x^2+y^2=1-h^2,\\ z=h,\end{cases}$$

这些圆周都平行于 xy 平面, 它们的圆心都在 z 轴上, 并且半径随着 $|h|$ 的增大而减小, 通过截线圆周的这些性质可以很直观地了解球面的形状.

3.3.2　椭球面

一个图形如果在某个空间直角坐标系中有形如

$$\frac{x^2}{a^2}+\frac{y^2}{b^2}+\frac{z^2}{c^2}=1,\quad a,b,c>0 \tag{3.10}$$

的二次方程, 就称为**椭球面** (图 3.10).

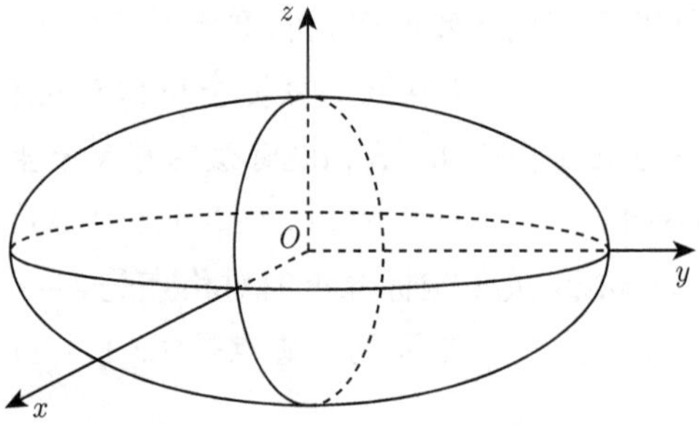

图 3.10

椭球面有参数方程

$$\begin{cases}x=a\sin\varphi\cos\theta,\\ y=b\sin\varphi\sin\theta,\\ z=c\cos\varphi,\end{cases}$$

其中参数 $0\leqslant\theta<2\pi, 0\leqslant\varphi\leqslant\pi$.

椭球面 (3.10) 有如下性质.

(1) 压缩: 由球面 $x^2+y^2+z^2=1$ 分别做向 xy 平面、yz 平面、xz 平面的系数为 c,a,b 的压缩得到.

(2) 对称性: 关于坐标原点、三个坐标轴、三个坐标平面对称.

(3) 平面截线: 用平行于 xy 平面的平面 $z=h(|h|<c)$ 与其相截得到椭圆

$$\begin{cases}\dfrac{x^2}{a^2}+\dfrac{y^2}{b^2}=1-\dfrac{h^2}{c^2},\\ z=h.\end{cases}$$

(4) 有界性: 椭球面是有界的几何形体, 二次曲面中除单点外只有椭球面有此性质. 椭球面 (3.10) 位于长方体

$$\{(x,y,z)|-a\leqslant x\leqslant a,-b\leqslant y\leqslant b,-c\leqslant z\leqslant c\}$$

的内部. 椭球面上不存在无界的曲线.

例 3.3.1 证明椭球面上存在圆周.

证明 设椭球面的方程为 $\dfrac{x^2}{a^2}+\dfrac{y^2}{b^2}+\dfrac{z^2}{c^2}=1,a>b>c$. 考虑它与球面 $x^2+y^2+z^2=b^2$ 的交线

$$C:\begin{cases}\dfrac{x^2}{a^2}+\dfrac{y^2}{b^2}+\dfrac{z^2}{c^2}=1,\\ x^2+y^2+z^2=b^2.\end{cases}$$

C 的方程还可写为

$$\begin{cases}x^2+y^2+z^2=b^2,\\ \left(\dfrac{1}{b^2}-\dfrac{1}{a^2}\right)x^2=\left(\dfrac{1}{c^2}-\dfrac{1}{b^2}\right)z^2,\end{cases}$$

这表示两个过原点的平面与球面的交, 因此是两个圆周. □

3.3.3 单叶双曲面

一个图形如果在某个空间直角坐标系中有形如

$$\frac{x^2}{a^2}+\frac{y^2}{b^2}-\frac{z^2}{c^2}=1,\quad a,b,c>0 \tag{3.11}$$

的二次方程, 就称为**单叶双曲面** (图 3.11).

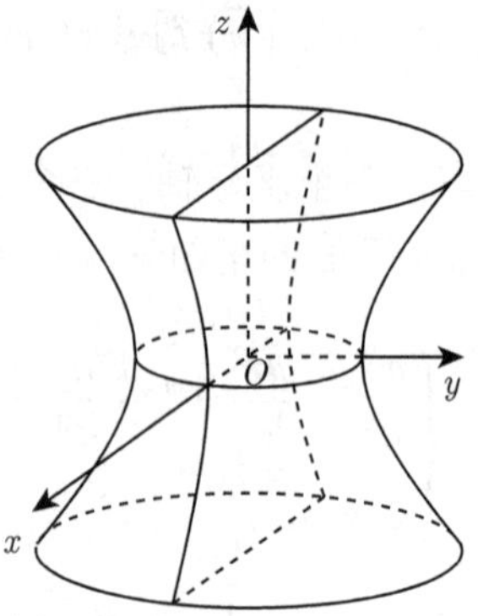

图 3.11

单叶双曲面有参数方程

$$\begin{cases} x = a\sec\varphi\cos\theta, \\ y = b\sec\varphi\sin\theta, \\ z = c\tan\varphi, \end{cases}$$

其中参数 $0 \leqslant \theta < 2\pi, -\dfrac{\pi}{2} < \varphi < \dfrac{\pi}{2}$.

单叶双曲面 (3.11) 有如下性质.

(1) 压缩: 由曲面

$$\frac{x^2}{a^2} + \frac{y^2}{a^2} - \frac{z^2}{c^2} = 1 \tag{3.12}$$

做向 xz 平面的系数为 $\dfrac{b}{a}$ 的压缩得到, 其中曲面 (3.12) 是由 yz 平面内的双曲线

$$\begin{cases} \dfrac{y^2}{a^2} - \dfrac{z^2}{c^2} = 1, \\ x = 0 \end{cases}$$

绕虚轴 (z 轴) 旋转一周所生成的**旋转单叶双曲面**.

(2) 对称性: 关于坐标原点、三个坐标轴、三个坐标平面对称.

(3) 平面截线: 用平行于 xy 平面的平面 $z = h$ 与其相截得到椭圆

$$\begin{cases} \dfrac{x^2}{a^2} + \dfrac{y^2}{b^2} = 1 + \dfrac{h^2}{c^2}, \\ z = h, \end{cases}$$

当 $h=0$ 时, 得到的椭圆最小, 称为**腰椭圆**. 整个曲面位于柱面 $\frac{x^2}{a^2}+\frac{y^2}{b^2}=1$ 的外部, 只有腰椭圆在此柱面上.

用平行于 yz 平面的平面 $x=h$ 与其相截一般情况下得到的是双曲线

$$\begin{cases}\frac{y^2}{b^2}-\frac{z^2}{c^2}=1-\frac{h^2}{a^2},\\ x=h,\end{cases}$$

但在平面 $x=h$ 平行移动的过程中, 所得到的双曲线会有实轴与虚轴的互换, 这中间就出现了两对相交直线:

$$\begin{cases}\frac{y^2}{b^2}-\frac{z^2}{c^2}=0,\\ x=a\end{cases} \text{和} \quad \begin{cases}\frac{y^2}{b^2}-\frac{z^2}{c^2}=0,\\ x=-a.\end{cases}$$

(4) 直纹性: 单叶双曲面是直纹面.

单叶双曲面 (3.11) 是由旋转单叶双曲面 (3.12) 做向 xz 平面的系数为 $\frac{b}{a}$ 的压缩得到的. 由例 3.2.10 知, (3.12) 是由一条直线绕与它异面且不垂直的另一条直线旋转得到的, 它是一个直纹面. 直线的压缩像还是直线, 于是 (3.12) 的压缩像单叶双曲面 (3.11) 也是直纹面.

下面我们具体分析一下单叶双曲面的直纹性. 首先考虑旋转单叶双曲面

$$S_0: x^2+y^2-z^2=1,$$

它是由直线

$$l_0: \begin{cases}x=1,\\ y=z\end{cases} \quad \text{或} \quad l_0': \begin{cases}x=1,\\ y=-z\end{cases}$$

绕 z 轴旋转一周所生成的曲面.

记 l_θ, l_θ' 分别是 l_0, l_0' 绕 z 轴旋转 θ 角所得到的直线. 不难看出, 它们都经过点 $(\cos\theta, \sin\theta, 0)$, 方向向量分别为 $(-\sin\theta, \cos\theta, 1)$, $(\sin\theta, -\cos\theta, 1)$, 于是有参数方程

$$l_\theta: \begin{cases}x=\cos\theta-t\sin\theta,\\ y=\sin\theta+t\cos\theta,\\ z=t,\end{cases} \quad l_\theta': \begin{cases}x=\cos\theta+t\sin\theta,\\ y=\sin\theta-t\cos\theta,\\ z=t.\end{cases}$$

通过图形压缩, 可知单叶双曲面

$$S:\frac{x^2}{a^2}+\frac{y^2}{b^2}-\frac{z^2}{c^2}=1$$

上有两族直母线 $I=\{L_\theta|0\leqslant\theta<2\pi\}$ 和 $I'=\{L'_\theta|0\leqslant\theta<2\pi\}$, 它们分别有参数方程

$$L_\theta:\begin{cases}x=a\cos\theta-at\sin\theta,\\ y=b\sin\theta+bt\cos\theta,\\ z=ct,\end{cases}\qquad L'_\theta:\begin{cases}x=a\cos\theta+at\sin\theta,\\ y=b\sin\theta-bt\cos\theta,\\ z=ct.\end{cases}$$

I 和 I' 都可以构成单叶双曲面 S (图 3.12), 因此这两个方程也是 S 的参数方程, 参数 $t\in\mathbb{R},0\leqslant\theta<2\pi$.

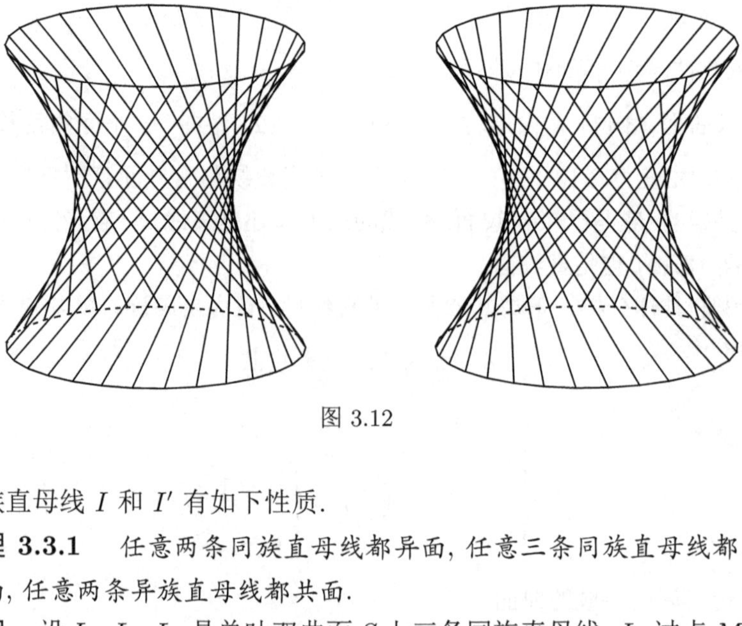

图 3.12

两族直母线 I 和 I' 有如下性质.

定理 3.3.1　任意两条同族直母线都异面, 任意三条同族直母线都不平行于同一平面, 任意两条异族直母线都共面.

证明　设 L_1,L_2,L_3 是单叶双曲面 S 上三条同族直母线. L_i 过点 $M_i(a\cos\theta_i,b\sin\theta_i,0)$, 方向向量为 $\boldsymbol{u}_i=(-a\sin\theta_i,b\cos\theta_i,c)$, $i=1,2,3$. 由于

$$(\overrightarrow{M_1M_2},\boldsymbol{u}_1,\boldsymbol{u}_2)=\begin{vmatrix}a(\cos\theta_2-\cos\theta_1) & b(\sin\theta_2-\sin\theta_1) & 0\\ -a\sin\theta_1 & b\cos\theta_1 & c\\ -a\sin\theta_2 & b\cos\theta_2 & c\end{vmatrix}$$

$$=-abc((\cos\theta_1-\cos\theta_2)^2+(\sin\theta_1-\sin\theta_2)^2)\leqslant 0,$$

其中等号成立当且仅当 $\theta_1=\theta_2$, 所以 L_1 与 L_2 异面.

当 $\theta_1,\theta_2,\theta_3$ 不等时,

$$(\boldsymbol{u}_1,\boldsymbol{u}_2,\boldsymbol{u}_3)=\begin{vmatrix}-a\sin\theta_1 & b\cos\theta_1 & c\\ -a\sin\theta_2 & b\cos\theta_2 & c\\ -a\sin\theta_3 & b\cos\theta_3 & c\end{vmatrix}\neq 0.$$

所以 L_1,L_2,L_3 不平行于同一平面.

设 L_1' 和 L_2' 是单叶双曲面 S 上两条异族直母线, L_1' 过点 $M_1(a\cos\theta_1,b\sin\theta_1,0)$, 方向向量为 $\boldsymbol{u}_1=(-a\sin\theta_1,b\cos\theta_1,c)$. L_2' 过点 $M_2(a\cos\theta_2,b\sin\theta_2,0)$, 方向向量为 $\boldsymbol{u}_2=(a\sin\theta_2,-b\cos\theta_2,c)$. 由于

$$(\overrightarrow{M_1M_2},\boldsymbol{u}_1,\boldsymbol{u}_2)=\begin{vmatrix}a(\cos\theta_2-\cos\theta_1) & b(\sin\theta_2-\sin\theta_1) & 0\\ -a\sin\theta_1 & b\cos\theta_1 & c\\ a\sin\theta_2 & -b\cos\theta_2 & c\end{vmatrix}=0,$$

所以 L_1' 与 L_2' 共面. □

注 3.3.1 异族直母线 L_1' 与 L_2' 平行时有

$$-\frac{a\sin\theta_1}{a\sin\theta_2}=-\frac{b\cos\theta_1}{b\cos\theta_2}=\frac{c}{c}=1,$$

故 $\sin\theta_1=-\sin\theta_2,\cos\theta_1=-\cos\theta_2$, 从而 $|\theta_1-\theta_2|=\pi$.

推论 3.3.2 对于单叶双曲面 S 上每一点, I 和 I' 中都恰好有一条直母线经过它.

命题 3.3.3 单叶双曲面 S 上的直线都在 I 或 I' 中.

证明 设 L 是单叶双曲面 S 上的一条直线. 由于和 xy 平面平行的平面与 S 的交线是椭圆, 而椭圆是放不下直线的, 所以 L 一定与 xy 平面相交, 且交点在腰椭圆上, 可设其坐标为 $(a\cos\theta,b\sin\theta,0)$.

设 L 的方向向量为 $\boldsymbol{u}=(k,m,n)$, 那么对任意实数 t , 下式恒成立

$$\frac{(a\cos\theta+kt)^2}{a^2}+\frac{(b\sin\theta+mt)^2}{b^2}-\frac{(nt)^2}{c^2}=1.$$

将它看作关于 t 的方程, 有无穷多解, 因此各项系数一定都是 0, 即

$$\begin{cases}\dfrac{k\cos\theta}{a}+\dfrac{m\sin\theta}{b}=0,\\ \dfrac{k^2}{a^2}+\dfrac{m^2}{b^2}-\dfrac{n^2}{c^2}=0,\end{cases}$$

解得 $\boldsymbol{u}$ 平行于 $(-a\sin\theta, b\cos\theta, c)$ 或 $(a\sin\theta, -b\cos\theta, c)$, 说明 L 在 I 或 I' 中. □

例 3.3.2　求过单叶双曲面 $S: \dfrac{x^2}{a^2}+\dfrac{y^2}{b^2}-\dfrac{z^2}{c^2}=1$ 上的点 $M(x,y,z)$ 的直母线的方向.

解　设过点 $M(x,y,z)$ 的一条直母线为 L_θ, 于是存在实数 t, 使得

$$\begin{cases} x = a\cos\theta - at\sin\theta, \\ y = b\sin\theta + bt\cos\theta, \\ z = ct, \end{cases}$$

解得

$$\sin\theta = \frac{ay-btx}{ab(1+t^2)}, \quad \cos\theta = \frac{bx+aty}{ab(1+t^2)}.$$

将 $t=\dfrac{z}{c}$ 代入可得

$$-a\sin\theta = \frac{bx\dfrac{z}{c}-ay}{b\left(1+\dfrac{z^2}{c^2}\right)} = \frac{c(bxz-acy)}{b(c^2+z^2)},$$

$$b\cos\theta = \frac{bx+ay\dfrac{z}{c}}{a\left(1+\dfrac{z^2}{c^2}\right)} = \frac{c(bcx+ayz)}{a(c^2+z^2)}.$$

故直母线方向为

$$\left(\frac{c(bxz-acy)}{b(c^2+z^2)}, \frac{c(bcx+ayz)}{a(c^2+z^2)}, c\right).$$

同理可得过点 M 的另一条直母线方向为

$$\left(\frac{c(bxz+acy)}{b(c^2+z^2)}, \frac{c(ayz-bcx)}{a(c^2+z^2)}, c\right).$$

□

例 3.3.3　求与单叶双曲面 $\alpha x^2+\beta y^2-\gamma z^2=1(\alpha,\beta,\gamma>0)$ 交于圆周的平面.

解　不妨设 $\alpha>\beta$. 考虑两个相交平面

$$(\alpha-\beta)x^2-(\beta+\gamma)z^2=0$$

与单叶双曲面的交, 方程为

$$\begin{cases}(\alpha-\beta)x^2-(\beta+\gamma)z^2=0,\\ \alpha x^2+\beta y^2-\gamma z^2=1,\end{cases}$$

它等价于

$$\begin{cases}(\alpha-\beta)x^2-(\beta+\gamma)z^2=0,\\ \beta x^2+\beta y^2+\beta z^2=1,\end{cases}$$

表示两个圆周. □

3.3.4 双叶双曲面

一个图形如果在某个空间直角坐标系中有形如

$$\frac{x^2}{a^2}+\frac{y^2}{b^2}-\frac{z^2}{c^2}=-1,\quad a,b,c>0 \tag{3.13}$$

的方程, 就称为**双叶双曲面** (图 3.13).

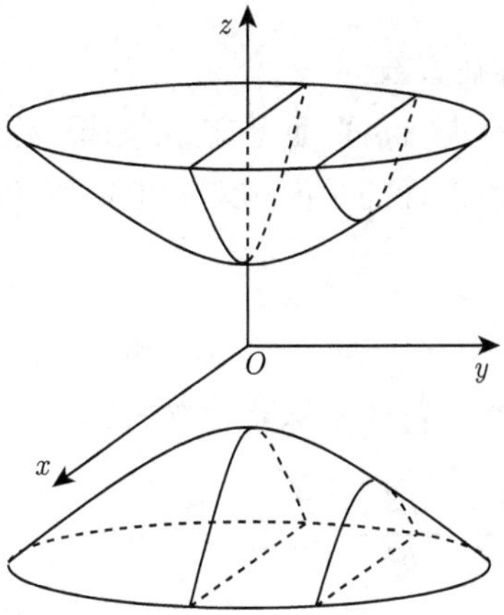

图 3.13

双叶双曲面 (3.13) 有如下性质.

(1) 压缩: 由曲面

$$\frac{x^2}{a^2}+\frac{y^2}{a^2}-\frac{z^2}{c^2}=-1 \tag{3.14}$$

做向 xz 平面的系数为 $\frac{b}{a}$ 的压缩得到, 其中曲面 (3.14) 是由 yz 平面内的双曲线

$$\begin{cases} \frac{y^2}{a^2}-\frac{z^2}{c^2}=-1, \\ x=0 \end{cases}$$

绕实轴 (z 轴) 旋转得到的**旋转双叶双曲面**.

(2) 对称性: 关于坐标原点、三个坐标轴、三个坐标平面对称.

(3) 平面截线: 用平行于 xy 平面的平面 $z=h(|h|>c)$ 与其相截得到椭圆

$$\begin{cases} \frac{x^2}{a^2}+\frac{y^2}{b^2}=\frac{h^2}{c^2}-1, \\ z=h. \end{cases}$$

当 $|h|<c$ 时无交点, 因此双叶双曲面是不连通的, 分为两支.

用平行于 xz 平面的平面 $y=h$ 与其相截得到双曲线

$$\begin{cases} \frac{x^2}{a^2}-\frac{z^2}{c^2}=-\frac{h^2}{b^2}-1, \\ y=h. \end{cases}$$

(4) 双叶双曲面上不存在直线.

由于双叶双曲面 (3.13) 与 xy 平面无交点, 如果其上存在直线, 则该直线必与 xy 平面平行, 但与 xy 平面平行的平面与双叶双曲面 (3.13) 的交都是椭圆, 椭圆上是不存在直线的.

3.3.5　二次锥面

一个图形如果在某个空间直角坐标系中有形如

$$\frac{x^2}{a^2}+\frac{y^2}{b^2}-\frac{z^2}{c^2}=0, \quad a,b,c>0 \tag{3.15}$$

的方程, 就称为**二次锥面** (图 3.14).

二次锥面有参数方程

$$\begin{cases} x=at\cos\theta, \\ y=bt\sin\theta, \\ z=ct, \end{cases}$$

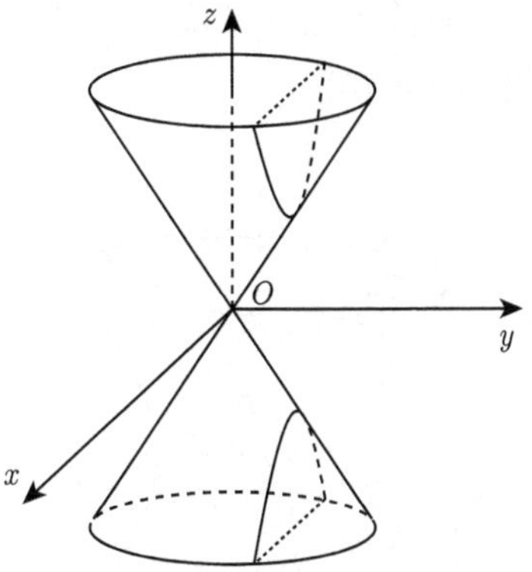

图 3.14

其中参数 $t \in \mathbb{R}, 0 \leqslant \theta < 2\pi$.

二次锥面 (3.15) 有如下性质.

(1) 压缩: 由圆锥面 $x^2+y^2-z^2=0$ 分别做向 xy 平面、yz 平面、xz 平面的系数为 c, a, b 的压缩得到.

(2) 对称性: 关于坐标原点、三个坐标轴、三个坐标平面对称.

(3) 平面截线: 用平行于 xy 平面的平面 $z=h$ 与其相截得到椭圆或一点

$$\begin{cases}\dfrac{x^2}{a^2}+\dfrac{y^2}{b^2}=\dfrac{h^2}{c^2}, \\ z=h.\end{cases}$$

用平行于 xz 平面的平面 $y=h$ 与其相截得到双曲线或一对相交直线

$$\begin{cases}\dfrac{x^2}{a^2}-\dfrac{z^2}{c^2}=-\dfrac{h^2}{b^2}, \\ y=h.\end{cases}$$

在平面上, 我们把 $\dfrac{x^2}{a^2}-\dfrac{y^2}{b^2}=\pm 1$ 称为**共轭的双曲线**, 称 $\dfrac{x^2}{a^2}-\dfrac{y^2}{b^2}=0$ 为它们的渐近线. 现在我们把

$$\frac{x^2}{a^2}+\frac{y^2}{b^2}-\frac{z^2}{c^2}=\pm 1$$

称为**共轭的双曲面**, 把二次锥面

$$\frac{x^2}{a^2}+\frac{y^2}{b^2}-\frac{z^2}{c^2}=0$$

称为它们的**渐近锥面**, 渐近锥面位于这对共轭的双曲面之间, 随着 $|z|$ 的增大, 渐近锥面与双曲面越来越接近 (图 3.15).

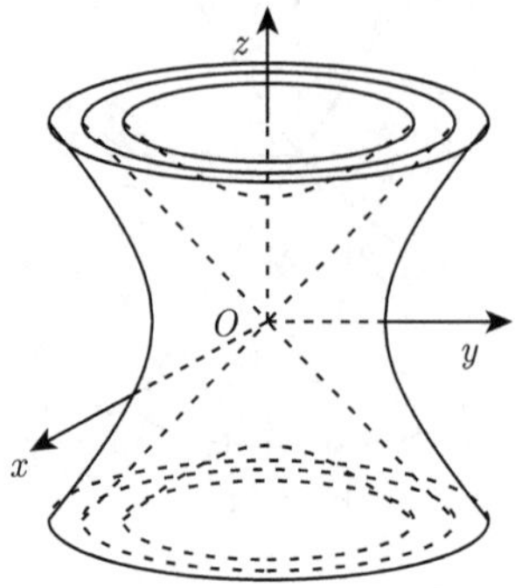

图 3.15

3.3.6 椭圆抛物面

一个图形如果在某个空间直角坐标系中有形如

$$\frac{x^2}{a^2}+\frac{y^2}{b^2}=2z, \quad a,b>0 \tag{3.16}$$

的方程, 就称为**椭圆抛物面** (图 3.16).

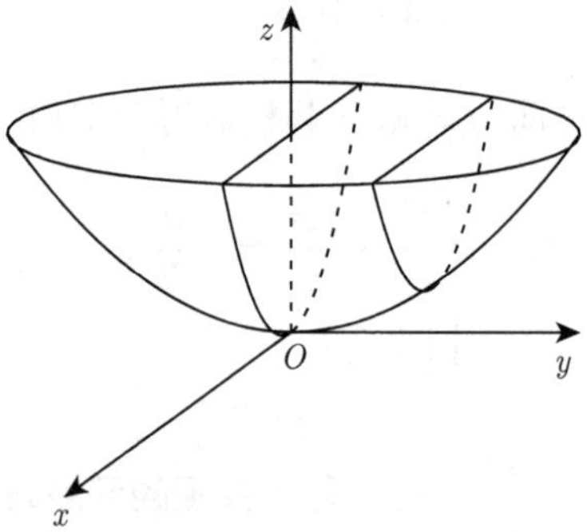

图 3.16

椭圆抛物面 (3.16) 有如下性质.

(1) 压缩: 由曲面

$$\frac{x^2}{a^2}+\frac{y^2}{a^2}=2z \tag{3.17}$$

做向 xz 平面的系数为 $\dfrac{b}{a}$ 的压缩得到, 其中曲面 (3.17) 是由 yz 平面内的抛物线

$$\begin{cases} \dfrac{y^2}{a^2} = 2z, \\ x = 0 \end{cases}$$

绕对称轴 (z 轴) 旋转得到的**旋转抛物面**.

(2) 对称性: 关于 xz 平面、yz 平面、z 轴对称.

(3) 平面截线: 用平行于 xy 平面的平面 $z = h(h > 0)$ 与其相截得到椭圆

$$\begin{cases} \dfrac{x^2}{a^2} + \dfrac{y^2}{b^2} = 2h, \\ z = h. \end{cases}$$

用平行于 xz 平面的平面 $y = h$ 与其相截得到抛物线

$$\begin{cases} \dfrac{x^2}{a^2} = 2z - \dfrac{h^2}{b^2}, \\ y = h. \end{cases}$$

这族抛物线开口方向和大小形状都是相同的, 顶点为 $\left(0, h, \dfrac{h^2}{2b^2}\right)$, 顶点的轨迹是抛物线

$$\begin{cases} \dfrac{y^2}{b^2} = 2z, \\ x = 0. \end{cases}$$

故椭圆抛物面 (3.16) 可看作将抛物线

$$\begin{cases} \dfrac{x^2}{a^2} = 2z, \\ y = 0 \end{cases}$$

做顶点约束在抛物线

$$\begin{cases} \dfrac{y^2}{b^2} = 2z, \\ x = 0 \end{cases}$$

上的平行移动得到的.

3.3.7 双曲抛物面

一个图形如果在某个空间直角坐标系中有形如

$$\frac{x^2}{a^2}-\frac{y^2}{b^2}=2z, \quad a,b>0 \tag{3.18}$$

的方程, 就称为**双曲抛物面** (图 3.17).

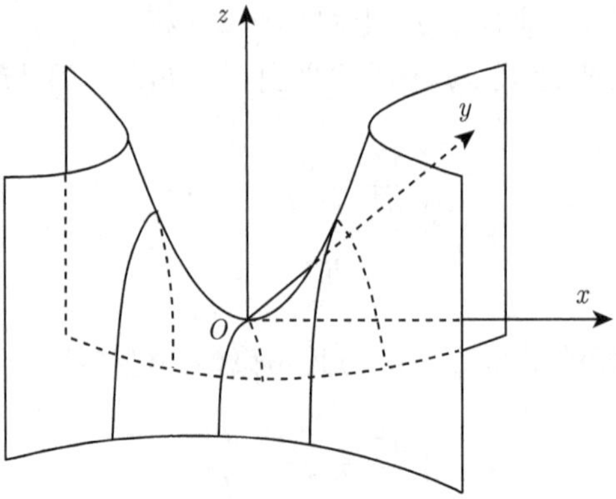

图 3.17

双曲抛物面 (3.18) 有如下性质.

(1) 对称性: 关于 xz 平面、yz 平面、z 轴对称.

(2) 平面截线: 用平行于 xy 平面的平面 $z=h$ 与其相截得到曲线

$$\begin{cases}\dfrac{x^2}{a^2}-\dfrac{y^2}{b^2}=2h,\\ z=h.\end{cases}$$

当 $h\neq 0$ 时, 上式是双曲线且在 h 变化的过程中会有实轴与虚轴的互换, 这中间就出现了一对相交直线

$$\begin{cases}y=\pm\dfrac{b}{a}x,\\ z=0.\end{cases}$$

用平行于 xz 平面的平面 $y=h$ 与其相截得到抛物线

$$\begin{cases}\dfrac{x^2}{a^2}=2z+\dfrac{h^2}{b^2},\\ y=h.\end{cases}$$

这族抛物线开口方向和大小形状都是相同的, 顶点为 $\left(0,h,-\dfrac{h^2}{2b^2}\right)$, 顶点的轨迹是抛物线

$$\begin{cases}\dfrac{y^2}{b^2}=-2z,\\ x=0,\end{cases}$$

故双曲抛物面 (3.18) 可看作将抛物线

$$\begin{cases}\dfrac{x^2}{a^2}=2z,\\ y=0\end{cases}$$

做顶点约束在抛物线

$$\begin{cases}\dfrac{y^2}{b^2}=-2z,\\ x=0\end{cases}$$

上的平行移动得到的. 从这种构造过程可见双曲抛物面的几何形象类似一个马鞍, 因此又称双曲抛物面为**马鞍面**.

(3) 直纹性: 双曲抛物面是直纹面.

首先双曲抛物面 $S:\dfrac{x^2}{a^2}-\dfrac{y^2}{b^2}=2z$ 的方程可改写成

$$\left(\frac{x}{a}+\frac{y}{b}\right)\left(\frac{x}{a}-\frac{y}{b}\right)=2z,$$

易知平面 $\dfrac{x}{a}+\dfrac{y}{b}=2k$ 和 $\dfrac{x}{a}-\dfrac{y}{b}=2k$ 分别与 S 交于直线

$$L_k:\begin{cases}\dfrac{x}{a}+\dfrac{y}{b}=2k,\\ k\left(\dfrac{x}{a}-\dfrac{y}{b}\right)=z,\end{cases}\qquad L_k':\begin{cases}\dfrac{x}{a}-\dfrac{y}{b}=2k,\\ k\left(\dfrac{x}{a}+\dfrac{y}{b}\right)=z,\end{cases}$$

可见直线族 $I=\{L_k|k\in\mathbb{R}\}$ 和 $I'=\{L_k'|k\in\mathbb{R}\}$ 都可以构成双曲抛物面 S (图 3.18), 说明 S 是直纹面, I 和 I' 是它的两族直母线.

图 3.18

直母线有参数方程

$$L_k:\begin{cases}x=ak+at,\\y=bk-bt,\\z=2kt,\end{cases}\quad L_k':\begin{cases}x=ak+at,\\y=-bk+bt,\\z=2kt.\end{cases}$$

两族直母线 I 和 I' 有如下性质.

定理 3.3.2　两条异族直母线必相交, 同族直母线异面但平行于同一平面.

证明类似于单叶双曲面的情形, 留作习题.

推论 3.3.3　对于双曲抛物面 S 上每一点, I 和 I' 中都恰好有一条直母线经过它.

命题 3.3.4　双曲抛物面 S 上的直线都在 I 或 I' 中.

证明　设 L 是双曲抛物面 S 上的一条直线.

如果 L 平行于 xy 平面, 则 L 是 L_0 或 L_0'.

如果 L 不平行于 xy 平面, 可设它与 xy 平面的交点为 $M_0(x_0,y_0,0)$, 该点满足 $\dfrac{x_0^2}{a^2}-\dfrac{y_0^2}{b^2}=0$, 于是存在实数 k 使得

$$(x_0,y_0,0)=(ak,bk,0) \text{ 或 } (ak,-bk,0).$$

设 L 的方向向量为 $\boldsymbol{u}=(p,m,n)$, 那么对任意实数 t, 下式恒成立

$$\frac{(x_0+pt)^2}{a^2}-\frac{(y_0+mt)^2}{b^2}=2nt,$$

将它看作关于 t 的方程, 有无穷多解, 因此各项系数一定都是 0, 即

$$\begin{cases}\dfrac{px_0}{a^2}-\dfrac{my_0}{b^2}=n,\\[2mm]\dfrac{p^2}{a^2}-\dfrac{m^2}{b^2}=0,\end{cases}$$

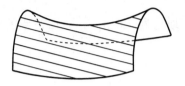

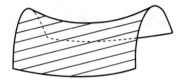

解得当 $(x_0,y_0,0)=(ak,bk,0)$ 时, $\boldsymbol{u}$ 平行于 $(a,-b,2k)$, 说明 L 在 I 中; 当 $(x_0,y_0,0)=(ak,-bk,0)$ 时, $\boldsymbol{u}$ 平行于 $(a,b,2k)$, 说明 L 在 I' 中. □

注 3.3.2 单叶双曲面与双曲抛物面虽然都是直纹面, 但它们在性质上有很大的差别,

(1) 单叶双曲面上存在平行的直母线, 双曲抛物面上任何两条直母线都不平行;

(2) 双曲抛物面上同族的直母线平行于同一平面, 而单叶双曲面的任何三条同族直母线都不平行于同一平面.

本节所讨论的二次曲面中, 只有二次锥面、单叶双曲面和双曲抛物面是直纹面. 事实上, 在下一章中我们会通过代数计算列出二次曲面的全部类型, 从中可以看出二次曲面中非平面性的直纹面只有二次柱面、二次锥面、单叶双曲面和双曲抛物面, 进一步就可以利用直母线性质上的差别来区分它们.

习题 3.3

1. 已知 $ax^2+by^2+cz^2+d=0$ 是椭球面, $ax^2+by^2+cz^2+d-s(x^2+y^2+z^2+t)=0$ 是两个平面. 证明如果它们相交, 则交线是两个圆周.

2. 求满足下列条件的二次曲面的方程:

(1) 关于三个坐标轴都对称, 并且经过点 $(1,2,\sqrt{11})$ 和曲线 $\begin{cases}\dfrac{x^2}{4}+\dfrac{y^2}{9}=1,\\ z=0\end{cases}$ 的椭球面;

(2) 顶点是原点, 关于 xy 平面和 yz 平面都对称, 并且经过点 $(2,5,-2)$ 和 $(1,2,2)$ 的椭圆抛物面;

(3) 关于三个坐标平面都对称, 并且经过曲线 $\begin{cases}\dfrac{y^2}{16}-\dfrac{x^2}{9}=1,\\ z=0\end{cases}$ 和 $\begin{cases}\dfrac{y^2}{32}+\dfrac{z^2}{8}=1,\\ x=-3\end{cases}$ 的单叶双曲面.

3. 将抛物线 $\begin{cases}x^2=2pz,\\ y=0\end{cases}$ 做平行移动, 移动时所在平面始终与 y 轴垂直, 且顶点滑过整个曲线 $\begin{cases}y^2=-2qz,\\ x=0,\end{cases}$ 求所得轨迹的方程.

4. 分别写出双叶双曲面和椭圆抛物面的一种参数方程.

5. 证明二次锥面是直纹面, 并指出它的所有直母线.

6. 求单叶双曲面 $\dfrac{x^2}{4}+\dfrac{y^2}{9}-z^2=1$ 上经过点 $(2,-3,1)$ 的直母线的方程.

7. 求双曲抛物面 $\dfrac{x^2}{16}-\dfrac{y^2}{4}=2z$ 上平行于平面 $3x+2y-4z-1=0$ 的直母线的方程.

8. 证明单叶双曲面 $x^2+y^2-z^2=1$ 的正交直母线交点的轨迹是一个圆周.

9. 证明双曲抛物面 $\frac{x^2}{a^2}-\frac{y^2}{b^2}=2z\ (a\neq b)$ 的正交直母线交点的轨迹是一条双曲线.

10. 证明双曲抛物面上两条异族直母线必相交, 同族直母线异面但平行于同一平面.

11. 由椭球面 $\frac{x^2}{a^2}+\frac{y^2}{b^2}+\frac{z^2}{c^2}=1$ 的中心沿着单位向量 $(\cos\theta_1,\cos\theta_2,\cos\theta_3)$ 引一射线交椭球面于点 M, 记 $r=|\overrightarrow{OM}|$, 证明

$$\frac{1}{r^2}=\frac{\cos^2\theta_1}{a^2}+\frac{\cos^2\theta_2}{b^2}+\frac{\cos^2\theta_3}{c^2}.$$

12. 求与下列三条直线都共面的直线所构成的图形的方程

$$L_1:\begin{cases}y-1=0,\\x+2z=0,\end{cases}\quad L_2:\begin{cases}y-z=0,\\x-2=0,\end{cases}\quad L_3:\frac{x}{2}=\frac{y+1}{0}=\frac{z}{1}.$$

13. 证明如果直线 L 与二次曲面 S 的交点多于两个, 则 L 在 S 上.

14. 选取适当的坐标系, 求下列轨迹的方程, 进而说明轨迹的类型.

(1) 到两定点距离之差等于常数的点的轨迹;

(2) 到一定点和一定平面 (定点不在定平面上) 距离之比等于常数的点的轨迹.

15. 设 L_1 和 L_2 是两条异面直线, 求分别过 L_1 和 L_2 并且互相垂直的平面的交线的轨迹.

3.4　二次曲面的切平面

设在一个空间直角坐标系中, 二次曲面 S 有一般方程

$$\begin{aligned}F(x,y,z)=&a_{11}x^2+a_{22}y^2+a_{33}z^2+2a_{12}xy+2a_{13}xz\\&+2a_{23}yz+2a_{14}x+2a_{24}y+2a_{34}z+a_{44}=0.\end{aligned}$$

用矩阵表示有

$$F(x,y,z)=(x\ y\ z\ 1)\begin{pmatrix}a_{11}&a_{12}&a_{13}&a_{14}\\a_{12}&a_{22}&a_{23}&a_{24}\\a_{13}&a_{23}&a_{33}&a_{34}\\a_{14}&a_{24}&a_{34}&a_{44}\end{pmatrix}\begin{pmatrix}x\\y\\z\\1\end{pmatrix}=0.\tag{3.19}$$

为方便起见, 引入符号

$$\begin{pmatrix}F_1(x,y,z)\\F_2(x,y,z)\\F_3(x,y,z)\\F_4(x,y,z)\end{pmatrix}=\begin{pmatrix}a_{11}&a_{12}&a_{13}&a_{14}\\a_{12}&a_{22}&a_{23}&a_{24}\\a_{13}&a_{23}&a_{33}&a_{34}\\a_{14}&a_{24}&a_{34}&a_{44}\end{pmatrix}\begin{pmatrix}x\\y\\z\\1\end{pmatrix},$$

则

$$F(x,y,z)=xF_1(x,y,z)+yF_2(x,y,z)+zF_3(x,y,z)+F_4(x,y,z).$$

首先来研究一下直线与二次曲面的位置关系.

设直线 L 经过点 $M_0(x_0,y_0,z_0)$, 方向向量为 $\boldsymbol{u}=(X,Y,Z)$, 则有参数方程

$$\begin{cases} x=x_0+tX, \\ y=y_0+tY, \\ z=z_0+tZ. \end{cases} \tag{3.20}$$

要讨论直线 L 与二次曲面 S 的相交情形, 只需将 L 上点坐标 (3.20) 代入 S 的方程 (3.19) 中, 整理后得到关于 t 的二次方程:

$$\Phi(X,Y,Z)t^2+2[XF_1(x_0,y_0,z_0)+YF_2(x_0,y_0,z_0)$$
$$+ZF_3(x_0,y_0,z_0)]t+F(x_0,y_0,z_0)=0,$$

其中

$$\Phi(X,Y,Z)=(X\ Y\ Z)\begin{pmatrix} a_{11} & a_{12} & a_{13} \\ a_{12} & a_{22} & a_{23} \\ a_{13} & a_{23} & a_{33} \end{pmatrix}\begin{pmatrix} X \\ Y \\ Z \end{pmatrix}.$$

记向量

$$\boldsymbol{F}(x_0,y_0,z_0)=(F_1(x_0,y_0,z_0),F_2(x_0,y_0,z_0),F_3(x_0,y_0,z_0)).$$

则上述二次方程可写成

$$\Phi(X,Y,Z)t^2+2(\boldsymbol{F}(x_0,y_0,z_0)\cdot\boldsymbol{u})t+F(x_0,y_0,z_0)=0,$$

称其为直线 L 与二次曲面 S 的**相交方程**, 判别式

$$\Delta=4[(\boldsymbol{F}(x_0,y_0,z_0)\cdot\boldsymbol{u})^2-\Phi(X,Y,Z)F(x_0,y_0,z_0)].$$

直线 L 与二次曲面 S 的位置关系可以通过它们的相交方程来判断:

(1) 当 $\Phi(X,Y,Z)\neq 0$, $\Delta>0$ 时, L 与 S 有两个不同的交点;

(2) 当 $\Phi(X,Y,Z)\neq 0$, $\Delta=0$ 时, L 与 S 有两个重合的交点;

(3) 当 $\Phi(X,Y,Z)\neq 0$, $\Delta<0$ 时, L 与 S 没有交点;

(4) 当 $\Phi(X,Y,Z)=0$, $\boldsymbol{F}(x_0,y_0,z_0)\cdot\boldsymbol{u}\neq 0$ 时, L 与 S 有一个交点;

(5) 当 $\Phi(X,Y,Z)=\boldsymbol{F}(x_0,y_0,z_0)\cdot\boldsymbol{u}=0$, $F(x_0,y_0,z_0)\neq 0$ 时, L 与 S 没有交点;

(6) 当 $\Phi(X,Y,Z)=\boldsymbol{F}(x_0,y_0,z_0)\cdot\boldsymbol{u}=F(x_0,y_0,z_0)=0$ 时, L 在 S 上.

在这些情形中, 我们最熟悉和感兴趣的是二次曲面的切线, 即 (2) 和 (6).

定义 3.4.1　直线 L 与二次曲面 S 交于两个重合的点时, 称 L 为 S 的**切线**, 交点称为**切点**. 另外, 当 L 在 S 上时, 我们也称 L 为 S 的切线.

接下来考虑经过二次曲面上一点的所有切线构成的图形. 首先根据相交方程, 切线有如下判别条件.

引理 3.4.1　设直线 L 经过二次曲面 S 上一点 $M_0(x_0,y_0,z_0)$, 方向向量为 $\boldsymbol{u}=(X,Y,Z)$, 则 L 是 S 的切线当且仅当

$$\boldsymbol{F}(x_0,y_0,z_0)\cdot\boldsymbol{u}=0.$$

当 $\boldsymbol{F}(x_0,y_0,z_0)\neq\boldsymbol{0}$ 时, M_0 处的切线都与 $\boldsymbol{F}(x_0,y_0,z_0)$ 垂直; 反之, 经过 M_0 且与 $\boldsymbol{F}(x_0,y_0,z_0)$ 垂直的直线都是 S 的切线. 说明经过点 M_0 的所有切线恰好构成一个平面, 称其为 S 在 M_0 点处的**切平面**, 称 M_0 为该切平面的**切点**, 称这样的点 M_0 为 S 的**非奇异点**.

切平面以 $\boldsymbol{F}(x_0,y_0,z_0)$ 为法向量, 于是有方程

$$(x-x_0)F_1(x_0,y_0,z_0)+(y-y_0)F_2(x_0,y_0,z_0)+(z-z_0)F_3(x_0,y_0,z_0)=0,$$

亦可写成

$$xF_1(x_0,y_0,z_0)+yF_2(x_0,y_0,z_0)+zF_3(x_0,y_0,z_0)+F_4(x_0,y_0,z_0)=0.$$

当 $\boldsymbol{F}(x_0,y_0,z_0)=\boldsymbol{0}$ 时, 称 M_0 为 S 的**奇异点**. 经过 M_0 的任意一条直线都是 S 的切线. 例如, 二次锥面的锥顶就是它的唯一奇异点, 过锥顶的直线都是二次锥面的切线.

注 3.4.1　借助多元函数的偏导数, 切平面的法向量可写成

$$\boldsymbol{F}(x_0,y_0,z_0)=\frac{1}{2}\left(\frac{\partial F}{\partial x}(x_0,y_0,z_0),\frac{\partial F}{\partial y}(x_0,y_0,z_0),\frac{\partial F}{\partial z}(x_0,y_0,z_0)\right).$$

这与空间中一般曲面的切平面情况是一致的. 本节是针对二次曲面方程的特殊性, 绕过偏导数, 从它与直线的相交方程出发, 介绍了非奇异点处切平面的结构. 空间中一般曲面的切平面, 可在学习多元函数微分学之后, 进一步去了解, 那时可将二次曲面作为典型例子, 便于推广.

定义 3.4.2　设点 M_0 是二次曲面 S 的非奇异点, 称经过 M_0 且与该点处切平面垂直的直线为 S 的**法线**.

显然, S 在非奇异点 $M_0(x_0,y_0,z_0)$ 处的法线有方程

$$\frac{x-x_0}{F_1(x_0,y_0,z_0)}=\frac{y-y_0}{F_2(x_0,y_0,z_0)}=\frac{z-z_0}{F_3(x_0,y_0,z_0)}.$$

例 3.4.1 求二次曲面

$$4x^2+6y^2+4z^2+4xz-8y-4z+3=0$$

的切平面, 使得它平行于平面 $x+2y+5=0$.

解 设所求切平面的切点为 $M_0(x_0,y_0,z_0)$, 则切平面的方程为

$$(4x_0+2z_0)x+(6y_0-4)y+(2x_0+4z_0-2)z+(-4y_0-2z_0+3)=0.$$

由于切平面与平面 $x+2y+5=0$ 平行, 所以

$$\frac{4x_0+2z_0}{1}=\frac{6y_0-4}{2}, \tag{3.21}$$

$$2x_0+4z_0-2=0, \tag{3.22}$$

又 M_0 在曲面上, 故

$$4x_0^2+6y_0^2+4z_0^2+4x_0z_0-8y_0-4z_0+3=0. \tag{3.23}$$

由 (3.21)—(3.23) 式解出切点坐标为 $\left(-\frac{2}{3},\frac{1}{3},\frac{5}{6}\right)$ 或 $\left(0,1,\frac{1}{2}\right)$. 代回可得切平面的方程为

$$x+2y=0 \text{ 或 } x+2y-2=0.$$ □

习题 3.4

1. 证明过单叶双曲面上一点的两条直母线所决定的平面是该点处的切平面.

2. 已知椭球面 $\frac{x^2}{a^2}+\frac{y^2}{b^2}+\frac{z^2}{c^2}=1$ 上任意一点处的法线都通过原点, 试问 a,b,c 应该满足什么条件.

3. 证明空间中两个相交平面的所有奇异点构成它们的交线.

4. 求二次曲面

$$2x^2+5y^2+2z^2-2xy+6yz-4x-y-2z=0$$

的经过直线

$$\begin{cases}4x-5y=0,\\ z-1=0\end{cases}$$

的切平面方程.

第 4 章 二次曲线和二次曲面的分类

在空间中, 可以建立很多不同的仿射坐标系. 选取不同的坐标系, 点的坐标是不同的, 从而图形的方程也不相同. 例如我们前面讨论椭球面、单叶双曲面、双叶双曲面、二次锥面、椭圆抛物面和双曲抛物面等二次曲面时, 就是在特殊的直角坐标系中进行的, 而在一般的仿射坐标系中, 这些曲面的方程就不再是那么简单的标准方程了. 自然产生了这样的两个问题:

(1) 对于给定的图形, 在不同的仿射坐标系中, 它的方程之间有什么关系, 从方程能得到图形哪些在任何坐标系中都不变的属性?

(2) 如何选取一个恰当的坐标系使得这个图形的方程最简单?

基于这两个问题, 4.1 节首先讨论了一般的仿射坐标变换, 即分析了不同仿射坐标系之间点、向量和图形的坐标变换公式, 后面几节针对二次曲线和二次曲面, 利用坐标变换的理论讨论了如何寻找适当的坐标系使得这些图形的方程最简单, 并且依据这些最简方程的形式指出了二次曲线和二次曲面的全部类型, 同时还介绍了它们的一些不变量.

4.1 仿射坐标变换

在空间中取定两个仿射坐标系 $I[O;\boldsymbol{e}_1,\boldsymbol{e}_2,\boldsymbol{e}_3]$ 和 $I'[O';\boldsymbol{e}_1',\boldsymbol{e}_2',\boldsymbol{e}_3']$. 一个点 (或向量) 在这两个坐标系中的坐标有什么关系; 另外, 一个图形在这两个坐标系中的方程如何互相转化, 这些是本节我们要讨论的问题.

4.1.1 向量的坐标变换公式

设向量 $\boldsymbol{\alpha}$ 在坐标系 I 和 I' 中的坐标分别为 (x,y,z) 和 (x',y',z'), 它们之间的关系直接是和两个坐标系之间的位置关系相关的.

设 $\boldsymbol{e}_1',\boldsymbol{e}_2',\boldsymbol{e}_3'$ 在 I 中的坐标依次为 $(c_{11},c_{21},c_{31}),(c_{12},c_{22},c_{32})$ 和 (c_{13},c_{23},c_{33}),

即

$$\begin{cases} \boldsymbol{e}_1' = c_{11}\boldsymbol{e}_1 + c_{21}\boldsymbol{e}_2 + c_{31}\boldsymbol{e}_3, \\ \boldsymbol{e}_2' = c_{12}\boldsymbol{e}_1 + c_{22}\boldsymbol{e}_2 + c_{32}\boldsymbol{e}_3, \\ \boldsymbol{e}_3' = c_{13}\boldsymbol{e}_1 + c_{23}\boldsymbol{e}_2 + c_{33}\boldsymbol{e}_3. \end{cases}$$

用矩阵表示为

$$(\boldsymbol{e}_1' \ \boldsymbol{e}_2' \ \boldsymbol{e}_3') = (\boldsymbol{e}_1 \ \boldsymbol{e}_2 \ \boldsymbol{e}_3)\boldsymbol{C},$$

其中

$$\boldsymbol{C} = \begin{pmatrix} c_{11} & c_{12} & c_{13} \\ c_{21} & c_{22} & c_{23} \\ c_{31} & c_{32} & c_{33} \end{pmatrix}.$$

我们有

$$\boldsymbol{\alpha} = x'\boldsymbol{e}_1' + y'\boldsymbol{e}_2' + z'\boldsymbol{e}_3' = (\boldsymbol{e}_1' \ \boldsymbol{e}_2' \ \boldsymbol{e}_3')\begin{pmatrix} x' \\ y' \\ z' \end{pmatrix} = (\boldsymbol{e}_1 \ \boldsymbol{e}_2 \ \boldsymbol{e}_3)\boldsymbol{C}\begin{pmatrix} x' \\ y' \\ z' \end{pmatrix},$$

又因为

$$\boldsymbol{\alpha} = x\boldsymbol{e}_1 + y\boldsymbol{e}_2 + z\boldsymbol{e}_3 = (\boldsymbol{e}_1 \ \boldsymbol{e}_2 \ \boldsymbol{e}_3)\begin{pmatrix} x \\ y \\ z \end{pmatrix},$$

故由坐标的唯一性可知

$$\begin{pmatrix} x \\ y \\ z \end{pmatrix} = \boldsymbol{C}\begin{pmatrix} x' \\ y' \\ z' \end{pmatrix}.$$

这就是从坐标系 I 到 I' 的**向量坐标变换公式**, 称矩阵 $\boldsymbol{C}$ 为从坐标系 I 到 I' 的**过渡矩阵**.

4.1.2 点的坐标变换公式

接下来我们讨论点的坐标变换公式. 设点 M 在坐标系 I 和 I' 中的坐标分别为 (x, y, z) 和 (x', y', z'), 即

$$\overrightarrow{OM} = x\boldsymbol{e}_1 + y\boldsymbol{e}_2 + z\boldsymbol{e}_3, \quad \overrightarrow{O'M} = x'\boldsymbol{e}_1' + y'\boldsymbol{e}_2' + z'\boldsymbol{e}_3'.$$

如果 O' 在 I 中的坐标为 (d_1, d_2, d_3), 即 $\overrightarrow{OO'} = d_1\boldsymbol{e}_1 + d_2\boldsymbol{e}_2 + d_3\boldsymbol{e}_3$, 则

$$\begin{aligned}
\overrightarrow{OM} &= \overrightarrow{O'M} + \overrightarrow{OO'} \\
&= (\boldsymbol{e}_1' \ \boldsymbol{e}_2' \ \boldsymbol{e}_3')\begin{pmatrix} x' \\ y' \\ z' \end{pmatrix} + (\boldsymbol{e}_1 \ \boldsymbol{e}_2 \ \boldsymbol{e}_3)\begin{pmatrix} d_1 \\ d_2 \\ d_3 \end{pmatrix} \\
&= (\boldsymbol{e}_1 \ \boldsymbol{e}_2 \ \boldsymbol{e}_3)\boldsymbol{C}\begin{pmatrix} x' \\ y' \\ z' \end{pmatrix} + (\boldsymbol{e}_1 \ \boldsymbol{e}_2 \ \boldsymbol{e}_3)\begin{pmatrix} d_1 \\ d_2 \\ d_3 \end{pmatrix} \\
&= (\boldsymbol{e}_1 \ \boldsymbol{e}_2 \ \boldsymbol{e}_3)\left(\boldsymbol{C}\begin{pmatrix} x' \\ y' \\ z' \end{pmatrix} + \begin{pmatrix} d_1 \\ d_2 \\ d_3 \end{pmatrix}\right),
\end{aligned}$$

再由坐标的唯一性可知

$$\begin{pmatrix} x \\ y \\ z \end{pmatrix} = \boldsymbol{C}\begin{pmatrix} x' \\ y' \\ z' \end{pmatrix} + \begin{pmatrix} d_1 \\ d_2 \\ d_3 \end{pmatrix},$$

这又等价于

$$\begin{pmatrix} x \\ y \\ z \\ 1 \end{pmatrix} = \begin{pmatrix} c_{11} & c_{12} & c_{13} & d_1 \\ c_{21} & c_{22} & c_{23} & d_2 \\ c_{31} & c_{32} & c_{33} & d_3 \\ 0 & 0 & 0 & 1 \end{pmatrix}\begin{pmatrix} x' \\ y' \\ z' \\ 1 \end{pmatrix}.$$

这两个都是从坐标系 I 到 I' 的**点坐标变换公式**.

4.1.3 图形的坐标变换公式

设曲面 S 在坐标系 I 中的方程为 $F(x, y, z) = 0$, 下面求 S 在坐标系 I' 中的方程. 如果空间中一点 M 在 I' 中的坐标为 (x', y', z'), 则它在 I 中的坐标为

$$\begin{pmatrix} x \\ y \\ z \end{pmatrix} = \boldsymbol{C}\begin{pmatrix} x' \\ y' \\ z' \end{pmatrix} + \begin{pmatrix} d_1 \\ d_2 \\ d_3 \end{pmatrix},$$

于是 M 在 S 上当且仅当

$$F(c_{11}x'+c_{12}y'+c_{13}z'+d_1, c_{21}x'+c_{22}y'+c_{23}z'+d_2, c_{31}x'+c_{32}y'+c_{33}z'+d_3)=0.$$

把上式左端记成 $G(x',y',z')$, 则 $G(x',y',z')=0$ 就是 S 在 I' 中的方程.

设曲线 Γ 在坐标系 I 中的方程为

$$\begin{cases} F_1(x,y,z)=0, \\ F_2(x,y,z)=0, \end{cases}$$

方程组中的两个方程各表示一个曲面, Γ 是它们的交线. 把这两个方程都用坐标变换转化为 I' 中的方程, 再联立就得到 Γ 在 I' 中的方程.

例 4.1.1 设从坐标系 I 到 I' 的过渡矩阵为

$$\boldsymbol{C}=\begin{pmatrix} 2 & 1 & 0 \\ 0 & 1 & -1 \\ 1 & 0 & 1 \end{pmatrix},$$

I' 中的原点 O' 在 I 中坐标为 $(1,-2,0)$.

(1) 设平面 π 在 I 中的方程为

$$3x+2y-z+2=0,$$

求 π 在 I' 中的方程;

(2) 设直线 L 在 I 中的方程为

$$\frac{x-1}{3}=\frac{y}{-2}=\frac{z-2}{1},$$

求 L 在 I' 中的方程.

解 从坐标系 I 到 I' 的点坐标变换公式为

$$\begin{pmatrix} x \\ y \\ z \end{pmatrix}=\begin{pmatrix} 2 & 1 & 0 \\ 0 & 1 & -1 \\ 1 & 0 & 1 \end{pmatrix}\begin{pmatrix} x' \\ y' \\ z' \end{pmatrix}+\begin{pmatrix} 1 \\ -2 \\ 0 \end{pmatrix}. \tag{4.1}$$

(1) 将 (4.1) 式代入平面 π 在 I 中的方程 $3x+2y-z+2=0$, 得 π 在 I' 中的方程

$$5x'+5y'-3z'+1=0.$$

(2) 在坐标系 I 中, 直线 L 过点 $M_0(1,0,2)$, 平行于向量 $\boldsymbol{u}=(3,-2,1)$. 设点 M_0 在 I' 中的坐标为 (x',y',z'), 代入点坐标变换公式 (4.1) 有

$$\begin{cases}2x'+y'+1=1,\\ y'-z'-2=0,\\ x'+z'=2,\end{cases}$$

解得 M_0 在 I' 中的坐标为 $(-4,8,6)$.

设向量 $\boldsymbol{u}$ 在 I' 中的坐标为 (x',y',z'), 代入向量坐标变换公式有

$$\begin{cases}2x'+y'=3,\\ y'-z'=-2,\\ x'+z'=1,\end{cases}$$

解得在 I' 中 $\boldsymbol{u}=(4,-5,-3)$.

综上可知 L 在 I' 中的方程为

$$\frac{x'+4}{4}=\frac{y'-8}{-5}=\frac{z'-6}{-3}.$$

□

4.1.4 过渡矩阵的性质

在坐标变换中至关重要的过渡矩阵有下面的性质.

命题 4.1.1 过渡矩阵 $\boldsymbol{C}$ 是可逆矩阵.

证明 由于坐标向量 $\boldsymbol{e}_1',\boldsymbol{e}_2',\boldsymbol{e}_3'$ 是不共面的, 所以混合积

$$(\boldsymbol{e}_1',\ \boldsymbol{e}_2',\ \boldsymbol{e}_3')=|\boldsymbol{C}|(\boldsymbol{e}_1,\ \boldsymbol{e}_2,\ \boldsymbol{e}_3)\neq 0,$$

故 $\boldsymbol{C}$ 是可逆矩阵. □

命题 4.1.2 设有三个仿射坐标系 $I[O;\boldsymbol{e}_1,\boldsymbol{e}_2,\boldsymbol{e}_3]$, $I'[O';\boldsymbol{e}_1',\boldsymbol{e}_2',\boldsymbol{e}_3']$ 和 $I''[O'';\boldsymbol{e}_1'',\boldsymbol{e}_2'',\boldsymbol{e}_3'']$, 从 I 到 I' 的过渡矩阵为 $\boldsymbol{C}$, 从 I' 到 I'' 的过渡矩阵为 $\boldsymbol{D}$, 则从 I 到 I'' 的过渡矩阵为 $\boldsymbol{CD}$.

证明 由过渡矩阵的定义知

$$(\boldsymbol{e}_1''\ \boldsymbol{e}_2''\ \boldsymbol{e}_3'')=(\boldsymbol{e}_1'\ \boldsymbol{e}_2'\ \boldsymbol{e}_3')\boldsymbol{D}=(\boldsymbol{e}_1\ \boldsymbol{e}_2\ \boldsymbol{e}_3)\boldsymbol{CD},$$

于是从 I 到 I'' 的过渡矩阵为 $\boldsymbol{CD}$. □

推论 4.1.1 如果从 I 到 I' 的过渡矩阵为 $\boldsymbol{C}$, 则从 I' 到 I 的过渡矩阵为 $\boldsymbol{C}^{-1}$.

例 4.1.2 已知仿射坐标系 I' 的三个坐标平面在仿射坐标系 I 中有方程

$$\begin{aligned} x'y' \text{ 平面}: &\quad x-2y+z+2=0, \\ y'z' \text{ 平面}: &\quad 3x+2y-2z+1=0, \\ x'z' \text{ 平面}: &\quad 2x+y-z-2=0, \end{aligned}$$

且 I 的原点 O 在 I' 中的坐标为 $(1,-4,-2)$, 求从 I 到 I' 的点坐标变换公式.

解 设从 I' 到 I 的过渡矩阵为 $\boldsymbol{D}=(d_{ij})_{3\times 3}$, 则从 I' 到 I 的点坐标变换公式为

$$\begin{cases} x'=d_{11}x+d_{12}y+d_{13}z+1, \\ y'=d_{21}x+d_{22}y+d_{23}z-4, \\ z'=d_{31}x+d_{32}y+d_{33}z-2, \end{cases}$$

于是 $y'z'$ 平面 (即 $x'=0$) 在 I 中的方程为 $d_{11}x+d_{12}y+d_{13}z+1=0$. 将它与 $3x+2y-2z+1=0$ 比较可得 $d_{11}=3,\ d_{12}=2,\ d_{13}=-2$. 类似地可求出 $d_{21}=4,\ d_{22}=2,\ d_{23}=-2,\ d_{31}=-1,\ \ d_{32}=2,\ \ d_{33}=-1$. 于是

$$\boldsymbol{D}=\begin{pmatrix} 3 & 2 & -2 \\ 4 & 2 & -2 \\ -1 & 2 & -1 \end{pmatrix}.$$

由从 I' 到 I 的点坐标变换公式

$$\begin{pmatrix} x' \\ y' \\ z' \end{pmatrix}=\boldsymbol{D}\begin{pmatrix} x \\ y \\ z \end{pmatrix}+\begin{pmatrix} 1 \\ -4 \\ -2 \end{pmatrix},$$

可解出从 I 到 I' 的点坐标变换公式为

$$\begin{pmatrix} x \\ y \\ z \end{pmatrix}=\boldsymbol{D}^{-1}\begin{pmatrix} x' \\ y' \\ z' \end{pmatrix}-\boldsymbol{D}^{-1}\begin{pmatrix} 1 \\ -4 \\ -2 \end{pmatrix}.$$

写成函数式有

$$\begin{cases} x = -x' + y' + 5, \\ y = -3x' + \dfrac{5}{2}y' + z' + 15, \\ z = -5x' + 4y' + z' + 23. \end{cases}$$ □

以上是空间中的坐标变换, 平面上的坐标变换更加简单. 平面上的向量坐标变换公式为

$$\begin{pmatrix} x \\ y \end{pmatrix} = \boldsymbol{C} \begin{pmatrix} x' \\ y' \end{pmatrix},$$

点坐标变换公式为

$$\begin{pmatrix} x \\ y \end{pmatrix} = \boldsymbol{C} \begin{pmatrix} x' \\ y' \end{pmatrix} + \begin{pmatrix} d_1 \\ d_2 \end{pmatrix},$$

其中过渡矩阵 $\boldsymbol{C}$ 是二阶可逆矩阵.

4.1.5 直角坐标变换

直角坐标系是一类特殊的仿射坐标系, 也是其中最重要且最常用的一种. 下面我们来分析一下直角坐标系之间的坐标变换.

设 $I[O; \boldsymbol{e}_1, \boldsymbol{e}_2, \boldsymbol{e}_3]$ 和 $I'[O'; \boldsymbol{e}_1', \boldsymbol{e}_2', \boldsymbol{e}_3']$ 是空间中两个直角坐标系, 如果

$$(\boldsymbol{e}_1' \ \boldsymbol{e}_2' \ \boldsymbol{e}_3') = (\boldsymbol{e}_1 \ \boldsymbol{e}_2 \ \boldsymbol{e}_3)\boldsymbol{C},$$

且 O' 在 I 中的坐标为 (d_1, d_2, d_3), 则从 I 到 I' 的点坐标变换公式为

$$\begin{pmatrix} x \\ y \\ z \end{pmatrix} = \boldsymbol{C} \begin{pmatrix} x' \\ y' \\ z' \end{pmatrix} + \begin{pmatrix} d_1 \\ d_2 \\ d_3 \end{pmatrix}.$$

由于 I 和 I' 都是直角坐标系, 所以

$$\boldsymbol{E} = \begin{pmatrix} \boldsymbol{e}_1' \\ \boldsymbol{e}_2' \\ \boldsymbol{e}_3' \end{pmatrix} (\boldsymbol{e}_1' \ \boldsymbol{e}_2' \ \boldsymbol{e}_3') = \boldsymbol{C}^{\mathrm{T}} \begin{pmatrix} \boldsymbol{e}_1 \\ \boldsymbol{e}_2 \\ \boldsymbol{e}_3 \end{pmatrix} (\boldsymbol{e}_1 \ \boldsymbol{e}_2 \ \boldsymbol{e}_3)\boldsymbol{C} = \boldsymbol{C}^{\mathrm{T}}\boldsymbol{C}.$$

说明 $\boldsymbol{C}$ 是正交矩阵, 从而有下面的结论.

定理 4.1.1 两个直角坐标系之间的过渡矩阵是正交矩阵.

由此, 我们称从 $[O',\boldsymbol{e}_1,\boldsymbol{e}_2,\boldsymbol{e}_3]$ 到 $[O',\boldsymbol{e}_1',\boldsymbol{e}_2',\boldsymbol{e}_3']$ 的坐标变换为**正交变换**, 称从 $[O;\boldsymbol{e}_1,\boldsymbol{e}_2,\boldsymbol{e}_3]$ 到 $[O',\boldsymbol{e}_1,\boldsymbol{e}_2,\boldsymbol{e}_3]$ 的坐标变换为**平移变换**, 而从 I 到 I' 的直角坐标变换可以分解成这两个变换的复合.

根据正交矩阵的性质很容易得到由一个直角坐标系来构造另一个新直角坐标系的方法.

命题 4.1.3 如果 $I[O;\boldsymbol{e}_1,\boldsymbol{e}_2,\boldsymbol{e}_3]$ 是空间中的一个直角坐标系, $\boldsymbol{C}$ 是一个正交矩阵, 记

$$(\boldsymbol{e}_1'\ \boldsymbol{e}_2'\ \boldsymbol{e}_3')=(\boldsymbol{e}_1\ \boldsymbol{e}_2\ \boldsymbol{e}_3)\boldsymbol{C},$$

则 $I'[O';\boldsymbol{e}_1',\boldsymbol{e}_2',\boldsymbol{e}_3']$ 也是空间中的一个直角坐标系, 且 $|\boldsymbol{C}|=1$ 时 I 和 I' 的定向相同, $|\boldsymbol{C}|=-1$ 时 I 和 I' 的定向相反.

下面来看一下平面上的情形, 设 $I[O;\boldsymbol{e}_1,\boldsymbol{e}_2]$ 和 $I'[O';\boldsymbol{e}_1',\boldsymbol{e}_2']$ 是平面上的两个直角坐标系, 如果

$$(\boldsymbol{e}_1'\ \boldsymbol{e}_2')=(\boldsymbol{e}_1\ \boldsymbol{e}_2)\boldsymbol{C},$$

且 O' 在 I 中的坐标为 (d_1,d_2), 则从 I 到 I' 的点坐标变换公式为

$$\begin{pmatrix}x\\y\end{pmatrix}=\boldsymbol{C}\begin{pmatrix}x'\\y'\end{pmatrix}+\begin{pmatrix}d_1\\d_2\end{pmatrix},$$

此时过渡矩阵是二阶正交矩阵, 记为

$$\boldsymbol{C}=\begin{pmatrix}c_{11}&c_{12}\\c_{21}&c_{22}\end{pmatrix}.$$

根据正交矩阵的性质有

$$c_{11}^2+c_{12}^2=c_{21}^2+c_{22}^2=c_{11}^2+c_{21}^2=c_{12}^2+c_{22}^2=1,$$

$$c_{11}c_{21}+c_{12}c_{22}=c_{11}c_{12}+c_{21}c_{22}=0.$$

由 $c_{11}^2+c_{21}^2=1$, 可知存在一个角 θ 使得 $c_{11}=\cos\theta, c_{21}=\sin\theta$, 进而 $c_{12}=\pm\sin\theta$, 当 $c_{12}=\sin\theta$ 时, $c_{22}=-\cos\theta$, 当 $c_{12}=-\sin\theta$ 时, $c_{22}=\cos\theta$. 可见二阶正交矩阵只有下面两种形式:

$$\begin{pmatrix}\cos\theta&-\sin\theta\\\sin\theta&\cos\theta\end{pmatrix}\quad 和\quad\begin{pmatrix}\cos\theta&\sin\theta\\\sin\theta&-\cos\theta\end{pmatrix}.$$

事实上, 角 θ 有明确的几何意义. 如果

$$\boldsymbol{C}=\begin{pmatrix}\cos\theta & -\sin\theta\\ \sin\theta & \cos\theta\end{pmatrix},$$

则 $[O;\boldsymbol{e}_1',\boldsymbol{e}_2']$ 是由 $[O;\boldsymbol{e}_1,\boldsymbol{e}_2]$ 绕原点逆时针旋转 θ 角得到的直角坐标系, 它们的定向相同, 此时 $|\boldsymbol{C}|=1$.

如果

$$\boldsymbol{C}=\begin{pmatrix}\cos\theta & \sin\theta\\ \sin\theta & -\cos\theta\end{pmatrix},$$

则 $[O;\boldsymbol{e}_1',\boldsymbol{e}_2']$ 是由 $[O;\boldsymbol{e}_1,\boldsymbol{e}_2]$ 绕原点逆时针旋转 θ 角之后再改变第二个坐标轴的方向得到的直角坐标系, 因此它们的定向相反, 此时 $|\boldsymbol{C}|=-1$.

任何一个平面直角坐标变换都可以分解成一个平移变换和一个正交变换的复合, 这个正交变换是由上述两种方式之一实现的.

4.1.6 代数曲线和代数曲面

我们知道在不同坐标系中同一图形的方程不同, 那么这些不同的方程中有没有什么不变的量, 进而能反映图形的固有属性? 下面就是针对这样一类问题的讨论.

定义 4.1.1 如果 $F(x,y,z)$ 是 x,y,z 的一个多项式, 则称方程 $F(x,y,z)=0$ 表示的图形为**代数曲面**. 把 $F(x,y,z)$ 的次数称为这个代数曲面的**次数**.

代数曲面的概念不是一个纯几何的概念. 例如我们前面讲过的二次曲面, 它们的方程是二次多项式方程, 一个平面也是二次曲面, 它可以有形如 $(Ax+By+Cz+D)^2=0$ 的方程, 但从几何上看, 它是一次曲面.

代数曲面的次数定义为其方程的次数, 因此需要验证这个次数与坐标系的选择无关才能保证定义的合理性. 设代数曲面 S 在坐标系 I 中的方程为 $F(x,y,z)=0$, 从坐标系 I 到 I' 的点坐标变换公式右端是一次式, 因此, 经过坐标变换得到的 S 在 I' 中的方程 $G(x',y',x')=0$ 的次数不会超过 F, 反之, 由坐标系 I' 到 I 的坐标变换可见 F 的次数不会超过 G, 于是 F 和 G 的次数相同.

在平面上有相应的代数曲线的概念.

定义 4.1.2 如果 $F(x,y)$ 是 x,y 的一个多项式, 则称方程 $F(x,y)=0$ 表示的图形为**代数曲线**. 把 $F(x,y)$ 的次数称为这个代数曲线的**次数**.

前面在特殊的直角坐标系中研究一些二次曲面时, 我们注意到与坐标平面平行的平面和二次曲面相交, 会产生椭圆、双曲线、抛物线或两条相交直线等平面截线, 这些都是二次曲线, 那么对于二次曲面和任意平面的交有没有一个完整的答案呢?

命题 4.1.4 设 S 是空间中的一个二次曲面, π 是空间中的一个平面, π 与 S 相交但不在 S 上, 则它们的交线是一条二次曲线.

证明 以 π 为 xy 平面, 建立坐标系 I, 则 π 的方程为 $z=0$. 设 S 的方程为 $F(x,y,z)=0$, 它是一个二次方程. π 与 S 的交线 Γ 有方程

$$\begin{cases} F(x,y,z)=0, \\ z=0. \end{cases}$$

由于 π 不在 S 上, 所以 z 不会是 $F(x,y,z)$ 的因式, 那么 Γ 的方程可写成

$$\begin{cases} F(x,y,0)=0, \\ z=0. \end{cases}$$

这表示 xy 平面上次数不超过 2 的代数曲线, 说明 Γ 是一条二次曲线. □

例如, 圆锥面和平面的交线可能会是椭圆、双曲线、抛物线、一条直线、两条相交直线或一点 (图 4.1), 这些都是二次曲线, 其中前三种称为**圆锥曲线**. 那么二次曲线都有哪些类型, 除了我们熟知的这些还有没有别的类型? 下一节中将给出回答.

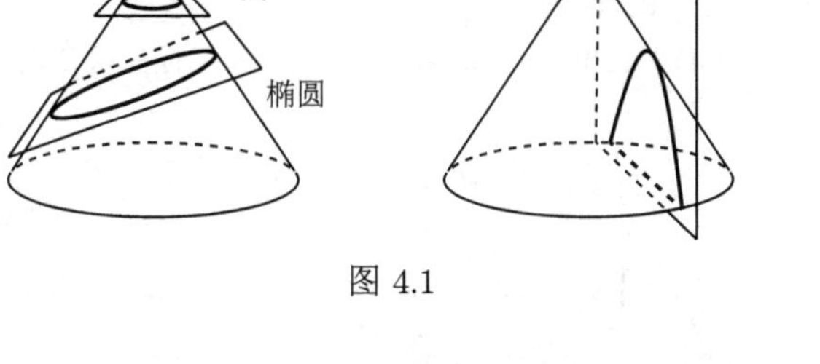

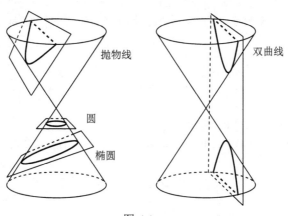

图 4.1

习题 4.1

1. 设 $ABCD$ 是平面上的一个梯形, $\overrightarrow{AB} = 2\overrightarrow{DC}$, 记 O 为边 AB 的中点, 求从坐标系 $I[O;\overrightarrow{OC},\overrightarrow{OD}]$ 到 $I'[A;\overrightarrow{AB},\overrightarrow{AC}]$ 的点坐标变换公式.

2. 设 $OABC$ 是一个四面体, D,E,F 分别是棱 AB,BC,CA 的中点, 建立坐标系

$$I[O;\overrightarrow{OA},\overrightarrow{OB},\overrightarrow{OC}],\quad I'[O;\overrightarrow{OD},\overrightarrow{OE},\overrightarrow{OF}].$$

(1) 求从 I 到 I' 的点坐标变换公式;

(2) 求 A,B,C 在 I' 中的坐标和直线 AB,BC,CA 在 I' 中的方程;

(3) 求直线 DE,EF,FD 在 I 中的方程.

3. 设 I 和 I' 是空间中的两个仿射坐标系, 已知 I' 的原点 O' 在 I 中的坐标为 $(1,5,2)$, 坐标轴 x' 轴平行于向量 $(0,1,1)$, y' 轴平行于向量 $(1,0,1)$, z' 轴平行于向量 $(1,1,0)$, 又知道 I 的原点 O 在 I' 中的坐标为 $(-1,-1,2)$, 求从 I 到 I' 的点坐标变换公式.

4. 在空间直角坐标系中, 以互相垂直的三条直线 $L_1: x=y=z$, $L_2: x=\dfrac{y}{-2}=z$, $L_3: x=-z, y=0$ 为坐标轴建立一个定向不变的新直角坐标系, 求从新坐标系到旧坐标系的过渡矩阵.

5. 设 I 和 I' 是空间中的两个仿射坐标系, 已知 I' 的三个坐标平面在 I 中的方程分别为

$$y'z' \text{ 平面}: x+y+z=0,$$

$$x'z' \text{ 平面}: -x+y-z-1=0,$$

$$x'y' \text{ 平面}: y+z+2=0,$$

且 I' 中点 $(1,-1,2)$ 在 I 中的坐标为 $(1,1,1)$,

(1) 求从 I 到 I' 的点坐标变换公式;

(2) 求 I 中的平面 $3x+y-z+1=0$ 在 I' 中的方程;

(3) 求 I 中的直线 $\dfrac{x-1}{2}=\dfrac{y+1}{1}=\dfrac{z}{-1}$ 在 I' 中的方程.

6. 设空间中两个仿射坐标系 $I[O;\boldsymbol{e}_1,\boldsymbol{e}_2,\boldsymbol{e}_3]$ 和 $I'[O;\boldsymbol{e}_1',\boldsymbol{e}_2',\boldsymbol{e}_3']$ 的坐标向量满足

$$\boldsymbol{e}_i\cdot\boldsymbol{e}_j' = \begin{cases} 1, & i=j, \\ 0, & i\neq j, \end{cases}\qquad i,j=1,2,3,$$

试用 $\boldsymbol{e}_1,\boldsymbol{e}_2,\boldsymbol{e}_3$ 表示从 I' 到 I 的过渡矩阵.

7. 设 I 和 I' 都是平面右手直角坐标系, 从 I 到 I' 的点坐标变换公式为

$$\begin{cases} x = \dfrac{\sqrt{2}}{2}x' + \dfrac{\sqrt{2}}{2}y' + 1, \\ y = -\dfrac{\sqrt{2}}{2}x' + \dfrac{\sqrt{2}}{2}y' - 2, \end{cases}$$

试描述从 I 到 I' 的坐标轴变换过程.

8. 在平面右手直角坐标系 I 中, 一个椭圆的长轴和短轴的方程分别为 $x+y=0$ 和 $x-y+1=0$, 并且长半轴为 2, 短半轴为 1, 求它的方程.

9. 在平面右手直角坐标系 I 中, 一条双曲线的两条对称轴的方程分别为 $x+2y-4=0$ 和 $2x-y+2=0$, 并且它经过原点和点 $\left(-\dfrac{9}{4},1\right)$, 求它的方程.

10. 在平面右手直角坐标系 I 中, 一条抛物线的准线为 $x-y+2=0$, 焦点坐标为 $(2,0)$, 求它的方程.

11. 将一个空间右手直角坐标系 I 原点不动, 坐标轴绕直线 $x=y=z$ 旋转 60° 角, 得到坐标系 I', 求从 I 到 I' 的过渡矩阵.

12. 设 $I[O;\boldsymbol{e}_1,\boldsymbol{e}_2,\boldsymbol{e}_3]$ 和 $I'[O;\boldsymbol{e}_1',\boldsymbol{e}_2',\boldsymbol{e}_3']$ 是空间右手直角坐标系, 则从 I 到 I' 的坐标变换可以分三个阶段来完成:

$$(1)\begin{cases}x=x''\cos\psi-y''\sin\psi,\\ y=x''\sin\psi+y''\cos\psi,\\ z=z'';\end{cases}$$

$$(2)\begin{cases}x''=x''',\\ y''=y'''\cos\theta-z'''\sin\theta,\\ z''=y'''\sin\theta+z'''\cos\theta;\end{cases}$$

$$(3)\begin{cases}x'''=x'\cos\varphi-y'\sin\varphi,\\ y'''=x'\sin\varphi+y'\cos\varphi,\\ z'''=z',\end{cases}$$

这里的角 ψ,θ,φ 称为**欧拉角**, 它们完全确定了从 I 到 I' 的坐标变换. 试指出这三个阶段的坐标变换是怎么做的, 角 ψ,θ,φ 各是哪个角; 试写出用 ψ,θ,φ 表示的从 I 到 I' 的点坐标变换公式.

13. 证明圆锥面上平面截线的类型包含椭圆、双曲线、抛物线、一条直线、两条相交直线和单点.

4.2 二次曲线的分类

设二次曲线 Γ 在一个平面直角坐标系中的方程为

$$a_{11}x^2+2a_{12}xy+a_{22}y^2+2a_{13}x+2a_{23}y+a_{33}=0, \tag{4.2}$$

用矩阵表示有

$$(x\ y)\begin{pmatrix} a_{11} & a_{12} \\ a_{12} & a_{22} \end{pmatrix}\begin{pmatrix} x \\ y \end{pmatrix} + 2(a_{13}\ a_{23})\begin{pmatrix} x \\ y \end{pmatrix} + a_{33} = 0$$

或

$$(x\ y\ 1)\begin{pmatrix} a_{11} & a_{12} & a_{13} \\ a_{12} & a_{22} & a_{23} \\ a_{13} & a_{23} & a_{33} \end{pmatrix}\begin{pmatrix} x \\ y \\ 1 \end{pmatrix} = 0.$$

下面讨论如何寻找一个新的直角坐标系, 使得 Γ 在其中的方程尽可能简单, 从而能直接看出它的形状.

情形 1. 如果 $a_{12} \neq 0$, 用正交变换消去方程 (4.2) 中的交叉项.

作正交变换

$$\begin{pmatrix} x \\ y \end{pmatrix} = \begin{pmatrix} \cos\theta & -\sin\theta \\ \sin\theta & \cos\theta \end{pmatrix}\begin{pmatrix} x' \\ y' \end{pmatrix},$$

方程 (4.2) 的二次项部分化为

$$(x'\ y')\begin{pmatrix} \cos\theta & \sin\theta \\ -\sin\theta & \cos\theta \end{pmatrix}\begin{pmatrix} a_{11} & a_{12} \\ a_{12} & a_{22} \end{pmatrix}\begin{pmatrix} \cos\theta & -\sin\theta \\ \sin\theta & \cos\theta \end{pmatrix}\begin{pmatrix} x' \\ y' \end{pmatrix}.$$

如果要求 Γ 在新坐标系中的方程没有交叉项, 只需

$$\begin{pmatrix} \cos\theta & \sin\theta \\ -\sin\theta & \cos\theta \end{pmatrix}\begin{pmatrix} a_{11} & a_{12} \\ a_{12} & a_{22} \end{pmatrix}\begin{pmatrix} \cos\theta & -\sin\theta \\ \sin\theta & \cos\theta \end{pmatrix}$$

是对角矩阵, 即

$$(a_{22} - a_{11})\sin 2\theta + 2a_{12}\cos 2\theta = 0.$$

因此可取 θ 满足

$$\cot 2\theta = \frac{a_{11} - a_{22}}{2a_{12}}.$$

情形 2. 如果 $a_{12} = 0$, 用平移变换进一步化简.

设 Γ 在某个直角坐标系中的方程为

$$a_{11}x^2 + a_{22}y^2 + 2b_1x + 2b_2y + c = 0, \tag{4.3}$$

其中 a_{11}, a_{22} 不全为 0.

(1) 如果 a_{11}, a_{22} 都不为 0, 则可通过配平方将方程 (4.3) 写成

$$a_{11}\left(x+\frac{b_1}{a_{11}}\right)^2+a_{22}\left(y+\frac{b_2}{a_{22}}\right)^2+c-\frac{b_1^2}{a_{11}}-\frac{b_2^2}{a_{22}}=0.$$

作平移变换

$$\begin{cases} x=x'-\dfrac{b_1}{a_{11}}, \\ y=y'-\dfrac{b_2}{a_{22}}, \end{cases}$$

方程 (4.3) 化为

$$a_{11}x'^2+a_{22}y'^2+c-\frac{b_1^2}{a_{11}}-\frac{b_2^2}{a_{22}}=0.$$

它可进一步化简为以下 5 种标准形式之一:

$$\frac{x'^2}{a^2}+\frac{y'^2}{b^2}=1,$$
$$\frac{x'^2}{a^2}+\frac{y'^2}{b^2}=-1,$$
$$\frac{x'^2}{a^2}+\frac{y'^2}{b^2}=0,$$
$$\frac{x'^2}{a^2}-\frac{y'^2}{b^2}=\pm 1,$$
$$\frac{x'^2}{a^2}-\frac{y'^2}{b^2}=0.$$

表示的图形分别是椭圆、虚椭圆、一点、双曲线和两条相交直线.

(2) 如果 $a_{11}a_{22}=0$, 不妨设 $a_{22}=0, a_{11}\neq 0$, 则方程 (4.3) 可写成

$$a_{11}\left(x+\frac{b_1}{a_{11}}\right)^2+2b_2y+c-\frac{b_1^2}{a_{11}}=0. \tag{4.4}$$

若 $b_2\neq 0$, 则作平移变换

$$\begin{cases} x=x'-\dfrac{b_1}{a_{11}}, \\ y=y'+\dfrac{b_1^2}{2a_{11}b_2}-\dfrac{c}{2b_2}, \end{cases}$$

方程 (4.4) 化为

$$a_{11}x'^2 + 2b_2y' = 0,$$

它可进一步化简为标准形式:

$$x'^2 = 2py',$$

表示的图形是抛物线.

若 $b_2 = 0$, 则作平移变换

$$\begin{cases} x = x' - \dfrac{b_1}{a_{11}}, \\ y = y', \end{cases}$$

方程 (4.4) 化为

$$a_{11}x'^2 + c - \frac{b_1^2}{a_{11}} = 0,$$

它可进一步化简为标准形式

$$x'^2 = d.$$

当 $d > 0$ 时, 图形是一对平行直线; 当 $d = 0$ 时, 图形是一条直线; 当 $d < 0$ 时, 图形是一对虚直线.

综上, 对于任何的二次曲线 Γ 都存在一个平面直角坐标系, 使得 Γ 在此坐标系中的方程是下列 7 种形式之一:

$\dfrac{x^2}{a^2} + \dfrac{y^2}{b^2} = 1,$	椭圆;
$\dfrac{x^2}{a^2} - \dfrac{y^2}{b^2} = 1,$	双曲线;
$\dfrac{x^2}{a^2} - \dfrac{y^2}{b^2} = 0,$	两条相交直线;
$x^2 = 2py,$	抛物线;
$x^2 = d > 0,$	两条平行直线;
$x^2 = 0,$	一条直线;
$\dfrac{x^2}{a^2} + \dfrac{y^2}{b^2} = 0,$	一个点.

称这些方程为它们的**标准方程**, 称相应的坐标系为它们的**标准坐标系**. 这就是二次曲线的分类.

例 4.2.1 指出直角坐标系中方程

$$3x^2 - 2xy + 3y^2 + 4x + 4y - 4 = 0$$

所表示的二次曲线的类型.

解 由

$$\cot 2\theta = \frac{a_{11} - a_{22}}{2a_{12}} = \frac{3-3}{-2} = 0,$$

可取 $\theta = \dfrac{\pi}{4}$, 作正交变换

$$\begin{pmatrix} x \\ y \end{pmatrix} = \begin{pmatrix} \dfrac{\sqrt{2}}{2} & -\dfrac{\sqrt{2}}{2} \\ \dfrac{\sqrt{2}}{2} & \dfrac{\sqrt{2}}{2} \end{pmatrix} \begin{pmatrix} x' \\ y' \end{pmatrix},$$

原方程化为

$$x'^2 + 2y'^2 + 2\sqrt{2}x' - 2 = 0.$$

配平方得

$$(x' + \sqrt{2})^2 + 2y'^2 = 4,$$

作平移变换

$$\begin{cases} x'' = x' + \sqrt{2}, \\ y'' = y', \end{cases}$$

方程化为

$$x''^2 + 2y''^2 = 4,$$

表示的图形是椭圆. □

例 4.2.2 列出椭圆抛物面上平面截线的所有类型.

解 由命题 4.1.4 知, 椭圆抛物面的平面截线是二次曲线. 前面 3.3 节已经介绍过, 椭圆抛物面的平面截线类型包括椭圆、抛物线和一点, 但不包括直线. 下面来看一下是否包括双曲线.

设椭圆抛物面的平面截线有方程

$$\begin{cases} \dfrac{x^2}{a^2} + \dfrac{y^2}{b^2} = 2z, \\ Ax + By + Cz + D = 0, \end{cases}$$

显然 $C=0$ 时表示抛物线. 当 $C\neq 0$ 时, 该曲线在 xy 平面上的投影曲线为

$$\begin{cases}\dfrac{x^2}{a^2}+\dfrac{y^2}{b^2}=-\dfrac{2}{C}(Ax+By+D),\\ z=0,\end{cases}$$

是一个有界曲线, 不可能是双曲线的投影. 由此可知, 椭圆抛物面上不存在双曲线.

综上, 椭圆抛物面上平面截线的类型只有椭圆、抛物线和一个点. □

习题 4.2

1. 利用正交和平移变换, 化简下列二次曲线的方程.

(1) $2x^2+2xy+2y^2-8x+2y+5=0$;

(2) $2xy-4x+2y-3=0$;

(3) $x^2-4xy-2y^2+10x+4y=0$;

(4) $x^2-4xy+4y^2-5x+10y+5=0$.

2. 证明不过锥顶的平面与圆锥面的交线是椭圆、双曲线或抛物线.

3. 在空间直角坐标系中, 如果方程

$$a_{11}x^2+a_{22}y^2+2a_{12}xy+2b_1x+2b_2y+c=0$$

在 xy 平面上的图形是椭圆 (抛物线、双曲线), 请说明

$$z=a_{11}x^2+a_{22}y^2+2a_{12}xy+2b_1x+2b_2y+c$$

表示的图形是什么曲面?

4. 证明平面仿射坐标系中两条相交直线的方程为

$$(a_1x+b_1y+c_1)(a_2x+b_2y+c_2)=0,$$

其中 $a_1b_2-a_2b_1\neq 0$.

5. 在平面直角坐标系中, 二次曲线的方程

$$(A_1x+B_1y+C_1)^2-(A_2x+B_2y+C_2)^2=1$$

满足 $A_1B_2-A_2B_1\neq 0$, $A_1A_2+B_1B_2=0$, 将上述方程化成标准方程, 并指出曲线的类型.

6. 证明在正交变换下二次曲线方程的系数 $a_{13}^2+a_{23}^2$ 是不变的.

7. 证明如果一个平面经过单叶双曲面 S 的一条直母线, 则它和 S 的交线是两条直线.

8. 列出单叶双曲面和马鞍面上平面截线的所有类型.

9. 证明马鞍面上找不到五个点使其成为正五边形的五个顶点.

4.3 二次曲面的分类

在 3.3 节中我们介绍了几类二次曲面, 主要从它们的标准方程出发分析了一些几何性质. 事实上那些还不是二次曲面的全部类型. 类似于二次曲线的分类, 本节中我们将利用直角坐标变换化简二次曲面的方程, 进而给出空间中二次曲面的具体分类.

设二次曲面 S 在一个空间直角坐标系中的方程为

$$a_{11}x^2+a_{22}y^2+a_{33}z^2+2a_{12}xy+2a_{13}xz+2a_{23}yz+2a_{14}x+2a_{24}y+2a_{34}z+a_{44}=0.$$

记上式左端为 $F(x,y,z)$, 则可写成 $F(x,y,z)=0$.

用矩阵表示有

$$(x\ y\ z)\begin{pmatrix} a_{11} & a_{12} & a_{13} \\ a_{12} & a_{22} & a_{23} \\ a_{13} & a_{23} & a_{33} \end{pmatrix}\begin{pmatrix} x \\ y \\ z \end{pmatrix}+2(a_{14}\ a_{24}\ a_{34})\begin{pmatrix} x \\ y \\ z \end{pmatrix}+a_{44}=0$$

或

$$(x\ y\ z\ 1)\begin{pmatrix} a_{11} & a_{12} & a_{13} & a_{14} \\ a_{12} & a_{22} & a_{23} & a_{24} \\ a_{13} & a_{23} & a_{33} & a_{34} \\ a_{14} & a_{24} & a_{34} & a_{44} \end{pmatrix}\begin{pmatrix} x \\ y \\ z \\ 1 \end{pmatrix}=0.$$

下面讨论如何寻找一个新的直角坐标系, 使得 S 在其中的方程尽可能简单, 从而能直接看出它的形状.

4.3.1 无交叉项的情形

当 $F(x,y,z)$ 不含交叉项时, 方程的一般形式为

$$a_{11}x^2+a_{22}y^2+a_{33}z^2+2a_{14}x+2a_{24}y+2a_{34}z+a_{44}=0, \tag{4.5}$$

下面我们通过先配平方再利用平移变换将方程进行化简.

情形 1. 如果 a_{11},a_{22},a_{33} 全不为 0, 则可通过配平方将方程 (4.5) 写成

$$a_{11}\left(x+\frac{a_{14}}{a_{11}}\right)^2+a_{22}\left(y+\frac{a_{24}}{a_{22}}\right)^2+a_{33}\left(z+\frac{a_{34}}{a_{33}}\right)^2+a_{44}-\frac{a_{14}^2}{a_{11}}-\frac{a_{24}^2}{a_{22}}-\frac{a_{34}^2}{a_{33}}=0.$$

作平移变换

$$\begin{cases} x = x' - \dfrac{a_{14}}{a_{11}}, \\ y = y' - \dfrac{a_{24}}{a_{22}}, \\ z = z' - \dfrac{a_{34}}{a_{33}}, \end{cases}$$

方程 (4.5) 化为

$$a_{11}x'^2 + a_{22}y'^2 + a_{33}z'^2 + a_{44} - \frac{a_{14}^2}{a_{11}} - \frac{a_{24}^2}{a_{22}} - \frac{a_{34}^2}{a_{33}} = 0.$$

它可进一步化简为以下 6 种标准形式之一:

$$\frac{x'^2}{a^2} + \frac{y'^2}{b^2} + \frac{z'^2}{c^2} = 1,$$
$$\frac{x'^2}{a^2} + \frac{y'^2}{b^2} + \frac{z'^2}{c^2} = -1,$$
$$\frac{x'^2}{a^2} + \frac{y'^2}{b^2} + \frac{z'^2}{c^2} = 0,$$
$$\frac{x'^2}{a^2} + \frac{y'^2}{b^2} - \frac{z'^2}{c^2} = 1,$$
$$\frac{x'^2}{a^2} + \frac{y'^2}{b^2} - \frac{z'^2}{c^2} = -1,$$
$$\frac{x'^2}{a^2} + \frac{y'^2}{b^2} - \frac{z'^2}{c^2} = 0,$$

表示的图形分别是椭球面、虚椭球面、一点、单叶双曲面、双叶双曲面和二次锥面.

情形 2. 如果 a_{11}, a_{22}, a_{33} 中只有两个不为 0, 不妨设 $a_{11} \neq 0, a_{22} \neq 0, a_{33} = 0$. 此时方程形式为

$$a_{11}x^2 + a_{22}y^2 + 2a_{14}x + 2a_{24}y + 2a_{34}z + a_{44} = 0. \tag{4.6}$$

(1) 若 $a_{34} \neq 0$, 则可通过配平方将方程 (4.6) 写成

$$a_{11}\left(x + \frac{a_{14}}{a_{11}}\right)^2 + a_{22}\left(y + \frac{a_{24}}{a_{22}}\right)^2 + 2a_{34}\left(z + \frac{a_{44} - \dfrac{a_{14}^2}{a_{11}} - \dfrac{a_{24}^2}{a_{22}}}{2a_{34}}\right) = 0,$$

作平移变换

$$\begin{cases} x = x' - \dfrac{a_{14}}{a_{11}}, \\ y = y' - \dfrac{a_{24}}{a_{22}}, \\ z = z' - \dfrac{a_{44} - \dfrac{a_{14}^2}{a_{11}} - \dfrac{a_{24}^2}{a_{22}}}{2a_{34}}, \end{cases}$$

方程 (4.6) 化为

$$a_{11}x'^2 + a_{22}y'^2 + 2a_{34}z' = 0.$$

它可进一步化简为以下两种标准形式之一:

$$\frac{x'^2}{a^2} + \frac{y'^2}{b^2} = 2z',$$
$$\frac{x'^2}{a^2} - \frac{y'^2}{b^2} = 2z',$$

表示的图形分别是椭圆抛物面和双曲抛物面.

(2) 若 $a_{34} = 0$, 则可通过配平方将方程 (4.6) 写成

$$a_{11}\left(x + \frac{a_{14}}{a_{11}}\right)^2 + a_{22}\left(y + \frac{a_{24}}{a_{22}}\right)^2 + a_{44} - \frac{a_{14}^2}{a_{11}} - \frac{a_{24}^2}{a_{22}} = 0,$$

作平移变换

$$\begin{cases} x = x' - \dfrac{a_{14}}{a_{11}}, \\ y = y' - \dfrac{a_{24}}{a_{22}}, \\ z = z', \end{cases}$$

方程 (4.6) 化为

$$a_{11}x'^2 + a_{22}y'^2 + a_{44} - \frac{a_{14}^2}{a_{11}} - \frac{a_{24}^2}{a_{22}} = 0.$$

它可进一步化简为以下 5 种标准形式之一:

$$\frac{x'^2}{a^2} + \frac{y'^2}{b^2} = 1,$$
$$\frac{x'^2}{a^2} + \frac{y'^2}{b^2} = -1,$$

$$\frac{x'^2}{a^2}+\frac{y'^2}{b^2}=0,$$

$$\frac{x'^2}{a^2}-\frac{y'^2}{b^2}=\pm 1,$$

$$\frac{x'^2}{a^2}-\frac{y'^2}{b^2}=0,$$

表示的图形分别是椭圆柱面、虚椭圆柱面、一条直线、双曲柱面和一对相交平面.

情形 3. 如果 a_{11},a_{22},a_{33} 中只有一个不为 0, 不妨设 $a_{11}\neq 0,a_{22}=a_{33}=0$. 此时方程形式为

$$a_{11}x^2+2a_{14}x+2a_{24}y+2a_{34}z+a_{44}=0. \tag{4.7}$$

(1) 若 a_{24},a_{34} 不全为 0, 不妨设 $a_{24}\neq 0$, 则可通过配平方将方程 (4.7) 写成

$$a_{11}\left(x+\frac{a_{14}}{a_{11}}\right)^2+2a_{24}\left(y+\frac{a_{44}-\dfrac{a_{14}^2}{a_{11}}}{2a_{24}}\right)+2a_{34}z=0.$$

作平移变换

$$\begin{cases} x=x'-\dfrac{a_{14}}{a_{11}}, \\ y=y'-\dfrac{a_{44}-\dfrac{a_{14}^2}{a_{11}}}{2a_{24}}, \\ z=z', \end{cases}$$

方程 (4.7) 化为

$$a_{11}x'^2+2a_{24}y'+2a_{34}z'=0. \tag{4.8}$$

进一步作正交变换

$$\begin{cases} x''=x', \\ y''=\dfrac{a_{24}y'+a_{34}z'}{\sqrt{a_{24}^2+a_{34}^2}}, \\ z''=\dfrac{-a_{34}y'+a_{24}z'}{\sqrt{a_{24}^2+a_{34}^2}}, \end{cases}$$

方程 (4.8) 化为

$$a_{11}x''^2+2\sqrt{a_{24}^2+a_{34}^2}\,y''=0.$$

它可进一步化简为标准形式:

$$x''^2 = 2py'',$$

表示的图形是抛物柱面.

(2) 若 $a_{24} = a_{34} = 0$, 作平移变换

$$\begin{cases} x = x' - \dfrac{a_{14}}{a_{11}}, \\ y = y', \\ z = z', \end{cases}$$

方程 (4.7) 化为

$$a_{11}x'^2 + a_{44} - \frac{a_{14}^2}{a_{11}} = 0.$$

它可进一步化简为标准形式:

$$x'^2 = k,$$

当 $k > 0$ 时, 图形是一对平行平面; 当 $k = 0$ 时, 图形是一个平面; 当 $k < 0$ 时, 图形是一对虚平面.

例 4.3.1 指出直角坐标系中方程

$$x^2 + 4x + 3y + z + 1 = 0$$

所表示的二次曲面的类型.

解 原方程配平方得

$$(x+2)^2 + 3(y-1) + z = 0.$$

作平移变换

$$\begin{cases} x = x' - 2, \\ y = y' + 1, \\ z = z', \end{cases}$$

方程化为

$$x'^2 + 3y' + z' = 0.$$

进一步作正交变换

$$\begin{pmatrix} x'' \\ y'' \\ z'' \end{pmatrix} = \begin{pmatrix} 1 & 0 & 0 \\ 0 & \dfrac{3}{\sqrt{10}} & \dfrac{1}{\sqrt{10}} \\ 0 & -\dfrac{1}{\sqrt{10}} & \dfrac{3}{\sqrt{10}} \end{pmatrix} \begin{pmatrix} x' \\ y' \\ z' \end{pmatrix},$$

将方程化为

$$x''^2 + \sqrt{10}y'' = 0,$$

表示的图形是抛物柱面. □

4.3.2 一般情形

对于一般有交叉项的情形, 我们需要通过正交变换消掉交叉项. 由于正交变换并不改变多项式的次数, 故我们只需考虑 $F(x, y, z)$ 的二次项部分:

$$\Phi(x, y, z) = a_{11}x^2 + a_{22}y^2 + a_{33}z^2 + 2a_{12}xy + 2a_{13}xz + 2a_{23}yz,$$

它是关于 x, y, z 的一个二次型, 用矩阵表示有

$$\Phi(x, y, z) = (x\ y\ z) \begin{pmatrix} a_{11} & a_{12} & a_{13} \\ a_{12} & a_{22} & a_{23} \\ a_{13} & a_{23} & a_{33} \end{pmatrix} \begin{pmatrix} x \\ y \\ z \end{pmatrix},$$

记

$$\boldsymbol{A} = \begin{pmatrix} a_{11} & a_{12} & a_{13} \\ a_{12} & a_{22} & a_{23} \\ a_{13} & a_{23} & a_{33} \end{pmatrix},$$

这里二次项部分 Φ 和实对称矩阵 $\boldsymbol{A}$ 是互相决定的, 称 $\boldsymbol{A}$ 为 Φ 的矩阵.

在正交变换

$$\begin{pmatrix} x \\ y \\ z \end{pmatrix} = \boldsymbol{C} \begin{pmatrix} x' \\ y' \\ z' \end{pmatrix}$$

下, $\Phi(x, y, z)$ 化为

$$(x'\ y'\ z')\boldsymbol{C}^{\mathrm{T}}\boldsymbol{A}\boldsymbol{C} \begin{pmatrix} x' \\ y' \\ z' \end{pmatrix}.$$

此时消掉交叉项这个问题就转化成: 对于实对称矩阵 $\boldsymbol{A}$, 是否存在正交矩阵 $\boldsymbol{C}$, 使得 $\boldsymbol{C}^{\mathrm{T}}\boldsymbol{A}\boldsymbol{C}$ 为对角矩阵? 即实对称矩阵的对角化问题.

下面设

$$\boldsymbol{C}^{\mathrm{T}}\boldsymbol{A}\boldsymbol{C}=\begin{pmatrix}\lambda_1 & 0 & 0\\ 0 & \lambda_2 & 0\\ 0 & 0 & \lambda_3\end{pmatrix},$$

这又等价于

$$\boldsymbol{A}\boldsymbol{C}=\boldsymbol{C}\begin{pmatrix}\lambda_1 & 0 & 0\\ 0 & \lambda_2 & 0\\ 0 & 0 & \lambda_3\end{pmatrix}.$$

如果记 $\boldsymbol{C}$ 的三个列向量分别为

$$\boldsymbol{\xi}_1=\begin{pmatrix}c_{11}\\ c_{21}\\ c_{31}\end{pmatrix},\quad \boldsymbol{\xi}_2=\begin{pmatrix}c_{12}\\ c_{22}\\ c_{32}\end{pmatrix},\quad \boldsymbol{\xi}_3=\begin{pmatrix}c_{13}\\ c_{23}\\ c_{33}\end{pmatrix},$$

则 λ_i 和 $\boldsymbol{\xi}_i$ 满足

$$\boldsymbol{A}\boldsymbol{\xi}_i=\lambda_i\boldsymbol{\xi}_i \text{ 或 } (\boldsymbol{A}-\lambda_i\boldsymbol{E})\boldsymbol{\xi}_i=\boldsymbol{0},\quad i=1,2,3.$$

由于 $\boldsymbol{\xi}_i$ 不是零向量, 所以 λ_i 是 $|\boldsymbol{A}-\lambda\boldsymbol{E}|=0$ 的根, $\boldsymbol{\xi}_i$ 是方程组 $(\boldsymbol{A}-\lambda_i\boldsymbol{E})\boldsymbol{X}=\boldsymbol{0}$ 的长度为 1 的解. λ_i 和 $\boldsymbol{\xi}_i$ 在高等代数中分别被称为矩阵 $\boldsymbol{A}$ 的特征根和特征向量.

定义 4.3.1 设 $\boldsymbol{A}$ 是 n 阶方阵, 称

$$D(\lambda)=|\boldsymbol{A}-\lambda\boldsymbol{E}|=\begin{vmatrix}a_{11}-\lambda & a_{12} & \cdots & a_{1n}\\ a_{21} & a_{22}-\lambda & \cdots & a_{2n}\\ \vdots & \vdots & \ddots & \vdots\\ a_{n1} & a_{n2} & \cdots & a_{nn}-\lambda\end{vmatrix}$$

为 $\boldsymbol{A}$ 的**特征多项式**; 称 $D(\lambda)=0$ 为 $\boldsymbol{A}$ 的**特征方程**; 称 $D(\lambda)=0$ 的根为 $\boldsymbol{A}$ 的**特征根**. 对于特征根 λ, 特征方程组

$$(\boldsymbol{A}-\lambda\boldsymbol{E})\begin{pmatrix}x_1\\ \vdots\\ x_n\end{pmatrix}=\begin{pmatrix}0\\ \vdots\\ 0\end{pmatrix}$$

的非零解称为矩阵 $\boldsymbol{A}$ 的相应于特征根 λ 的**特征向量**.

二次型 Φ 的化简即是相应实对称矩阵 $\boldsymbol{A}$ 的对角化问题, 因此需要用到实对称矩阵的特征根和特征向量的下述性质.

定理 4.3.1　实对称矩阵 $\boldsymbol{A}$ 的特征根均为实根, 相应于不同特征根的特征向量互相垂直.

证明　由于 $D(\lambda)$ 是实系数多项式, 故 $D(\lambda)=0$ 的复根必成共轭对出现, 即如果 λ 是 $\boldsymbol{A}$ 的特征根, 则 $\overline{\lambda}$ 也是 $\boldsymbol{A}$ 的特征根. 设 $\boldsymbol{\xi}$ 是 $\boldsymbol{A}$ 的相应于特征根 λ 的特征向量, 即

$$\boldsymbol{A}\boldsymbol{\xi}=\lambda\boldsymbol{\xi}.$$

由于 $\boldsymbol{A}$ 是对称矩阵, 所以

$$\boldsymbol{\xi}^{\mathrm{T}}\boldsymbol{A}=\lambda\boldsymbol{\xi}^{\mathrm{T}}.$$

再由 $\boldsymbol{A}$ 是实矩阵, 可知

$$\boldsymbol{A}\overline{\boldsymbol{\xi}}=\overline{\boldsymbol{A}}\,\overline{\boldsymbol{\xi}}=\overline{\boldsymbol{A}\boldsymbol{\xi}}=\overline{\lambda}\,\overline{\boldsymbol{\xi}}.$$

这说明 $\overline{\boldsymbol{\xi}}$ 是 $\boldsymbol{A}$ 的相应于 $\overline{\lambda}$ 的特征向量.

综上有

$$\lambda\boldsymbol{\xi}^{\mathrm{T}}\overline{\boldsymbol{\xi}}=\boldsymbol{\xi}^{\mathrm{T}}\boldsymbol{A}\overline{\boldsymbol{\xi}}=\overline{\lambda}\boldsymbol{\xi}^{\mathrm{T}}\overline{\boldsymbol{\xi}}.$$

由于 $\boldsymbol{\xi}^{\mathrm{T}}\overline{\boldsymbol{\xi}}>0$, 所以 $\overline{\lambda}=\lambda$, 说明 λ 是实数.

设 λ_1 和 λ_2 是 $\boldsymbol{A}$ 的两个不同的特征根, $\boldsymbol{\xi}_1,\boldsymbol{\xi}_2$ 分别是其相应的特征向量, 则

$$\boldsymbol{A}\boldsymbol{\xi}_1=\lambda_1\boldsymbol{\xi}_1,\quad \boldsymbol{A}\boldsymbol{\xi}_2=\lambda_2\boldsymbol{\xi}_2.$$

于是

$$\lambda_1\boldsymbol{\xi}_1^{\mathrm{T}}\boldsymbol{\xi}_2=\boldsymbol{\xi}_1^{\mathrm{T}}\boldsymbol{A}\boldsymbol{\xi}_2=\lambda_2\boldsymbol{\xi}_1^{\mathrm{T}}\boldsymbol{\xi}_2.$$

由于 $\lambda_1\neq\lambda_2$, 所以 $\boldsymbol{\xi}_1^{\mathrm{T}}\,\boldsymbol{\xi}_2=0$, 说明 $\boldsymbol{\xi}_1$ 与 $\boldsymbol{\xi}_2$ 互相垂直. □

特别地, 当实对称矩阵 $\boldsymbol{A}$ 有多重特征根时, 有下面的结论, 证明可参考高等代数中相关内容.

定理 4.3.2　如果 λ 是实对称矩阵 $\boldsymbol{A}$ 的 k 重特征根 (k 重根出现 k 次), 则相应于 λ, $\boldsymbol{A}$ 有 k 个互相垂直的特征向量.

在上述这些理论的基础上, 我们就得到了消掉二次方程中交叉项的方法.

定理 4.3.3　设 $\Phi(x,y,z)$ 是一个二次型, $\boldsymbol{A}$ 是相应于 Φ 的实对称矩阵, 则 $\Phi(x,y,z)$ 可以通过正交变换化为

$$\lambda_1x'^2+\lambda_2y'^2+\lambda_3z'^2,$$

其中 $\lambda_1,\lambda_2,\lambda_3$ 是 $\boldsymbol{A}$ 的三个特征根.

证明 根据定理 4.3.1 和定理 4.3.2 可设 $\boldsymbol{\xi}_1,\boldsymbol{\xi}_2,\boldsymbol{\xi}_3$ 是相应于 $\lambda_1,\lambda_2,\lambda_3$ 的三个互相垂直的特征向量, 且长度为 1, 则 $\boldsymbol{C}=(\boldsymbol{\xi}_1\ \boldsymbol{\xi}_2\ \boldsymbol{\xi}_3)$ 是正交矩阵.

由于 $\boldsymbol{A}\boldsymbol{\xi}_i=\lambda_i\boldsymbol{\xi}_i,\ i=1,2,3$, 所以

$$\boldsymbol{AC}=\boldsymbol{C}\begin{pmatrix}\lambda_1 & 0 & 0\\ 0 & \lambda_2 & 0\\ 0 & 0 & \lambda_3\end{pmatrix}.$$

又 $\boldsymbol{C}$ 是正交矩阵, 故

$$\boldsymbol{C}^{\mathrm{T}}\boldsymbol{AC}=\begin{pmatrix}\lambda_1 & 0 & 0\\ 0 & \lambda_2 & 0\\ 0 & 0 & \lambda_3\end{pmatrix}.$$

作正交变换

$$\begin{pmatrix}x\\ y\\ z\end{pmatrix}=\boldsymbol{C}\begin{pmatrix}x'\\ y'\\ z'\end{pmatrix},$$

可将二次型

$$\Phi(x,y,z)=(x\ y\ z)\boldsymbol{A}\begin{pmatrix}x\\ y\\ z\end{pmatrix}$$

化为

$$\lambda_1x'^2+\lambda_2y'^2+\lambda_3z'^2.$$

□

综上, 对于任何的二次曲面 S 都存在一个空间直角坐标系, 使得 S 在此坐标系中的方程是下列 14 种形式之一:

$$\frac{x^2}{a^2}+\frac{y^2}{b^2}+\frac{z^2}{c^2}=1,\qquad \text{椭球面;}$$

$$\frac{x^2}{a^2}+\frac{y^2}{b^2}+\frac{z^2}{c^2}=0,\qquad \text{一点;}$$

$$\frac{x^2}{a^2}+\frac{y^2}{b^2}-\frac{z^2}{c^2}=1,\qquad \text{单叶双曲面;}$$

$$\frac{x^2}{a^2}+\frac{y^2}{b^2}-\frac{z^2}{c^2}=-1,\qquad \text{双叶双曲面;}$$

$\frac{x^2}{a^2}+\frac{y^2}{b^2}-\frac{z^2}{c^2}=0,$ 二次锥面;

$\frac{x^2}{a^2}+\frac{y^2}{b^2}=2z,$ 椭圆抛物面;

$\frac{x^2}{a^2}-\frac{y^2}{b^2}=2z,$ 双曲抛物面;

$\frac{x^2}{a^2}+\frac{y^2}{b^2}=1,$ 椭圆柱面;

$\frac{x^2}{a^2}+\frac{y^2}{b^2}=0,$ 一条直线;

$\frac{x^2}{a^2}-\frac{y^2}{b^2}=1,$ 双曲柱面;

$\frac{x^2}{a^2}-\frac{y^2}{b^2}=0,$ 两个相交平面;

$x^2=2py,$ 抛物柱面;

$x^2=k>0,$ 两个平行平面;

$x^2=0,$ 一个平面.

称这些方程为它们的**标准方程**, 相应的坐标系为它们的**标准坐标系**. 这就是二次曲面的分类.

例 4.3.2 利用直角坐标变换化简二次方程

$$2x^2+2y^2+3z^2+4xy+2xz+2yz-4x+6y-2z+3=0,$$

并给出相应的坐标变换.

解 原方程可写成

$$(x\ y\ z)\begin{pmatrix}2&2&1\\2&2&1\\1&1&3\end{pmatrix}\begin{pmatrix}x\\y\\z\end{pmatrix}+(-4\quad 6\quad -2)\begin{pmatrix}x\\y\\z\end{pmatrix}+3=0.$$

作特征方程

$$\begin{vmatrix}2-\lambda&2&1\\2&2-\lambda&1\\1&1&3-\lambda\end{vmatrix}=0,$$

解得特征根

$$\lambda_1 = 2, \quad \lambda_2 = 5, \quad \lambda_3 = 0.$$

下面求相应于 $\lambda_1 = 2$ 的特征向量. 将 $\lambda_1 = 2$ 代入方程组

$$\begin{pmatrix} 2-\lambda & 2 & 1 \\ 2 & 2-\lambda & 1 \\ 1 & 1 & 3-\lambda \end{pmatrix} \begin{pmatrix} x \\ y \\ z \end{pmatrix} = \begin{pmatrix} 0 \\ 0 \\ 0 \end{pmatrix},$$

有

$$x\begin{pmatrix} 0 \\ 2 \\ 1 \end{pmatrix} + y\begin{pmatrix} 2 \\ 0 \\ 1 \end{pmatrix} + z\begin{pmatrix} 1 \\ 1 \\ 1 \end{pmatrix} = \begin{pmatrix} 0 \\ 0 \\ 0 \end{pmatrix}.$$

容易看出 $(1,1,-2)^{\mathrm{T}}$ 是相应于 $\lambda_1 = 2$ 的一个特征向量.

同样的方法可求得 $(1,1,1)^{\mathrm{T}}$ 是相应于 $\lambda_2 = 5$ 的一个特征向量, $(1,-1,0)^{\mathrm{T}}$ 是相应于 $\lambda_3 = 0$ 的一个特征向量. (注意：最后这个特征向量也可以不通过解方程, 而是取为前两个特征向量的外积, 尤其在处理重根的情况时会更方便.)

将所得的三个特征向量

$$\begin{pmatrix} 1 \\ 1 \\ -2 \end{pmatrix}, \quad \begin{pmatrix} 1 \\ 1 \\ 1 \end{pmatrix}, \quad \begin{pmatrix} 1 \\ -1 \\ 0 \end{pmatrix}$$

单位化后作为三个列构成正交矩阵

$$\boldsymbol{C} = \begin{pmatrix} \frac{1}{\sqrt{6}} & \frac{1}{\sqrt{3}} & \frac{1}{\sqrt{2}} \\ \frac{1}{\sqrt{6}} & \frac{1}{\sqrt{3}} & -\frac{1}{\sqrt{2}} \\ -\frac{2}{\sqrt{6}} & \frac{1}{\sqrt{3}} & 0 \end{pmatrix}.$$

作正交变换

$$\begin{pmatrix} x \\ y \\ z \end{pmatrix} = \boldsymbol{C}\begin{pmatrix} x' \\ y' \\ z' \end{pmatrix},$$

原方程化为

$$2x'^2+5y'^2+\sqrt{6}x'-5\sqrt{2}z'+3=0.$$

再作平移变换

$$\begin{cases}x''=x'+\dfrac{\sqrt{6}}{4},\\ y''=y',\\ z''=z'-\dfrac{9\sqrt{2}}{40},\end{cases}$$

方程化为

$$2x''^2+5y''^2-5\sqrt{2}z''=0.$$

相应的坐标变换为

$$\begin{pmatrix}x\\y\\z\end{pmatrix}=\boldsymbol{C}\begin{pmatrix}x''-\dfrac{\sqrt{6}}{4}\\ y''\\ z''+\dfrac{9\sqrt{2}}{40}\end{pmatrix}.$$

□

例 4.3.3　化简直角坐标系中的方程

$$x^2+y^2+z^2-(ax+by+cz)^2=0,$$

其中 a,b,c 不全为 0.

解　对于单位向量

$$\left(\frac{a}{\sqrt{a^2+b^2+c^2}},\frac{b}{\sqrt{a^2+b^2+c^2}},\frac{c}{\sqrt{a^2+b^2+c^2}}\right)$$

总存在单位向量 (a_1,a_2,a_3) 和 (b_1,b_2,b_3) 使得

$$\boldsymbol{C}=\begin{pmatrix}\dfrac{a}{\sqrt{a^2+b^2+c^2}} & \dfrac{b}{\sqrt{a^2+b^2+c^2}} & \dfrac{c}{\sqrt{a^2+b^2+c^2}}\\ a_1 & a_2 & a_3\\ b_1 & b_2 & b_3\end{pmatrix}$$

是正交矩阵.

作正交变换

$$\begin{pmatrix} x' \\ y' \\ z' \end{pmatrix} = \boldsymbol{C} \begin{pmatrix} x \\ y \\ z \end{pmatrix},$$

则有

$$x^2 + y^2 + z^2 = (x\ y\ z) \begin{pmatrix} x \\ y \\ z \end{pmatrix} = (x'\ y'\ z')\boldsymbol{C}\boldsymbol{C}^{\mathrm{T}} \begin{pmatrix} x' \\ y' \\ z' \end{pmatrix} = x'^2 + y'^2 + z'^2,$$

以及

$$(ax + by + cz)^2 = (a^2 + b^2 + c^2)x'^2.$$

故原方程化为

$$x'^2 + y'^2 + z'^2 - (a^2 + b^2 + c^2)x'^2 = 0,$$

即

$$(1 - a^2 - b^2 - c^2)x'^2 + y'^2 + z'^2 = 0. \qquad \square$$

例 4.3.4 设 $\boldsymbol{A} = \begin{pmatrix} a_1 & a_2 & a_3 \\ b_1 & b_2 & b_3 \\ c_1 & c_2 & c_3 \end{pmatrix}$ 是一个可逆矩阵, 证明直角坐标系中的方程

$$\sum_{i=1}^{3} (a_i x + b_i y + c_i z + d_i)^2 = 1$$

表示的二次曲面 S 为椭球面.

证明 方法一: 由于 $|\boldsymbol{A}| \neq 0$, 故存在 (x_0, y_0, z_0) 使得

$$\begin{cases} a_1 x_0 + b_1 y_0 + c_1 z_0 + d_1 = 0, \\ a_2 x_0 + b_2 y_0 + c_2 z_0 + d_2 = 0, \\ a_3 x_0 + b_3 y_0 + c_3 z_0 + d_3 = 0. \end{cases}$$

作平移变换

$$\begin{cases} x = x' + x_0, \\ y = y' + y_0, \\ z = z' + z_0, \end{cases}$$

原方程化为

$$\sum_{i=1}^{3}(a_i x' + b_i y' + c_i z')^2 = 1. \tag{4.9}$$

用矩阵表示有

$$(x'\ y'\ z')\begin{pmatrix} a_1 & a_2 & a_3 \\ b_1 & b_2 & b_3 \\ c_1 & c_2 & c_3 \end{pmatrix}\begin{pmatrix} a_1 & b_1 & c_1 \\ a_2 & b_2 & c_2 \\ a_3 & b_3 & c_3 \end{pmatrix}\begin{pmatrix} x' \\ y' \\ z' \end{pmatrix} = 1.$$

由于 $\boldsymbol{A}\boldsymbol{A}^{\mathrm{T}}$ 为实对称矩阵, 所以存在正交矩阵 $\boldsymbol{C}$, 使得

$$\boldsymbol{C}^{\mathrm{T}}\boldsymbol{A}\boldsymbol{A}^{\mathrm{T}}\boldsymbol{C} = \begin{pmatrix} \lambda_1 & 0 & 0 \\ 0 & \lambda_2 & 0 \\ 0 & 0 & \lambda_3 \end{pmatrix},$$

其中 $\lambda_1, \lambda_2, \lambda_3$ 是 $\boldsymbol{A}\boldsymbol{A}^{\mathrm{T}}$ 的三个特征根.

作正交变换

$$\begin{pmatrix} x' \\ y' \\ z' \end{pmatrix} = \boldsymbol{C}\begin{pmatrix} x'' \\ y'' \\ z'' \end{pmatrix},$$

方程 (4.9) 化为

$$\lambda_1 x''^2 + \lambda_2 y''^2 + \lambda_3 z''^2 = 1.$$

往证 $\lambda_i > 0, i = 1, 2, 3$. 事实上, 如果 $\lambda_1 \leqslant 0$, 则

$$(1\ 0\ 0)\boldsymbol{C}^{\mathrm{T}}\boldsymbol{A}\boldsymbol{A}^{\mathrm{T}}\boldsymbol{C}\begin{pmatrix} 1 \\ 0 \\ 0 \end{pmatrix} = (1\ 0\ 0)\begin{pmatrix} \lambda_1 & 0 & 0 \\ 0 & \lambda_2 & 0 \\ 0 & 0 & \lambda_3 \end{pmatrix}\begin{pmatrix} 1 \\ 0 \\ 0 \end{pmatrix} = \lambda_1 \leqslant 0,$$

令 $\boldsymbol{u}=(1\ 0\ 0)\boldsymbol{C}^{\mathrm{T}}\boldsymbol{A}$, 则 $\boldsymbol{u}\cdot\boldsymbol{u}^{\mathrm{T}}\leqslant 0$, 于是 $\boldsymbol{u}=\boldsymbol{0}$. 然而 $\boldsymbol{C}^{\mathrm{T}}$ 和 $\boldsymbol{A}$ 都是可逆矩阵, 所以 $\boldsymbol{u}\neq\boldsymbol{0}$, 矛盾. 因此有 $\lambda_i>0, i=1,2,3$. 从而, 二次曲面 S 为椭球面.

方法二: 如果 $M(x,y,z)$ 是 S 上一点, 则有

$$(a_ix+b_iy+c_iz+d_i)^2\leqslant 1,\quad i=1,2,3,$$

由于 $\boldsymbol{A}$ 是可逆矩阵, 所以三对平行平面

$$a_ix+b_iy+c_iz+d_i=\pm 1,\quad i=1,2,3$$

围成一个平行六面体, 而点 M 在其内部, 这说明 S 是有界的, 而有界的二次曲面只能是椭球面. □

习题 4.3

1. 利用平移变换化简下列方程:

(1) $x^2+y^2+z^2-2x+4y-11=0$;

(2) $2x^2-y^2-4y-z+2=0$;

(3) $2z^2-y+12z+5=0$.

2. 利用直角坐标变换化简下列方程, 并给出具体的坐标变换:

(1) $2x^2-y^2-z^2+4xy-2x-4y+6z-12=0$;

(2) $2x^2+5y^2+5z^2+4xy-4xz-8yz-10=0$;

(3) $2x^2+3y^2+3z^2-4xy-4xz+2yz+2y-2z+1=0$;

(4) $x^2+y^2+9z^2-2xy+6xz-6yz-2x+2y-6z=0$;

(5) $5x^2+8y^2+5z^2+4xy-8xz+4yz-27=0$;

(6) $4x^2-y^2-z^2-8x-4y+8z-2=0$.

3. 判断下列方程所表示的曲面类型:

(1) $(2x+y+z)^2-(x-y-z)^2=y-z$;

(2) $9x^2-25y^2+16z^2-24xz+80x-60z=0$.

4. 确定一空间直角坐标变换将平面方程 $2x+y+2z+5=0$ 化为 $x'=0$.

5. 求二次曲面

$$(a_1x+b_1y+c_1z+d_1)(a_2x+b_2y+c_2z+d_2)=0$$

的标准方程.

4.4 二次曲面和二次曲线的不变量

前两节中我们列出了二次曲面和二次曲线的所有类型, 是通过用坐标变换将它们在直角坐标系中的方程化简成标准方程来实现的, 这种方法计算量较大也不够直接.

考虑到二次曲面和二次曲线的方程是由坐标系和它们本身决定的, 方程既随着坐标系的改变而改变, 又能反映出图形本身不变的几何特征, 因此这些方程的系数之中必有某些量来刻画这种不变性. 在本节中, 我们将找出这些量, 进一步用它们给出二次曲面和二次曲线的分类.

设二次曲面 S 在一个空间直角坐标系中的方程为

$$a_{11}x^2+a_{22}y^2+a_{33}z^2+2a_{12}xy+2a_{13}xz+2a_{23}yz+2a_{14}x+2a_{24}y+2a_{34}z+a_{44}=0. \tag{4.10}$$

用矩阵表示有

$$(x\ y\ z)\begin{pmatrix} a_{11} & a_{12} & a_{13} \\ a_{12} & a_{22} & a_{23} \\ a_{13} & a_{23} & a_{33} \end{pmatrix}\begin{pmatrix} x \\ y \\ z \end{pmatrix}+2(a_{14}\ a_{24}\ a_{34})\begin{pmatrix} x \\ y \\ z \end{pmatrix}+a_{44}=0.$$

作正交变换

$$\begin{pmatrix} x \\ y \\ z \end{pmatrix}=\boldsymbol{C}\begin{pmatrix} x' \\ y' \\ z' \end{pmatrix}, \tag{4.11}$$

方程 (4.10) 化为

$$(x'\ y'\ z')\boldsymbol{C}^{\mathrm{T}}\boldsymbol{A}\boldsymbol{C}\begin{pmatrix} x' \\ y' \\ z' \end{pmatrix}+2(a_{14}\ a_{24}\ a_{34})\boldsymbol{C}\begin{pmatrix} x' \\ y' \\ z' \end{pmatrix}+a_{44}=0,$$

其中

$$\boldsymbol{A}=\begin{pmatrix} a_{11} & a_{12} & a_{13} \\ a_{12} & a_{22} & a_{23} \\ a_{13} & a_{23} & a_{33} \end{pmatrix},\quad \boldsymbol{C}=\begin{pmatrix} c_{11} & c_{12} & c_{13} \\ c_{21} & c_{22} & c_{23} \\ c_{31} & c_{32} & c_{33} \end{pmatrix}.$$

记 $\boldsymbol{A}'=\boldsymbol{C}^{\mathrm{T}}\boldsymbol{A}\boldsymbol{C}$, 它是新方程二次项部分的矩阵, $\boldsymbol{A}'$ 与 $\boldsymbol{A}$ 未必是相同的, 但它们的特征多项式一定是相同的:

$$|\boldsymbol{A}'-\lambda\boldsymbol{E}|=|\boldsymbol{C}^{\mathrm{T}}\boldsymbol{A}\boldsymbol{C}-\lambda\boldsymbol{C}^{\mathrm{T}}\boldsymbol{C}|=|\boldsymbol{C}^{\mathrm{T}}||\boldsymbol{A}-\lambda\boldsymbol{E}||\boldsymbol{C}|=|\boldsymbol{A}-\lambda\boldsymbol{E}|.$$

如果记

$$|\boldsymbol{A}-\lambda\boldsymbol{E}|=-\lambda^3+a\lambda^2+b\lambda+c,$$

则系数

$$a = a_{11} + a_{22} + a_{33} = \mathrm{tr}\boldsymbol{A},$$

$$b = -\left(\begin{vmatrix} a_{22} & a_{23} \\ a_{23} & a_{33} \end{vmatrix} + \begin{vmatrix} a_{11} & a_{13} \\ a_{13} & a_{33} \end{vmatrix} + \begin{vmatrix} a_{11} & a_{12} \\ a_{12} & a_{22} \end{vmatrix}\right),$$

$$c = |\boldsymbol{A}|$$

在正交变换 (4.11) 下是不变的.

原方程 (4.10) 还可以写成如下形式

$$(x\ y\ z\ 1)\begin{pmatrix} a_{11} & a_{12} & a_{13} & a_{14} \\ a_{12} & a_{22} & a_{23} & a_{24} \\ a_{13} & a_{23} & a_{33} & a_{34} \\ a_{14} & a_{24} & a_{34} & a_{44} \end{pmatrix}\begin{pmatrix} x \\ y \\ z \\ 1 \end{pmatrix} = 0. \tag{4.12}$$

正交变换 (4.11) 可以写成

$$\begin{pmatrix} x \\ y \\ z \\ 1 \end{pmatrix} = \begin{pmatrix} c_{11} & c_{12} & c_{13} & 0 \\ c_{21} & c_{22} & c_{23} & 0 \\ c_{31} & c_{32} & c_{33} & 0 \\ 0 & 0 & 0 & 1 \end{pmatrix}\begin{pmatrix} x' \\ y' \\ z' \\ 1 \end{pmatrix}, \tag{4.13}$$

在正交变换 (4.13) 下方程 (4.12) 化为

$$(x'\ y'\ z'\ 1)\widetilde{\boldsymbol{C}}^{\mathrm{T}}\widetilde{\boldsymbol{A}}\widetilde{\boldsymbol{C}}\begin{pmatrix} x' \\ y' \\ z' \\ 1 \end{pmatrix} = 0,$$

其中

$$\widetilde{\boldsymbol{A}} = \begin{pmatrix} a_{11} & a_{12} & a_{13} & a_{14} \\ a_{12} & a_{22} & a_{23} & a_{24} \\ a_{13} & a_{23} & a_{33} & a_{34} \\ a_{14} & a_{24} & a_{34} & a_{44} \end{pmatrix}, \quad \widetilde{\boldsymbol{C}} = \begin{pmatrix} c_{11} & c_{12} & c_{13} & 0 \\ c_{21} & c_{22} & c_{23} & 0 \\ c_{31} & c_{32} & c_{33} & 0 \\ 0 & 0 & 0 & 1 \end{pmatrix}.$$

记 $\widetilde{\boldsymbol{A}}' = \widetilde{\boldsymbol{C}}^{\mathrm{T}}\widetilde{\boldsymbol{A}}\widetilde{\boldsymbol{C}}$, 则 $\widetilde{\boldsymbol{A}}'$ 与 $\widetilde{\boldsymbol{A}}$ 有相同的特征多项式

$$|\widetilde{\boldsymbol{A}'} - \lambda\boldsymbol{E}| = |\widetilde{\boldsymbol{C}}^{\mathrm{T}}\widetilde{\boldsymbol{A}}\widetilde{\boldsymbol{C}} - \lambda\boldsymbol{E}| = |\widetilde{\boldsymbol{A}} - \lambda\boldsymbol{E}|.$$

如果记

$$|\widetilde{\boldsymbol{A}}-\lambda\boldsymbol{E}|=\lambda^4+a'\lambda^3+b'\lambda^2+c'\lambda+d',$$

则系数

$$a'=-(a_{11}+a_{22}+a_{33}+a_{44}),$$

$$b'=-b+\left(\begin{vmatrix}a_{11}&a_{14}\\a_{14}&a_{44}\end{vmatrix}+\begin{vmatrix}a_{22}&a_{24}\\a_{24}&a_{44}\end{vmatrix}+\begin{vmatrix}a_{33}&a_{34}\\a_{34}&a_{44}\end{vmatrix}\right),$$

$$c'=-c-\left(\begin{vmatrix}a_{22}&a_{23}&a_{24}\\a_{23}&a_{33}&a_{34}\\a_{24}&a_{34}&a_{44}\end{vmatrix}+\begin{vmatrix}a_{11}&a_{13}&a_{14}\\a_{13}&a_{33}&a_{34}\\a_{14}&a_{34}&a_{44}\end{vmatrix}+\begin{vmatrix}a_{11}&a_{12}&a_{14}\\a_{12}&a_{22}&a_{24}\\a_{14}&a_{24}&a_{44}\end{vmatrix}\right),$$

$$d'=|\widetilde{\boldsymbol{A}}|$$

在正交变换 (4.13) 下是不变的.

综合上面的结果有如下结论.

定理 4.4.1　设二次曲面 S 在一个空间直角坐标系中有方程

$$a_{11}x^2+a_{22}y^2+a_{33}z^2+2a_{12}xy+2a_{13}xz+2a_{23}yz+2a_{14}x+2a_{24}y+2a_{34}z+a_{44}=0,$$

则

$$I_1=a_{11}+a_{22}+a_{33},$$

$$I_2=\begin{vmatrix}a_{22}&a_{23}\\a_{23}&a_{33}\end{vmatrix}+\begin{vmatrix}a_{11}&a_{13}\\a_{13}&a_{33}\end{vmatrix}+\begin{vmatrix}a_{11}&a_{12}\\a_{12}&a_{22}\end{vmatrix},$$

$$I_3=\begin{vmatrix}a_{11}&a_{12}&a_{13}\\a_{12}&a_{22}&a_{23}\\a_{13}&a_{23}&a_{33}\end{vmatrix},$$

$$I_4=\begin{vmatrix}a_{11}&a_{12}&a_{13}&a_{14}\\a_{12}&a_{22}&a_{23}&a_{24}\\a_{13}&a_{23}&a_{33}&a_{34}\\a_{14}&a_{24}&a_{34}&a_{44}\end{vmatrix},$$

$$K_1=\begin{vmatrix}a_{11}&a_{14}\\a_{14}&a_{44}\end{vmatrix}+\begin{vmatrix}a_{22}&a_{24}\\a_{24}&a_{44}\end{vmatrix}+\begin{vmatrix}a_{33}&a_{34}\\a_{34}&a_{44}\end{vmatrix},$$

$$K_2=\begin{vmatrix}a_{22}&a_{23}&a_{24}\\a_{23}&a_{33}&a_{34}\\a_{24}&a_{34}&a_{44}\end{vmatrix}+\begin{vmatrix}a_{11}&a_{13}&a_{14}\\a_{13}&a_{33}&a_{34}\\a_{14}&a_{34}&a_{44}\end{vmatrix}+\begin{vmatrix}a_{11}&a_{12}&a_{14}\\a_{12}&a_{22}&a_{24}\\a_{14}&a_{24}&a_{44}\end{vmatrix}$$

在正交变换下是不变的.

下面考虑平移变换下的不变量, 如果作平移变换

$$\begin{cases}x=x'+x_0,\\y=y'+y_0,\\z=z'+z_0,\end{cases}$$

则二次曲面的方程 (4.10) 化为

$$((x'\ y'\ z')+(x_0\ y_0\ z_0))\boldsymbol{A}\left(\begin{pmatrix}x'\\y'\\z'\end{pmatrix}+\begin{pmatrix}x_0\\y_0\\z_0\end{pmatrix}\right)$$

$$+2(a_{14}\ a_{24}\ a_{34})\left(\begin{pmatrix}x'\\y'\\z'\end{pmatrix}+\begin{pmatrix}x_0\\y_0\\z_0\end{pmatrix}\right)+a_{44}=0,$$

即

$$(x'\ y'\ z')\boldsymbol{A}\begin{pmatrix}x'\\y'\\z'\end{pmatrix}+2((x_0\ y_0\ z_0)\boldsymbol{A}+(a_{14}\ a_{24}\ a_{34}))\begin{pmatrix}x'\\y'\\z'\end{pmatrix}$$

$$+(x_0\ y_0\ z_0)\boldsymbol{A}\begin{pmatrix}x_0\\y_0\\z_0\end{pmatrix}+2(a_{14}\ a_{24}\ a_{34})\begin{pmatrix}x_0\\y_0\\z_0\end{pmatrix}+a_{44}=0.$$

利用行列式的性质来计算上述的不变量不难得出如下定理.

定理 4.4.2 设二次曲面 S 在一个空间直角坐标系中有方程 (4.10), 则 I_1, I_2, I_3, I_4 在平移变换下是不变的.

定义 4.4.1 称 I_1,I_2,I_3,I_4 为空间二次方程对于直角坐标变换的**正交不变量**. 称 K_1,K_2 为**半正交不变量**.

利用类似的方法我们可以得到平面二次曲线的不变量理论.

定理 4.4.3　设二次曲线 Γ 在一个平面直角坐标系中有方程

$$a_{11}x^2 + 2a_{12}xy + a_{22}y^2 + 2a_{13}x + 2a_{23}y + a_{33} = 0, \tag{4.14}$$

则

$$I_1 = a_{11} + a_{22},$$

$$I_2 = \begin{vmatrix} a_{11} & a_{12} \\ a_{12} & a_{22} \end{vmatrix},$$

$$I_3 = \begin{vmatrix} a_{11} & a_{12} & a_{13} \\ a_{12} & a_{22} & a_{23} \\ a_{13} & a_{23} & a_{33} \end{vmatrix}$$

在直角坐标变换下是不变的;

$$K_1 = \begin{vmatrix} a_{11} & a_{13} \\ a_{13} & a_{33} \end{vmatrix} + \begin{vmatrix} a_{22} & a_{23} \\ a_{23} & a_{33} \end{vmatrix}$$

在正交变换下是不变的.

如果已知二次曲线在一个直角坐标系中的方程, 就可以通过直角坐标变换和整理方程来得到它的标准方程, 因此可以根据标准方程不变量的情况, 来进行二次曲线的分类. 具体做法如下.

二次曲线的方程 (4.14) 用矩阵表示有

$$(x\ y)\begin{pmatrix} a_{11} & a_{12} \\ a_{12} & a_{22} \end{pmatrix}\begin{pmatrix} x \\ y \end{pmatrix} + 2(a_{13}\ a_{23})\begin{pmatrix} x \\ y \end{pmatrix} + a_{33} = 0. \tag{4.15}$$

根据实对称矩阵的对角化理论, 可知一定存在正交变换

$$\begin{pmatrix} x \\ y \end{pmatrix} = \boldsymbol{C}\begin{pmatrix} x' \\ y' \end{pmatrix}$$

使得方程 (4.15) 可化为

$$\lambda x'^2 + \mu y'^2 + 2ax' + 2by' + c = 0, \tag{4.16}$$

此时不变量

$$\lambda\mu = \begin{vmatrix} \lambda & 0 \\ 0 & \mu \end{vmatrix} = \begin{vmatrix} a_{11} & a_{12} \\ a_{12} & a_{22} \end{vmatrix} = I_2,$$

$$\lambda + \mu = a_{11} + a_{22} = I_1.$$

情形 1. 如果 $I_2 \neq 0$, 则可作平移变换, 将方程 (4.16) 化为

$$\lambda x''^2 + \mu y''^2 + \tau = 0. \tag{4.17}$$

此时不变量

$$\lambda\mu\tau = I_2\tau = \begin{vmatrix} \lambda & 0 & 0 \\ 0 & \mu & 0 \\ 0 & 0 & \tau \end{vmatrix} = \begin{vmatrix} a_{11} & a_{12} & a_{13} \\ a_{12} & a_{22} & a_{23} \\ a_{13} & a_{23} & a_{33} \end{vmatrix} = I_3,$$

所以

$$\tau = \frac{I_3}{I_2}.$$

方程 (4.17) 可写成

$$\lambda x''^2 + \mu y''^2 + \frac{I_3}{I_2} = 0, \quad \lambda + \mu = I_1, \quad \lambda\mu = I_2.$$

情形 2. 如果 $I_2 = 0$, 即 $\lambda\mu = 0$, 不妨设 $\lambda = 0$, 则方程 (4.16) 为

$$\mu y'^2 + 2ax' + 2by' + c = 0. \tag{4.18}$$

此时不变量

$$I_3 = \begin{vmatrix} 0 & 0 & a \\ 0 & \mu & b \\ a & b & c \end{vmatrix} = -a^2\mu,$$

可见 $I_3 = 0$ 当且仅当 $a = 0$.

(1) 若 $I_3 \neq 0$, 则可作平移变换将方程 (4.18) 化为

$$\mu y''^2 + 2\tau x'' = 0. \tag{4.19}$$

此时不变量

$$I_3 = \begin{vmatrix} 0 & 0 & \tau \\ 0 & \mu & 0 \\ \tau & 0 & 0 \end{vmatrix} = -\tau^2\mu, \quad I_1 = \mu,$$

我们可以取 $\tau=\sqrt{\dfrac{-I_3}{I_1}}$, 则方程 (4.19) 可写成

$$I_1y''^2+2\sqrt{\frac{-I_3}{I_1}}x''=0.$$

(2) 若 $I_3=0$, 则 $a=0$, 方程 (4.18) 为

$$\mu y'^2+2by'+c=0. \tag{4.20}$$

此时不变量

$$K_1=\begin{vmatrix}0&0\\0&c\end{vmatrix}+\begin{vmatrix}\mu&b\\b&c\end{vmatrix}=\mu c-b^2,$$

又 $c=a_{33},\mu=I_1$, 所以

$$K_1=I_1a_{33}-b^2,$$

可以取

$$b=\sqrt{I_1a_{33}-K_1},$$

方程 (4.20) 可写成

$$I_1y'^2+2\sqrt{I_1a_{33}-K_1}y'+a_{33}=0,$$

进一步化为

$$y''^2+\frac{K_1}{I_1^2}=0,$$

其中

$$y''=y'+\frac{\sqrt{I_1a_{33}-K_1}}{I_1}.$$

二次曲线标准方程的不变量的正负决定了它的类型, 根据不变量的性质, 如果知道二次曲线在某个直角坐标系中的方程, 就可以通过不变量判别它的类型, 归纳为表 4.1.

表 4.1

<table>
<tr><th>类型</th><th colspan="2">不变量情况</th><th>曲线名称</th><th>方程</th></tr>
<tr><td rowspan="3">$I_2 > 0$ 椭圆型</td><td colspan="2">$I_1 I_3 < 0$</td><td>椭圆</td><td rowspan="5">$\lambda x^2 + \mu y^2 + \dfrac{I_3}{I_2} = 0$
$\lambda + \mu = I_1$
$\lambda\mu = I_2$</td></tr>
<tr><td colspan="2">$I_1 I_3 > 0$</td><td>虚椭圆</td></tr>
<tr><td colspan="2">$I_1 I_3 = 0$</td><td>一点</td></tr>
<tr><td rowspan="2">$I_2 < 0$ 双曲型</td><td colspan="2">$I_3 \neq 0$</td><td>双曲线</td></tr>
<tr><td colspan="2">$I_3 = 0$</td><td>一对相交直线</td></tr>
<tr><td rowspan="4">$I_2 = 0$ 抛物型</td><td colspan="2">$I_3 \neq 0$</td><td>抛物线</td><td>$I_1 y^2 + 2\sqrt{-\dfrac{I_3}{I_1}}x = 0$</td></tr>
<tr><td rowspan="3">$I_3 = 0$</td><td>$K_1 < 0$</td><td>一对平行直线</td><td rowspan="3">$y^2 + \dfrac{K_1}{I_1^2} = 0$</td></tr>
<tr><td>$K_1 = 0$</td><td>一对重合直线</td></tr>
<tr><td>$K_1 > 0$</td><td>一对虚直线</td></tr>
</table>

类似地，我们知道每一类二次曲面也有自己的标准方程，因此可以根据标准方程不变量的情况，来进行二次曲面的分类，详见表 4.2.

表 4.2

<table>
<tr><th colspan="3">类型</th><th colspan="2">不变量情况</th><th>曲线名称</th><th>方程</th></tr>
<tr><td rowspan="6">有心型
$I_3 \neq 0$</td><td colspan="2" rowspan="3">椭圆型
$I_2 > 0, I_1 I_3 > 0$</td><td colspan="2">$I_4 < 0$</td><td>椭球面</td><td rowspan="6">$\alpha x^2 + \beta y^2 + \gamma z^2 + \dfrac{I_4}{I_3} = 0$
$\alpha + \beta + \gamma = I_1$
$\alpha\beta + \beta\gamma + \gamma\alpha = I_2$
$\alpha\beta\gamma = I_3$</td></tr>
<tr><td colspan="2">$I_4 > 0$</td><td>虚椭球面</td></tr>
<tr><td colspan="2">$I_4 = 0$</td><td>一个点</td></tr>
<tr><td colspan="2" rowspan="3">双曲型
$I_2 \leqslant 0$ 或 $I_1 I_3 \leqslant 0$</td><td colspan="2">$I_4 > 0$</td><td>单叶双曲面</td></tr>
<tr><td colspan="2">$I_4 < 0$</td><td>双叶双曲面</td></tr>
<tr><td colspan="2">$I_4 = 0$</td><td>二次锥面</td></tr>
<tr><td rowspan="11">无心
(包括多
心) 型
$I_3 = 0$</td><td rowspan="2">$I_4 \neq 0$</td><td rowspan="2">抛物型</td><td colspan="2">$I_2 > 0$</td><td>椭圆抛物面</td><td rowspan="2">$\alpha x^2 + \beta y^2 + 2\sqrt{\dfrac{-I_4}{I_2}}z = 0$
$\alpha + \beta = I_1, \alpha\beta = I_2$</td></tr>
<tr><td colspan="2">$I_2 < 0$</td><td>双曲抛物面</td></tr>
<tr><td rowspan="9">$I_4 = 0$</td><td rowspan="3">椭圆型
$I_2 > 0$</td><td colspan="2">$I_1 K_2 < 0$</td><td>椭圆柱面</td><td rowspan="5">$\alpha x^2 + \beta y^2 + \dfrac{K_2}{I_2} = 0$
$\alpha + \beta = I_1, \alpha\beta = I_2$</td></tr>
<tr><td colspan="2">$I_1 K_2 > 0$</td><td>虚椭圆柱面</td></tr>
<tr><td colspan="2">$K_2 = 0$</td><td>一条直线</td></tr>
<tr><td rowspan="2">双曲型
$I_2 < 0$</td><td colspan="2">$K_2 \neq 0$</td><td>双曲柱面</td></tr>
<tr><td colspan="2">$K_2 = 0$</td><td>一对相交平面</td></tr>
<tr><td rowspan="4">抛物型
$I_2 = 0$</td><td colspan="2">$K_2 \neq 0$</td><td>抛物柱面</td><td>$I_1 x^2 + 2\sqrt{\dfrac{-K_2}{I_1}}y = 0$</td></tr>
<tr><td rowspan="3">$K_2 = 0$</td><td>$K_1 < 0$</td><td>一对平行平面</td><td rowspan="3">$x^2 + \dfrac{K_1}{I_1^2} = 0$</td></tr>
<tr><td>$K_1 > 0$</td><td>一对虚平面</td></tr>
<tr><td>$K_1 = 0$</td><td>一对重合平面</td></tr>
</table>

习题 4.4

1. 利用不变量判别下列二次曲面的类型并求出标准方程:

(1) $3x^2+5y^2+3z^2+2xy+2yz+2xz-4x-8z+5=0$;

(2) $xy+yz+xz-a^2=0$;

(3) $5x^2-4y^2+5z^2+4xy+4yz-14zx+16x+16y-32z+8=0$;

(4) $2y^2+4xz+2x-4y+6z+5=0$.

2. 讨论实数 t 取不同值时, 方程

$$x^2+(2t^2+1)(y^2+z^2)-2xy-2yz-2xz-2t^2+3t-1=0$$

各表示什么曲面?

3. 证明二次锥面

$$a_{11}x^2+a_{22}y^2+a_{33}z^2+2a_{12}xy+2a_{13}xz+2a_{23}yz=0$$

上有三条互相垂直的直母线的充要条件是 $I_1=0$.

4. 证明定理 4.4.2.

5. 证明如果二次方程 $F(x,y,z)=0$ 表示圆柱面, 那么 $I_3=I_4=0$, $I_1^2=4I_2$; 指出当 λ,μ 为何值时, 方程

$$x^2-y^2+3z^2+(\lambda x+\mu y)^2-1=0$$

所表示的图形为圆柱面.

6. 将单叶双曲面一般方程 $F(x,y,z)=0$ 中的常数项 a 换成 b, 试问 b 取不同值时可得到什么曲面?

7. 由单叶双曲面 $\dfrac{x^2}{a^2}+\dfrac{y^2}{b^2}-\dfrac{z^2}{c^2}=1$ 的中心引三条互相垂直的射线, 分别交单叶双曲面于点 P_1,P_2,P_3, 记 $r_i=|\overrightarrow{OP_i}|$, $i=1,2,3$, 证明:

$$\frac{1}{r_1^2}+\frac{1}{r_2^2}+\frac{1}{r_3^2}=\frac{1}{a^2}+\frac{1}{b^2}-\frac{1}{c^2}.$$

8. 利用不变量判别下列二次曲线的类型并求出标准方程:

(1) $8x^2+6xy-26x-12y+13=0$;

(2) $5x^2-8xy+5y^2+18x-18y+9=0$;

(3) $x^2+2xy+y^2-8x+4=0$;

(4) $4x^2+4xy+y^2-10x-5y+6=0$.

9. 讨论实数 t 取不同值时, 方程

$$x^2-4xy+y^2-4txy-2tx+8y+3-2t=0$$

各表示什么曲线?

10. 设二次曲线 Γ 的方程为 $F(x,y)=0$, 证明：

(1) Γ 是圆的充要条件是 $I_1^2=4I_2$, $I_1I_3<0$;

(2) Γ 是等轴双曲线 (两条渐近线互相垂直) 的充要条件是 $I_1=0$, $I_3\neq 0$.

11. 设二次方程 $F(x,y)=0$ 表示的图形是两条平行直线, 证明这两条平行直线的距离为

$$d=\sqrt{-\frac{4K_1}{I_1^2}}.$$

第 5 章　n 维空间

我们已经认识了平面和空间中的一些几何图形，为了把研究对象向更广的范围延伸，现在我们将介绍一般的 n 维空间. 本章主要研究 n 维向量空间、n 维仿射空间和 n 维欧氏空间及其性质，并在最后一节中介绍了对偶空间和张量空间的基本概念.

5.1　n 维向量空间和仿射空间

首先，从前面所学空间中的向量和它的运算体系抽象出一般的向量空间的概念.

5.1.1　向量空间及其子空间

定义 5.1.1　设 V 是一个非空集合，$\mathbb{K}$ 是一个数域. 如果存在加法运算

$$+: V \times V \to V, \quad (\boldsymbol{\alpha}, \boldsymbol{\beta}) \to \boldsymbol{\alpha} + \boldsymbol{\beta}$$

和数乘运算

$$\cdot: \mathbb{K} \times V \to V \quad (k, \boldsymbol{\alpha}) \to k \cdot \boldsymbol{\alpha}$$

满足

(1) $(\boldsymbol{\alpha} + \boldsymbol{\beta}) + \boldsymbol{\gamma} = \boldsymbol{\alpha} + (\boldsymbol{\beta} + \boldsymbol{\gamma})$;

(2) $\boldsymbol{\alpha} + \boldsymbol{\beta} = \boldsymbol{\beta} + \boldsymbol{\alpha}$;

(3) 存在一个元素 $\mathbf{0} \in V$，对于任意 $\boldsymbol{\alpha} \in V$，有

$$\mathbf{0} + \boldsymbol{\alpha} = \boldsymbol{\alpha},$$

元素 $\mathbf{0}$ 称为 V 的**零元**;

(4) 对于任意 $\boldsymbol{\alpha} \in V$，存在 $\boldsymbol{\beta} \in V$，使得

$$\boldsymbol{\alpha} + \boldsymbol{\beta} = \mathbf{0},$$

元素 $\boldsymbol{\beta}$ 称为 $\boldsymbol{\alpha}$ 的**负元**, 记为 $-\boldsymbol{\alpha}$;

(5) $k\cdot(\boldsymbol{\alpha}+\boldsymbol{\beta})=k\cdot\boldsymbol{\alpha}+k\cdot\boldsymbol{\beta}$;

(6) $(k+m)\cdot\boldsymbol{\alpha}=k\cdot\boldsymbol{\alpha}+m\cdot\boldsymbol{\alpha}$;

(7) $(km)\cdot\boldsymbol{\alpha}=k\cdot(m\cdot\boldsymbol{\alpha})$;

(8) $1\cdot\boldsymbol{\alpha}=\boldsymbol{\alpha}$,

其中 $\boldsymbol{\alpha},\boldsymbol{\beta},\boldsymbol{\gamma}\in V$, $k,m\in\mathbb{K}$, 则称 V 为数域 $\mathbb{K}$ 上的一个**向量空间**.

向量空间中的元素称为**向量**, 零元称为**零向量**, 负元称为**负向量**. 根据定义, 容易看出向量空间有如下性质.

命题 5.1.1 设 V 是数域 $\mathbb{K}$ 上的一个向量空间, 则

(1) V 的零向量是唯一的;

(2) 对于任意 $\boldsymbol{\alpha}\in V$, 其负向量是唯一的;

(3) 对于任意 $k\in\mathbb{K},\boldsymbol{\alpha}\in V$, 有 $0\cdot\boldsymbol{\alpha}=\mathbf{0}$, $k\cdot\mathbf{0}=\mathbf{0}$;

(4) 对于任意 $\boldsymbol{\alpha}\in V$, 有 $(-1)\cdot\boldsymbol{\alpha}=-\boldsymbol{\alpha}$.

定义 5.1.2 设 V 是数域 $\mathbb{K}$ 上的一个向量空间, U 是 V 的一个非空子集. 如果 V 中的运算在 U 中封闭, 即对于任意 $\boldsymbol{\alpha},\boldsymbol{\beta}\in U$, $k\in\mathbb{K}$, 总有

$$\boldsymbol{\alpha}+\boldsymbol{\beta}\in U,\quad k\boldsymbol{\alpha}\in U,$$

则 U 也构成向量空间, 称为 V 的一个**子空间**.

例 5.1.1 下面给出向量空间的几个例子:

(1) 设 $V=\{\boldsymbol{\alpha}\}$ 是只有一个元素的集合, $\mathbb{K}$ 为任意一个数域. 定义

$$\boldsymbol{\alpha}+\boldsymbol{\alpha}=\boldsymbol{\alpha},\quad k\cdot\boldsymbol{\alpha}=\boldsymbol{\alpha},\quad \forall k\in\mathbb{K},$$

则 V 构成 $\mathbb{K}$ 上的向量空间.

(2) 设 V_3, V_2, V_1 分别是空间中所有向量的集合、空间中平行于某个平面的向量集合、空间中平行于某条直线的向量集合. 在向量的加法和数乘运算下, V_3,V_2,V_1 都构成实数域 $\mathbb{R}$ 上的向量空间, 且 V_1,V_2 都是 V_3 的子空间.

(3) 设 V 是所有 $m\times n$ 实矩阵的集合, 在矩阵的加法与数乘运算下, V 构成了实数域 $\mathbb{R}$ 上的向量空间. 特别地, 所有 $n\times 1$ 矩阵和所有 $1\times n$ 矩阵的集合也分别构成实数域 $\mathbb{R}$ 上的向量空间.

(4) 设 V 是所有 n 阶实矩阵的集合, 在矩阵的加法和数乘运算下, V 构成实数域 $\mathbb{R}$ 上的向量空间. 设 V_1 是所有迹为 0 的 n 阶实矩阵的集合, V_2 是所有 n 阶反对称实矩阵的集合, 则 V_1 和 V_2 都是 V 的子空间, V_2 是 V_1 的子空间.

(5) 设 V 是所有实系数多项式的集合, 在多项式的加法和数乘运算下, V 构成实数域 $\mathbb{R}$ 上的向量空间. 设 W 是所有次数小于等于 n 的实系数多项式的集合, 则 W 是 V 的子空间.

(6) 设 $\mathbb{C},\mathbb{R},\mathbb{Q}$ 分别是复数域、实数域和有理数域, 在数的加法和乘法运算下, 全体复数的集合 $\mathbb{C}$ 分别构成 $\mathbb{C},\mathbb{R},\mathbb{Q}$ 上的向量空间.

(7) 设 V 是所有实数数列的集合, 在数列的加法和数乘运算下, V 构成实数域 $\mathbb{R}$ 上的向量空间. 设 W 是所有有极限的实数数列的集合, 则 W 是 V 的子空间.

从这些例子可以看出, 采用公理化方法定义的向量空间具有广泛的适用性, 包括数、数列、矩阵、多项式和空间中的向量等. 研究清楚抽象向量空间的结构和性质, 就可以将结论应用到每一个具体的向量空间中, 起到事半功倍的作用. 当然在学习过程中可以将我们前面熟悉的有向线段构成的向量作为例子, 帮助理解抽象的向量空间.

5.1.2　向量空间的基和维数

空间中所有向量的集合构成实数域上的向量空间 V, 取定三个不共面的向量 $\boldsymbol{e}_1,\boldsymbol{e}_2,\boldsymbol{e}_3$, 则 V 中的每一个向量 $\boldsymbol{\alpha}$ 都可以由 $\boldsymbol{e}_1,\boldsymbol{e}_2,\boldsymbol{e}_3$ 线性表示, 且表示方式是唯一的, 我们把 $\boldsymbol{e}_1,\boldsymbol{e}_2,\boldsymbol{e}_3$ 称为 V 的一个基. 由此抽象出一般向量空间的基的概念.

定义 5.1.3　设 V 是数域 $\mathbb{K}$ 上的一个向量空间. $A_m=\{\boldsymbol{\alpha}_1,\boldsymbol{\alpha}_2,\cdots,\boldsymbol{\alpha}_m\}$ 是 V 中的一个向量组, 如果存在不全为 0 的 $k_i\in\mathbb{K}$, $i=1,2,\cdots,m$, 使得

$$\sum_{i=1}^{m}k_i\boldsymbol{\alpha}_i=\mathbf{0},$$

则称向量组 A_m 是**线性相关**的, 否则称 A_m 是**线性无关**的.

易知 A_m 是线性无关的当且仅当如果存在 $k_i\in\mathbb{K}$, 使得

$$\sum_{i=1}^{m}k_i\boldsymbol{\alpha}_i=\mathbf{0},$$

则必有 $k_i=0$, $i=1,2,\cdots,m$.

定义 5.1.4　设 V 是数域 $\mathbb{K}$ 上的一个向量空间. 对于 V 中的向量组 $A_m=\{\boldsymbol{\alpha}_1,\boldsymbol{\alpha}_2,\cdots,\boldsymbol{\alpha}_m\}$ 和任意的 $k_i\in\mathbb{K}$, $i=1,2,\cdots,m$, 我们称 $\sum\limits_{i=1}^{m}k_i\boldsymbol{\alpha}_i$ 为 A_m 的**线性组合**. 若 $\boldsymbol{u}\in V$ 可写成 $\boldsymbol{u}=\sum\limits_{i=1}^{m}k_i\boldsymbol{\alpha}_i$, 则称 $\boldsymbol{u}$ 可由 A_m **线性表示**.

定义 5.1.5 设 V 是数域 $\mathbb{K}$ 上的一个向量空间.

(1) 如果 V 中的线性无关向量组中含有的向量个数均为有限多个, 则称 V 为**有限维向量空间**, 否则称为**无穷维向量空间**.

(2) 如果 V 中的线性无关向量组中含有的向量最大个数是 n, 则称 n 为 V 的**维数**, 记作 $\dim V = n$, 称 V 为 n **维向量空间**, 记作 V_n. 特别地, 若 V 中没有线性无关向量组, 则称 V 为 0 **维向量空间**.

(3) n 维向量空间 V_n 中任意一个 n 元线性无关向量组 $A_n=\{\boldsymbol{\alpha}_1,\boldsymbol{\alpha}_2,\cdots,\boldsymbol{\alpha}_n\}$ 称为 V_n 的一个**基**.

例 5.1.2 考虑例 5.1.1 中的七个向量空间, 容易看到

(2) 中的向量空间, $\dim V_3 = 3$, 任意三个不共面的向量是一个基; $\dim V_2 = 2$, 平行于该平面的两个不共线向量是一个基; $\dim V_1 = 1$, 该直线方向向量是一个基.

(3) 中的向量空间维数是 mn.

(5) 中 V 是无穷维向量空间, W 是 $n+1$ 维向量空间, $\{1, x, x^2, \cdots, x^n\}$ 是一个基.

(6) 中 $\mathbb{C}$ 是数域 $\mathbb{C}$ 上的向量空间时维数是 1, $\mathbb{C}$ 是数域 $\mathbb{R}$ 上的向量空间时维数是 2, 而 $\mathbb{C}$ 是 $\mathbb{Q}$ 上的无穷维向量空间.

上面基的定义是依赖于向量空间的维数的, 但在有些情况下我们并不知道维数, 如何来找到向量空间的基呢? 可以利用下面的办法, 进而通过基来确定维数.

命题 5.1.2 设 V 是数域 $\mathbb{K}$ 上的一个向量空间, $A_n = \{\boldsymbol{\alpha}_1,\boldsymbol{\alpha}_2,\cdots,\boldsymbol{\alpha}_n\}$ 是 V 中的一个线性无关向量组, 如果 V 中每一个向量 $\boldsymbol{u}$ 都可以写成 A_n 的线性组合, 则 A_n 是 V 的一个基且 $\dim V = n$.

有限维向量空间都有基, 基最重要的性质是可以线性表示向量空间中的每一个向量, 且表示方式唯一.

命题 5.1.3 设 V 是数域 $\mathbb{K}$ 上的一个向量空间, $A_n = \{\boldsymbol{\alpha}_1,\boldsymbol{\alpha}_2,\cdots,\boldsymbol{\alpha}_n\}$ 是 V 的一个基, 则任意的 $\boldsymbol{u} \in V$ 都可以唯一地写成

$$\boldsymbol{u} = \sum_{i=1}^{n} u_i \boldsymbol{\alpha}_i,$$

其中 $u_i \in \mathbb{K}$, $i = 1, 2, \cdots, n$.

证明 因为 A_n 是 V 的一个基, 所以 $\{\boldsymbol{u}, \boldsymbol{\alpha}_1, \cdots, \boldsymbol{\alpha}_n\}$ 是线性相关的向量组, 从而存在不全为 0 的系数 k_i, $i = 0, 1, \cdots, n$, 使得

$$k_0\boldsymbol{u} + k_1\boldsymbol{\alpha}_1 + \cdots + k_n\boldsymbol{\alpha}_n = \boldsymbol{0}.$$

注意到 k_0 不为 0, 不然与 $\{\boldsymbol{\alpha}_1, \boldsymbol{\alpha}_2, \cdots, \boldsymbol{\alpha}_n\}$ 线性无关矛盾. 这样就可以解出

$$\boldsymbol{u} = \sum_{i=1}^{n} u_i \boldsymbol{\alpha}_i.$$

下面证明唯一性, 不妨假设还有

$$\boldsymbol{u} = \sum_{i=1}^{n} u_i' \boldsymbol{\alpha}_i,$$

其中存在 $m \in \{1, 2, \cdots, n\}$, 使得 $u_m' \neq u_m$, 那么有

$$\boldsymbol{0} = \sum_{i=1}^{n} (u_i' - u_i) \boldsymbol{\alpha}_i,$$

说明 A_n 线性相关, 这与基的概念矛盾. □

对于 n 维向量空间 V_n, 取定基 A_n 后, V_n 中的向量与 n 元数组一一对应:

$$\boldsymbol{u} = \sum_{i=1}^{n} u_i \boldsymbol{\alpha}_i \to (u_1, u_2, \cdots, u_n).$$

我们称 n 元数组 $(u_1, \cdots, u_n)$ 为 $\boldsymbol{u}$ 在基 A_n 下的**坐标**, 常写成 $\boldsymbol{u} = (u_1, u_2, \cdots, u_n)$.

向量的运算可以由其坐标来表示, 对于向量 $\boldsymbol{u} = (u_1, u_2, \cdots, u_n)$, $\boldsymbol{v} = (v_1, v_2, \cdots, v_n)$ 以及 $k \in \mathbb{K}$, 我们有

$$\boldsymbol{u} + \boldsymbol{v} = (u_1 + v_1, u_2 + v_2, \cdots, u_n + v_n),$$

$$k\boldsymbol{u} = (ku_1, ku_2, \cdots, ku_n).$$

5.1.3　n 维仿射空间

空间中全体向量构成的向量空间与空间本身是不一样的, 只有在取定原点之后, 空间中的点与向量 (定位向量) 才能一一对应起来. 接下来, 我们把类似的想法推广到高维的情形, 给出 n 维仿射空间的概念.

定义 5.1.6　设 S 是一个非空集合, V_n 是一个 n 维向量空间. 如果 S 中任意一对有序元素 A, B, 有唯一的一个 V_n 中向量与之对应, 记成 $\overrightarrow{AB}$, 且满足

(1) 对于任意 $A \in S$, $\boldsymbol{u} \in V_n$, 存在唯一 $B \in S$, 使得 $\overrightarrow{AB} = \boldsymbol{u}$;

(2) 对于任意 $A, B, C \in S$, 有 $\overrightarrow{AB} + \overrightarrow{BC} = \overrightarrow{AC}$,

则称 S 为 n 维**仿射空间**, 记作 R^n.

命题 5.1.4 设 S 是一个 n 维仿射空间, 则对于任意 $A, B \in S$, 有

$$\overrightarrow{AA} = \mathbf{0}, \quad \overrightarrow{AB} = -\overrightarrow{BA}.$$

证明 由定义 5.1.6 中的 (2) 知

$$\overrightarrow{AA} + \overrightarrow{AA} = \overrightarrow{AA}, \quad \overrightarrow{AB} + \overrightarrow{BA} = \overrightarrow{AA},$$

故 $\overrightarrow{AA} = \mathbf{0}, \overrightarrow{AB} = -\overrightarrow{BA}$. □

例 5.1.3 (1) 通常的空间是 3 维仿射空间, 平面是 2 维仿射空间, 直线是 1 维仿射空间.

(2) 设 V_n 是一个 n 维向量空间, 令 $S = V_n$, 即把 V_n 中的向量看成元素. 对于 S 中的一对有序元素 A, B, 规定 $\overrightarrow{AB} = B - A$, 则在这个规定下, V_n 也是 n 维仿射空间.

定义 5.1.7 设 R^n 是一个 n 维仿射空间, V_n 为其对应的 n 维向量空间, $V_k \subset V_n$ 为 V_n 的 k 维子空间, $M_0 \in R^n$, 称点集

$$\{M | M \in R^n, \overrightarrow{M_0M} \in V_k\}$$

为 R^n 的一个 k 维**仿射子空间**, 或者称为 R^n 中的一个 k 维**超平面**, 记作 $R[M_0, V_k]$, 称 V_k 为 $R[M_0, V_k]$ 的**方向子空间**. 特别地, 在同一个 1 维超平面上的点称为**共线**的, 在同一个 2 维超平面上的点称为**共面**的.

坐标法是我们研究空间中几何问题的重要方法, 在 n 维仿射空间中同样如此. 下面首先引入 R^n 中仿射坐标系的概念, 进而给出 R^n 中 k 维超平面的方程.

定义 5.1.8 设 R^n 是一个 n 维仿射空间, V_n 为其对应的 n 维向量空间. 在 R^n 中取一定点 O, 在 V_n 中取定一个基 $A_n = \{\boldsymbol{\alpha}_1, \boldsymbol{\alpha}_2, \cdots, \boldsymbol{\alpha}_n\}$, 则称 $[O; A_n]$ 为 R^n 的一个**仿射坐标系**, 称 O 为**坐标原点**, $\boldsymbol{\alpha}_1, \boldsymbol{\alpha}_2, \cdots, \boldsymbol{\alpha}_n$ 为**坐标向量**.

取定仿射坐标系 $[O; A_n]$ 之后, 对于任意 $M \in R^n$, 有 $\overrightarrow{OM} \in V_n$, 进而存在唯一的 n 元数组 $X_M = (x_1, x_2, \cdots, x_n)$, 使得

$$\overrightarrow{OM} = \sum_{i=1}^{n} x_i \boldsymbol{\alpha}_i.$$

称 $\overrightarrow{OM}$ 的坐标 X_M 为点 M 的**仿射坐标**.

设 $R[M_0, V_k]$ 是 R^n 的一个 k 维仿射子空间, $B_k = \{\boldsymbol{\beta}_1, \boldsymbol{\beta}_2, \cdots, \boldsymbol{\beta}_k\}$ 为 V_k 的一个基, 则 $M \in R[M_0, V_k]$ 当且仅当 $\overrightarrow{M_0M} \in V_k$, 从而存在唯一的 k 元数组 $(t_1, t_2, \cdots, t_k)$ 使得

$$\overrightarrow{M_0M} = \sum_{i=1}^{k} t_i\boldsymbol{\beta}_i,$$

故

$$\overrightarrow{OM} = \overrightarrow{OM_0} + \sum_{i=1}^{k} t_i\boldsymbol{\beta}_i. \tag{5.1}$$

设点 M_0 的坐标为 $(x_{10}, x_{20}, \cdots, x_{n0})$, 点 M 的坐标为 $(x_1, x_2, \cdots, x_n)$, $\boldsymbol{\beta}_i$ 的坐标为 $(b_{1i}, b_{2i}, \cdots, b_{ni})$, $i = 1, 2, \cdots, k$, 用坐标表示 (5.1) 式有

$$\begin{pmatrix} x_1 \\ x_2 \\ \vdots \\ x_n \end{pmatrix} = \begin{pmatrix} x_{10} \\ x_{20} \\ \vdots \\ x_{n0} \end{pmatrix} + \begin{pmatrix} b_{11} & b_{12} & \cdots & b_{1k} \\ b_{21} & b_{22} & \cdots & b_{2k} \\ \vdots & \vdots & & \vdots \\ b_{n1} & b_{n2} & \cdots & b_{nk} \end{pmatrix} \begin{pmatrix} t_1 \\ t_2 \\ \vdots \\ t_k \end{pmatrix},$$

这就是 k 维仿射子空间 $R[M_0, V_k]$ 的参数方程. 从中消去参数 $t_1, t_2, \cdots, t_k$, 就可以得到关于 $x_1, x_2, \cdots, x_n$ 的 $n-k$ 个 n 元一次方程构成的方程组

$$\begin{pmatrix} a_{11} & a_{12} & \cdots & a_{1n} \\ a_{21} & b_{22} & \cdots & a_{2n} \\ \vdots & \vdots & & \vdots \\ a_{(n-k)1} & a_{(n-k)2} & \cdots & a_{(n-k)n} \end{pmatrix} \begin{pmatrix} x_1 \\ x_2 \\ \vdots \\ x_n \end{pmatrix} + \begin{pmatrix} d_1 \\ d_2 \\ \vdots \\ d_{n-k} \end{pmatrix} = \begin{pmatrix} 0 \\ 0 \\ \vdots \\ 0 \end{pmatrix},$$

即为 $R[M_0, V_k]$ 的一般方程, 其中 a_{ij}, d_j 是消去参数过程中解出的系数.

习题 5.1

1. 验证例 5.1.1 中给出的各个例子是向量空间.

2. 设 $\mathbb{R}_+$ 为全体正实数的集合, $\mathbb{R}$ 为实数域, 定义加法和乘法运算如下, 对于 $a, b \in \mathbb{R}_+$ 和 $k \in \mathbb{R}$,

$$a \oplus b = ab,$$

$$k \circ a = a^k,$$

那么 $\mathbb{R}_+$ 是否构成实数域 $\mathbb{R}$ 上的向量空间?

3. 设 V 是一个向量空间, 证明:

(1) 如果 V 中只有一个元素, 则 V 是零维向量空间;

(2) 如果 V 中只有有限多个元素, 则 V 中只有一个元素.

4. 指出例 5.1.1 中 (1), (4), (7) 给出的向量空间的维数, 对于其中的有限维向量空间给出一个基.

5. 设 V 是一个向量空间, U 和 W 是 V 的子空间

(1) 证明

$$U+W=\{\boldsymbol{\alpha}+\boldsymbol{\beta}|\boldsymbol{\alpha}\in U,\boldsymbol{\beta}\in W\},$$

$$U\cap W=\{\boldsymbol{\alpha}|\boldsymbol{\alpha}\in U,\boldsymbol{\alpha}\in W\}$$

也是 V 的子空间, 分别称为 U 和 W 的和空间与交空间.

(2) 举例说明 $U\cup W$ 不一定是 V 的子空间.

6. 设 L_1,L_2,L_3 为过点 O 的三条直线, π_1,π_2 为过点 O 的两个平面, 平行于它们的全体向量分别构成实数域上的向量空间, 记作 L_1,L_2,L_3,π_1,π_2, 说明和空间 L_1+L_2, $L_1+L_2+L_3$, $L_1+\pi_1$ 以及交空间 $\pi_1\cap\pi_2$ 的类型.

7. 证明所有满足递推关系式

$$x_{n+2}=x_{n+1}+x_n$$

的实数列构成的集合在数列的加法和数乘运算下构成实数域上的二维向量空间, 并求出一个基.

8. 设 W, W_1, W_2 都是向量空间 V 的子空间, 且 $W_1\subseteq W_2$, $W\cap W_1=W\cap W_2$, $W+W_1=W+W_2$, 则有 $W_1=W_2$.

5.2 n 维欧氏向量空间和欧氏空间

5.2.1 n 维欧氏向量空间

空间中的向量除了具有加法和数乘运算外, 还有内积运算, 将其抽象出来就是下面欧氏向量空间中的内积. 有了内积之后, 我们可以求向量的模以及向量之间的夹角, 进而处理一些与度量有关的问题.

定义 5.2.1 设 V_n 是实数域 $\mathbb{R}$ 上的一个 n 维向量空间. V_n 上的一个**内积**是指一个运算 $\cdot: V_n\times V_n\to\mathbb{R}$, 对于任意 $\boldsymbol{u},\boldsymbol{v},\boldsymbol{w}\in V_n$, $k\in\mathbb{R}$, 满足

(1) $\boldsymbol{u}\cdot\boldsymbol{v}=\boldsymbol{v}\cdot\boldsymbol{u}$;

(2) $(k\boldsymbol{u})\cdot\boldsymbol{v}=k\boldsymbol{u}\cdot\boldsymbol{v}$;

(3) $(\boldsymbol{u}+\boldsymbol{v})\cdot\boldsymbol{w}=\boldsymbol{u}\cdot\boldsymbol{w}+\boldsymbol{v}\cdot\boldsymbol{w}$;

(4) $\boldsymbol{u}\cdot\boldsymbol{u}\geqslant 0$, 且 $\boldsymbol{u}\cdot\boldsymbol{u}=0$ 当且仅当 $\boldsymbol{u}=\boldsymbol{0}$.

赋予内积的 n 维向量空间称为 n 维**欧氏向量空间**.

例 5.2.1 (1) 空间中全体向量构成的集合在内积运算下是欧氏向量空间.

(2) 在 n 元实数列向量空间 $\mathbb{R}^n$ 中, 对于 $\boldsymbol{u}=(u_1,u_2,\cdots,u_n)^{\mathrm{T}},\boldsymbol{v}=(v_1,v_2,\cdots,v_n)^{\mathrm{T}}$, 定义

$$\boldsymbol{u}\cdot\boldsymbol{v}=\boldsymbol{u}^{\mathrm{T}}\boldsymbol{v}=\sum_{i=1}^{n}u_iv_i,$$

则 · 是 $\mathbb{R}^n$ 上的内积, 称为 $\mathbb{R}^n$ 上的标准内积. 若定义

$$\boldsymbol{u}\cdot\boldsymbol{v}=\sum_{j=1}^{n}ju_jv_j,$$

则 · 仍是 $\mathbb{R}^n$ 上的内积.

在 n 维欧氏向量空间 V_n 中, 可以用内积来规定 $\boldsymbol{u}$ 的模:

$$|\boldsymbol{u}|=\sqrt{\boldsymbol{u}\cdot\boldsymbol{u}},$$

显然 $|\boldsymbol{u}|\geqslant 0$ 且 $|\boldsymbol{u}|=0$ 当且仅当 $\boldsymbol{u}=\boldsymbol{0}$.

为了在 V_n 中定义两个向量的夹角, 我们还需要以下的准备.

命题 5.2.1　对于任意 $\boldsymbol{u},\boldsymbol{v}\in V_n$, 有 $|\boldsymbol{u}\cdot\boldsymbol{v}|\leqslant|\boldsymbol{u}||\boldsymbol{v}|$, 等号成立当且仅当 $\boldsymbol{u},\boldsymbol{v}$ 线性相关.

证明　考虑以 t 为变量的二次函数

$$f(t)=(\boldsymbol{u}+t\boldsymbol{v})^2=\boldsymbol{u}^2+2t\boldsymbol{u}\cdot\boldsymbol{v}+\boldsymbol{v}^2t^2.$$

由于 $f(t)\geqslant 0$, 所以 $\Delta=4(\boldsymbol{u}\cdot\boldsymbol{v})^2-4\boldsymbol{u}^2\boldsymbol{v}^2\leqslant 0$, 从而 $|\boldsymbol{u}\cdot\boldsymbol{v}|\leqslant|\boldsymbol{u}||\boldsymbol{v}|$. 显然, 等式成立当且仅当 $\Delta=0$, 这等价于存在 t 使得 $f(t)=0$, 即 $\boldsymbol{u}+t\boldsymbol{v}=\boldsymbol{0}$, 故 $\boldsymbol{u},\boldsymbol{v}$ 线性相关. □

有了这一命题, 我们可以合理地给出两个向量夹角的定义. 特别地, 规定零向量与其他向量的夹角是任意的.

定义 5.2.2　对于任意非零向量 $\boldsymbol{u},\boldsymbol{v}\in V_n$, 规定它们的夹角 $\langle\boldsymbol{u},\boldsymbol{v}\rangle\in[0,\pi]$, 满足

$$\cos\langle\boldsymbol{u},\boldsymbol{v}\rangle=\frac{\boldsymbol{u}\cdot\boldsymbol{v}}{|\boldsymbol{u}||\boldsymbol{v}|}.$$

定义 5.2.3　模为 1 的向量称为**单位向量**. 如果两个向量 $\boldsymbol{u},\boldsymbol{v}$ 满足 $\boldsymbol{u}\cdot\boldsymbol{v}=0$, 则称 $\boldsymbol{u},\boldsymbol{v}$ 是**正交**的.

下面我们来考察如何用坐标来表示欧氏向量空间中向量的内积. 首先引入一个矩阵.

定义 5.2.4 设 V_n 是一个 n 维欧氏向量空间, $A_m = \{\boldsymbol{\alpha}_1, \boldsymbol{\alpha}_2, \cdots, \boldsymbol{\alpha}_m\}$ 是 V_n 中的一组向量, 称

$$\boldsymbol{G}(A_m) = \begin{pmatrix} \boldsymbol{\alpha}_1 \cdot \boldsymbol{\alpha}_1 & \boldsymbol{\alpha}_1 \cdot \boldsymbol{\alpha}_2 & \cdots & \boldsymbol{\alpha}_1 \cdot \boldsymbol{\alpha}_m \\ \boldsymbol{\alpha}_2 \cdot \boldsymbol{\alpha}_1 & \boldsymbol{\alpha}_2 \cdot \boldsymbol{\alpha}_2 & \cdots & \boldsymbol{\alpha}_2 \cdot \boldsymbol{\alpha}_m \\ \vdots & \vdots & & \vdots \\ \boldsymbol{\alpha}_m \cdot \boldsymbol{\alpha}_1 & \boldsymbol{\alpha}_m \cdot \boldsymbol{\alpha}_2 & \cdots & \boldsymbol{\alpha}_m \cdot \boldsymbol{\alpha}_m \end{pmatrix}$$

为向量组 A_m 的**格拉姆** (Gram) **矩阵**. 当 A_n 是 V_n 的一个基时, 称 $\boldsymbol{G}(A_n)$ 为基 A_n 的**度量矩阵**.

借助度量矩阵, 就可以用坐标来表示任意两个向量的内积.

设 V_n 中的两个向量 $\boldsymbol{u}$ 和 $\boldsymbol{v}$ 在基 $A_n = \{\boldsymbol{\alpha}_1, \boldsymbol{\alpha}_2, \cdots, \boldsymbol{\alpha}_n\}$ 下的坐标分别为 $\boldsymbol{u} = (u_1, u_2, \cdots, u_n)$ 和 $\boldsymbol{v} = (v_1, v_2, \cdots, v_n)$, 即

$$\boldsymbol{u} = \sum_{i=1}^{n} u_i \boldsymbol{\alpha}_i, \quad \boldsymbol{v} = \sum_{i=1}^{n} v_i \boldsymbol{\alpha}_i,$$

则它们的内积为

$$\begin{aligned} \boldsymbol{u} \cdot \boldsymbol{v} &= \left(\sum_{i=1}^{n} u_i \boldsymbol{\alpha}_i\right) \cdot \left(\sum_{i=1}^{n} v_i \boldsymbol{\alpha}_i\right) = \sum_{i,j=1}^{n} u_i v_j \boldsymbol{\alpha}_i \cdot \boldsymbol{\alpha}_j \\ &= (u_1\ u_2\ \cdots\ u_n) \begin{pmatrix} \boldsymbol{\alpha}_1 \cdot \boldsymbol{\alpha}_1 & \boldsymbol{\alpha}_1 \cdot \boldsymbol{\alpha}_2 & \cdots & \boldsymbol{\alpha}_1 \cdot \boldsymbol{\alpha}_n \\ \boldsymbol{\alpha}_2 \cdot \boldsymbol{\alpha}_1 & \boldsymbol{\alpha}_2 \cdot \boldsymbol{\alpha}_2 & \cdots & \boldsymbol{\alpha}_2 \cdot \boldsymbol{\alpha}_n \\ \vdots & \vdots & & \vdots \\ \boldsymbol{\alpha}_n \cdot \boldsymbol{\alpha}_1 & \boldsymbol{\alpha}_n \cdot \boldsymbol{\alpha}_2 & \cdots & \boldsymbol{\alpha}_n \cdot \boldsymbol{\alpha}_n \end{pmatrix} \begin{pmatrix} v_1 \\ v_2 \\ \vdots \\ v_n \end{pmatrix} \\ &= \boldsymbol{u}\boldsymbol{G}(A_n)\boldsymbol{v}^{\mathrm{T}}. \end{aligned}$$

如果用坐标来表示内积, 需要所选取的基的详细信息, 其中最方便常用的就是标准正交基.

引理 5.2.1 设 V_n 是一个 n 维欧氏向量空间, $A_m = \{\boldsymbol{\alpha}_1, \boldsymbol{\alpha}_2, \cdots, \boldsymbol{\alpha}_m\}$ 是 V_n 中一组互相正交的非零向量, 则 A_m 线性无关.

证明 设存在实数 $k_1, k_2, \cdots, k_m$ 使得

$$\sum_{i=1}^{m} k_i \boldsymbol{\alpha}_i = \mathbf{0},$$

上式两端与 $\boldsymbol{\alpha}_i$ 作内积, 得 $k_i\boldsymbol{\alpha}_i^2 = \mathbf{0}$, $i = 1, 2, \cdots, m$. 由于 $\boldsymbol{\alpha}_i$ 是非零向量, 所以 $k_i = 0$, $i = 1, 2, \cdots, m$, 说明 A_m 线性无关. □

定义 5.2.5 在 n 维欧氏向量空间 V_n 中, 由 n 个互相正交的单位向量 $\{\boldsymbol{e}_1, \boldsymbol{e}_2, \cdots, \boldsymbol{e}_n\}$ 构成的基称为**标准正交基**.

下面我们通过施密特 (Schmidt) 正交化方法来证明欧氏向量空间中一定存在标准正交基.

定理 5.2.1 n 维欧氏向量空间 V_n 中存在标准正交基.

证明 设 $\{\boldsymbol{\alpha}_1, \boldsymbol{\alpha}_2, \cdots, \boldsymbol{\alpha}_n\}$ 是 V_n 的一个基. 令

$$\boldsymbol{e}_1 = \frac{\boldsymbol{\alpha}_1}{|\boldsymbol{\alpha}_1|},$$

则 $\boldsymbol{e}_1$ 是单位向量. 令

$$\boldsymbol{e}_2 = \frac{\boldsymbol{\alpha}_2 - (\boldsymbol{\alpha}_2 \cdot \boldsymbol{e}_1)\boldsymbol{e}_1}{|\boldsymbol{\alpha}_2 - (\boldsymbol{\alpha}_2 \cdot \boldsymbol{e}_1)\boldsymbol{e}_1|},$$

则 $\boldsymbol{e}_2$ 是单位向量, 且 $\boldsymbol{e}_2 \cdot \boldsymbol{e}_1 = 0$. 一般地, 对于 $m = 3, 4, \cdots, n$, 令

$$\boldsymbol{e}_m = \frac{\boldsymbol{\alpha}_m - \sum\limits_{i=1}^{m-1}(\boldsymbol{\alpha}_m \cdot \boldsymbol{e}_i)\boldsymbol{e}_i}{\left|\boldsymbol{\alpha}_m - \sum\limits_{i=1}^{m-1}(\boldsymbol{\alpha}_m \cdot \boldsymbol{e}_i)\boldsymbol{e}_i\right|},$$

则 $\boldsymbol{e}_m$ 是单位向量, 且 $\boldsymbol{e}_m \cdot \boldsymbol{e}_i = 0$, $i = 1, 2, \cdots, m-1$. 这样就得到了 V_n 的一个标准正交基 $\{\boldsymbol{e}_1, \boldsymbol{e}_2, \cdots, \boldsymbol{e}_n\}$. □

注 5.2.1 由上面的证明可见

$$(\boldsymbol{e}_1\ \boldsymbol{e}_2\ \cdots\ \boldsymbol{e}_n) = (\boldsymbol{\alpha}_1\ \boldsymbol{\alpha}_2\ \cdots\ \boldsymbol{\alpha}_n)\boldsymbol{M},$$

其中 n 阶方阵 $\boldsymbol{M}$ 形如

$$\begin{pmatrix} \frac{1}{|\boldsymbol{\alpha}_1|} & * & * & * \\ 0 & * & * & * \\ 0 & 0 & * & * \\ 0 & 0 & 0 & * \end{pmatrix}. \tag{5.2}$$

特别地, 若 $V_n = \mathbb{R}^n$ 是 n 元实数列向量集合在标准内积下构成的欧氏向量空间, 则 $(\boldsymbol{\alpha}_1\ \boldsymbol{\alpha}_2\ \cdots\ \boldsymbol{\alpha}_n)$ 是一个可逆矩阵, $(\boldsymbol{e}_1\ \boldsymbol{e}_2\ \cdots\ \boldsymbol{e}_n)$ 是一个正交矩阵, 这说明任

意一个可逆矩阵都可以写成一个正交矩阵与一个上三角矩阵的乘积, 这就是著名的 QR 分解.

标准正交基极大地简化了内积的计算. 在 n 维欧氏空间 V_n 中取定了一个标准正交基 $E_n=\{\boldsymbol{e}_1,\boldsymbol{e}_2\cdots,\boldsymbol{e}_n\}$, 由于它的度量矩阵 $\boldsymbol{G}(E_n)$ 是单位矩阵, 所以对于 V_n 中任意两个向量 $\boldsymbol{u}=\sum\limits_{i=1}^n u_i\boldsymbol{e}_i$ 和 $\boldsymbol{v}=\sum\limits_{i=1}^n v_i\boldsymbol{e}_i$, 它们的内积为

$$\boldsymbol{u}\cdot\boldsymbol{v}=\sum_{i=1}^n u_iv_i.$$

向量的模和夹角为

$$|\boldsymbol{u}|=\sqrt{\sum_{i=1}^n u_i^2},\quad \cos\langle\boldsymbol{u},\boldsymbol{v}\rangle=\frac{\sum\limits_{i=1}^n u_iv_i}{\sqrt{\sum\limits_{i=1}^n u_i^2}\sqrt{\sum\limits_{i=1}^n v_i^2}}.$$

5.2.2 n 维欧氏空间

定义 5.2.6 设 R^n 是一个 n 维仿射空间, 如果与其相对应的向量空间 V_n 是一个欧氏向量空间, 则称它为 n 维**欧氏空间**, 常记作 E^n.

在 E^n 中取一定点 O, 在 V_n 中取定一个标准正交基 $E_n=\{\boldsymbol{e}_1,\boldsymbol{e}_2,\cdots,\boldsymbol{e}_n\}$, 就建立了 E^n 上的一个**直角坐标系** $[O;E_n]$. 在直角坐标系中, 我们可以处理欧氏空间中一些涉及度量的问题, 例如长度、角度、面积和体积等. 例如, 空间中平面的点法式方程可以推广到 E^n 中的超平面.

命题 5.2.2 设 $R[M_0,V_k]$ 是 n 维欧氏空间 E^n 的一个 k 维超平面, 取定 V_k 的正交补空间 $V_k^\perp=\{\boldsymbol{u}|\boldsymbol{u}\cdot\boldsymbol{v}=0,\ \forall\boldsymbol{v}\in V_k\}$ 的一个基 $B_{n-k}=\{\boldsymbol{\beta}_1,\cdots,\boldsymbol{\beta}_{n-k}\}$, 则 $M\in R[M_0,V_k]$ 当且仅当

$$\overrightarrow{M_0M}\cdot\boldsymbol{\beta}_i=0,\quad i=1,2,\cdots,n-k. \tag{5.3}$$

设在取定的直角坐标系 $[O;E_n]$ 下, 点 M_0 的坐标为 $(x_{10},x_{20},\cdots,x_{n0})$, 点 M 的坐标为 $(x_1,x_2,\cdots,x_n)$, $\boldsymbol{\beta}_i$ 的坐标为 $(b_{1i},b_{2i},\cdots,b_{ni})$, $i=1,2,\cdots,n-k$, 则

(5.3) 式等价于

$$\begin{cases} (x_1 - x_{10})b_{11} + (x_2 - x_{20})b_{21} + \cdots + (x_n - x_{n0})b_{n1} = 0, \\ (x_1 - x_{10})b_{12} + (x_2 - x_{20})b_{22} + \cdots + (x_n - x_{n0})b_{n2} = 0, \\ \qquad\qquad\qquad\cdots\cdots \\ (x_1 - x_{10})b_{1(n-k)} + (x_2 - x_{20})b_{2(n-k)} + \cdots + (x_n - x_{n0})b_{n(n-k)} = 0, \end{cases}$$

这就是 $R[M_0, V_k]$ 的点法式方程.

习题 5.2

1. 设 V 是所有次数小于等于 n 的实系数多项式构成的向量空间, 对于 V 中任意两个多项式

$$f(x) = a_0 + a_1 x + \cdots + a_n x^n,$$

$$g(x) = b_0 + b_1 x + \cdots + b_n x^n$$

定义内积

$$f(x) \cdot g(x) = \sum_{i=0}^{n} a_i b_i,$$

判断在此内积定义下, V 是否为一个欧氏向量空间.

2. 在二元实数行向量空间 $\mathbb{R}^2$ 中, 对于任意两个向量 $\boldsymbol{u} = (x_1, y_1)$, $\boldsymbol{v} = (x_2, y_2)$, 定义内积

$$\boldsymbol{u} \cdot \boldsymbol{v} = (x_1\ y_1) \begin{pmatrix} 5 & 2 \\ 2 & 1 \end{pmatrix} \begin{pmatrix} x_2 \\ y_2 \end{pmatrix}.$$

证明在此内积下, $\mathbb{R}^2$ 构成一个欧氏向量空间, 并求出 $\boldsymbol{u} = (1,1)$, $\boldsymbol{v} = (1,2)$ 的模和它们的夹角.

3. 设 V 是一个欧氏向量空间, 对于任意 $\boldsymbol{u}, \boldsymbol{v} \in V$, 证明下面的等式和不等式:

(1) 余弦定理: $|\boldsymbol{u} - \boldsymbol{v}|^2 = |\boldsymbol{u}|^2 + |\boldsymbol{v}|^2 - 2|\boldsymbol{u}||\boldsymbol{v}| \cos\langle \boldsymbol{u}, \boldsymbol{v} \rangle$;

(2) 三角不等式: $|\boldsymbol{u} + \boldsymbol{v}| \leqslant |\boldsymbol{u}| + |\boldsymbol{v}|$;

(3) $|\boldsymbol{u} + \boldsymbol{v}|^2 + |\boldsymbol{u} - \boldsymbol{v}|^2 = 2|\boldsymbol{u}|^2 + 2|\boldsymbol{v}|^2$;

(4) 极化恒等式: $\boldsymbol{u} \cdot \boldsymbol{v} = \dfrac{1}{4}|\boldsymbol{u} + \boldsymbol{v}|^2 - \dfrac{1}{4}|\boldsymbol{u} - \boldsymbol{v}|^2$.

4. 设 $\boldsymbol{a}_1, \boldsymbol{a}_2, \cdots, \boldsymbol{a}_n$ 是欧氏向量空间 V 的一个基, 证明:

(1) 如果 $\boldsymbol{u} \in V$ 满足内积 $\boldsymbol{u} \cdot \boldsymbol{a}_i = 0, i = 1, 2, \cdots, n$, 那么 $\boldsymbol{u} = \boldsymbol{0}$;

(2) 如果 $\boldsymbol{u}_1, \boldsymbol{u}_2 \in V$, 对于任意 $\boldsymbol{\alpha} \in V$ 总有 $\boldsymbol{u}_1 \cdot \boldsymbol{\alpha} = \boldsymbol{u}_2 \cdot \boldsymbol{\alpha}$, 那么 $\boldsymbol{u}_1 = \boldsymbol{u}_2$.

5. 设 V_n 是一个 n 维欧氏向量空间, V_k 是它的一个 k 维子空间, 令

$$V_k^{\perp} = \{\boldsymbol{v} | \boldsymbol{v} \cdot \boldsymbol{u} = 0, \forall \boldsymbol{u} \in V_k\},$$

证明 $V_k^{\perp}$ 是 V_n 的 $n - k$ 维子空间.

6. 设 $A_m = \{\boldsymbol{\alpha}_1, \boldsymbol{\alpha}_2, \cdots, \boldsymbol{\alpha}_m\}$ 是 n 维欧氏向量空间 V_n 中的一组向量, 证明:

(1) A_m 线性无关当且仅当格拉姆矩阵 $\boldsymbol{G}(A_m)$ 可逆;

(2) 如果 $A_n = \{\boldsymbol{\alpha}_1, \boldsymbol{\alpha}_2, \cdots, \boldsymbol{\alpha}_n\}$ 是 V_n 的一个基, 则 V_n 中任意向量 $\boldsymbol{\beta}$ 在基 A_n 下的坐标为

$$(\boldsymbol{\alpha}_1 \cdot \boldsymbol{\beta}, \boldsymbol{\alpha}_2 \cdot \boldsymbol{\beta}, \cdots, \boldsymbol{\alpha}_n \cdot \boldsymbol{\beta})(\boldsymbol{G}^{-1}(\boldsymbol{A}_n))^{\mathrm{T}}.$$

特别地, 向量 $\boldsymbol{\beta}$ 在标准正交基 $E_n = \{\boldsymbol{e}_1, \boldsymbol{e}_2, \cdots, \boldsymbol{e}_n\}$ 下的坐标为

$$(\boldsymbol{e}_1 \cdot \boldsymbol{\beta}, \boldsymbol{e}_2 \cdot \boldsymbol{\beta}, \cdots, \boldsymbol{e}_n \cdot \boldsymbol{\beta}).$$

7. 设 V_n 是一个 n 维欧氏向量空间, $\boldsymbol{\alpha}_1, \boldsymbol{\alpha}_2, \cdots, \boldsymbol{\alpha}_n$ 是 V_n 的一个基, 证明对于任意给定的一组实数 $c_1, c_2, \cdots, c_n$, 在 V_n 中存在唯一的一个向量 $\boldsymbol{\alpha}$, 使得

$$\boldsymbol{\alpha} \cdot \boldsymbol{\alpha}_i = c_i, \quad i = 1, 2, \cdots, n.$$

8. 在通常的由有向线段构成的向量空间 V 中, 分别计算不共线向量组 $\boldsymbol{\alpha}_1, \boldsymbol{\alpha}_2$ 和不共面向量组 $\boldsymbol{\alpha}_1, \boldsymbol{\alpha}_2, \boldsymbol{\alpha}_3$ 的格拉姆矩阵的行列式, 说出它们的几何意义.

9. 设 $\boldsymbol{\alpha}_1, \boldsymbol{\alpha}_2, \boldsymbol{\alpha}_3$ 是 3 维欧氏向量空间 V 的一个标准正交基, 令

$$\boldsymbol{\beta}_1 = \frac{1}{3}(2\boldsymbol{\alpha}_1 - \boldsymbol{\alpha}_2 + 2\boldsymbol{\alpha}_3),$$
$$\boldsymbol{\beta}_2 = \frac{1}{3}(2\boldsymbol{\alpha}_1 + 2\boldsymbol{\alpha}_2 - \boldsymbol{\alpha}_3),$$
$$\boldsymbol{\beta}_3 = \frac{1}{3}(\boldsymbol{\alpha}_1 - 2\boldsymbol{\alpha}_2 - 2\boldsymbol{\alpha}_3),$$

证明 $\boldsymbol{\beta}_1, \boldsymbol{\beta}_2, \boldsymbol{\beta}_3$ 也是 V 的一个标准正交基.

10. 在四元实数列欧氏向量空间 $\mathbb{R}^4$(指定标准内积) 中, 对基

$$\boldsymbol{\alpha}_1 = (1,1,0,0)^{\mathrm{T}}, \quad \boldsymbol{\alpha}_2 = (1,0,1,0)^{\mathrm{T}},$$
$$\boldsymbol{\alpha}_3 = (-1,0,0,1)^{\mathrm{T}}, \quad \boldsymbol{\alpha}_4 = (1,-1,-1,1)^{\mathrm{T}}$$

运用施密特正交化方法求出一个标准正交基.

5.3 对偶空间和张量空间

在这一节中我们介绍对偶空间和张量空间的基本概念和性质.

5.3.1 对偶空间

定义 5.3.1 设 V 和 V' 是数域 $\mathbb{K}$ 上的两个向量空间. 如果映射 $f: V \to V'$ 满足

(1) $f(\boldsymbol{\alpha} + \boldsymbol{\beta}) = f(\boldsymbol{\alpha}) + f(\boldsymbol{\beta})$, $\forall \boldsymbol{\alpha}, \boldsymbol{\beta} \in V$;

(2) $f(k\boldsymbol{\alpha})=kf(\boldsymbol{\alpha}), \forall \boldsymbol{\alpha}\in V,\ k\in\mathbb{K}$,
则称 f 为从 V 到 V' 的一个**线性映射**. 特别地, 称从 V 到自身的线性映射为 V 上的一个**线性变换**. 此外, 如果 f 还是一一映射, 则称 f 为一个**线性同构**, 称此时的 V 与 V' 是**同构**的. 当 $V'=\mathbb{K}$ 时, 称 f 为 V 上的一个**线性函数**.

我们将 V 上所有线性函数构成的集合记作 V^*. 在 V^* 上定义加法和数乘运算如下:

$$(f+g)(\boldsymbol{u})=f(\boldsymbol{u})+g(\boldsymbol{u}),\quad (kf)(\boldsymbol{u})=kf(\boldsymbol{u}),$$

其中 $f,g\in V^*,\ k\in\mathbb{K},\ \boldsymbol{u}\in V$. 容易验证 $f+g\in V^*, kf\in V^*$, 并且 V^* 在上述的加法和数乘运算下构成数域 $\mathbb{K}$ 上的一个向量空间.

下面我们来探索向量空间 V^* 的基和维数. 为此, 取 V 的一个基 $A_n=\{\boldsymbol{\alpha}_1, \boldsymbol{\alpha}_2,\cdots,\boldsymbol{\alpha}_n\}$, 定义 V 上的线性函数 $\boldsymbol{\alpha}_i^*$ 如下:

$$\boldsymbol{\alpha}_i^*(\boldsymbol{\alpha}_j)=\delta_{ij}=\begin{cases}1, & i=j,\\ 0, & i\neq j.\end{cases}$$

对于 V 中任意向量 $\boldsymbol{u}=\sum\limits_{i=1}^{n}u_i\boldsymbol{\alpha}_i$, 有

$$\boldsymbol{\alpha}_i^*(\boldsymbol{u})=u_i,$$

其中 $i=1,2,\cdots,n$.

定理 5.3.1　设 V 是数域 $\mathbb{K}$ 上一个 n 维向量空间, $A_n=\{\boldsymbol{\alpha}_1,\boldsymbol{\alpha}_2,\cdots,\boldsymbol{\alpha}_n\}$ 是 V 的一个基, 则 $A_n^*=\{\boldsymbol{\alpha}_1^*,\boldsymbol{\alpha}_2^*,\cdots,\boldsymbol{\alpha}_n^*\}$ 是 V^* 的一个基, 从而 $\dim V^*=n$.

证明　我们首先证明 $A_n^*=\{\boldsymbol{\alpha}_1^*,\boldsymbol{\alpha}_2^*,\cdots,\boldsymbol{\alpha}_n^*\}$ 是线性无关的向量组. 假设存在 $k_1,k_2,\cdots,k_n\in\mathbb{K}$ 使得

$$\sum_{i=1}^{n}k_i\boldsymbol{\alpha}_i^*=\boldsymbol{0},$$

则有

$$k_j=\left(\sum_{i=1}^{n}k_i\boldsymbol{\alpha}_i^*\right)(\boldsymbol{\alpha}_j)=0,\quad j=1,2,\cdots,n.$$

说明 A_n^* 是线性无关的.

下面证明任意的 $f\in V^*$ 都能写成 A_n^* 的线性组合. 设 V 中向量 $\boldsymbol{u}$ 在基 A_n 下的表示为

$$\boldsymbol{u}=\sum_{i=1}^{n}u_i\boldsymbol{\alpha}_i,$$

于是

$$f(\boldsymbol{u})=f\left(\sum_{i=1}^{n}u_i\boldsymbol{\alpha}_i\right)=\sum_{i=1}^{n}u_if(\boldsymbol{\alpha}_i)=\sum_{i=1}^{n}f(\boldsymbol{\alpha}_i)\boldsymbol{\alpha}_i^*(\boldsymbol{u}),$$

这说明

$$f=\sum_{i=1}^{n}f(\boldsymbol{\alpha}_i)\boldsymbol{\alpha}_i^*.$$

综上可知 A_n^* 是 V^* 的一个基, V^* 是 n 维向量空间. □

定义 5.3.2 称 V^* 为 V 的**对偶空间**, 称 $\{\boldsymbol{\alpha}_1^*,\boldsymbol{\alpha}_2^*,\cdots,\boldsymbol{\alpha}_n^*\}$ 为 $\{\boldsymbol{\alpha}_1,\boldsymbol{\alpha}_2,\cdots,\boldsymbol{\alpha}_n\}$ 的**对偶基**.

有限维向量空间与它的对偶空间是同维数的, 不仅如此, 它们还是同构的. 更一般地, 我们先介绍下面的命题.

命题 5.3.1 设 V 和 V' 是数域 $\mathbb{K}$ 上的两个有限维向量空间, 如果 $\dim V=\dim V'$, 则 V 和 V' 是同构的.

证明 设 $A_n=\{\boldsymbol{\alpha}_1,\boldsymbol{\alpha}_2,\cdots,\boldsymbol{\alpha}_n\}$ 和 $A_n'=\{\boldsymbol{\alpha}_1',\boldsymbol{\alpha}_2',\cdots,\boldsymbol{\alpha}_n'\}$ 分别是 V 和 V' 的一个基. 定义映射 $\varphi: V\to V'$ 如下:

$$\varphi\left(\sum_{i=1}^{n}u_i\boldsymbol{\alpha}_i\right)=\sum_{i=1}^{n}u_i\boldsymbol{\alpha}_i',$$

其中 $u_1,u_2,\cdots,u_n\in\mathbb{K}$, 显然 φ 是既单又满的.

对于 V 中向量 $\boldsymbol{a}=\sum\limits_{i=1}^{n}k_i\boldsymbol{\alpha}_i,\boldsymbol{b}=\sum\limits_{i=1}^{n}s_i\boldsymbol{\alpha}_i$, 以及任意的 $k\in\mathbb{K}$, 我们有

$$\varphi(\boldsymbol{a}+\boldsymbol{b})=\varphi\left(\sum_{i=1}^{n}(k_i+s_i)\boldsymbol{\alpha}_i\right)=\sum_{i=1}^{n}(k_i+s_i)\boldsymbol{\alpha}_i'=\varphi(\boldsymbol{a})+\varphi(\boldsymbol{b})$$

和

$$\varphi(k\boldsymbol{a})=\varphi\left(\sum_{i=1}^{n}(kk_i)\boldsymbol{\alpha}_i\right)=\sum_{i=1}^{n}(kk_i)\boldsymbol{\alpha}_i'=k\varphi(\boldsymbol{a}).$$

这说明 φ 是线性映射, 故 φ 是一个线性同构. □

命题 5.3.2 有限维向量空间 V 与它的对偶空间 V^* 是同构的.

注意到在建立 V 和 V^* 之间的同构时, 我们借助了基, 而基的选取是人为的, 因此它们之间的同构映射不是自然的. 由于 V^* 是一个 n 维向量空间, 所以它的

对偶空间 $(V^*)^*$ 也是一个 n 维向量空间, 我们称 $(V^*)^*$ 为 V 的 **双重对偶空间**, 它与 V 之间存在一个与基的选取无关的同构.

定义映射 $\psi: V \to (V^*)^*$ 如下:

$$\psi(\boldsymbol{u})(f) = f(\boldsymbol{u}), \quad \forall \boldsymbol{u} \in V, \quad f \in V^*.$$

注意到对于任意 $f, g \in V^*$, $k \in \mathbb{K}$, 有

$$\psi(\boldsymbol{u})(f+g) = (f+g)(\boldsymbol{u}) = \psi(\boldsymbol{u})(f) + \psi(\boldsymbol{u})(g),$$
$$\psi(\boldsymbol{u})(kf) = (kf)(\boldsymbol{u}) = k\psi(\boldsymbol{u})(f),$$

可见 $\psi(\boldsymbol{u}) \in (V^*)^*$, 说明 ψ 是良定义的.

命题 5.3.3　设 V 是数域 $\mathbb{K}$ 上的一个有限维向量空间, 如上定义的映射 $\psi: V \to (V^*)^*$ 是一个线性同构.

证明　对于任意 $\boldsymbol{u}, \boldsymbol{v} \in V$, $k \in \mathbb{K}$, $f \in V^*$, 我们有

$$\psi(\boldsymbol{u}+\boldsymbol{v})(f) = f(\boldsymbol{u}+\boldsymbol{v}) = f(\boldsymbol{u}) + f(\boldsymbol{v}) = (\psi(\boldsymbol{u}) + \psi(\boldsymbol{v}))(f),$$
$$\psi(k\boldsymbol{u})(f) = f(k\boldsymbol{u}) = kf(\boldsymbol{u}) = k\psi(\boldsymbol{u})(f).$$

这说明

$$\psi(\boldsymbol{u}+\boldsymbol{v}) = \psi(\boldsymbol{u}) + \psi(\boldsymbol{v}), \quad \psi(k\boldsymbol{u}) = k\psi(\boldsymbol{u}),$$

故 ψ 是一个线性映射.

如果存在 $\boldsymbol{u} \in V$, 使得 $\psi(\boldsymbol{u}) = 0$, 则对于任意 $f \in V^*$, 有

$$0 = \psi(\boldsymbol{u})(f) = f(\boldsymbol{u}),$$

故 $\boldsymbol{u} = \boldsymbol{0}$, 说明 ψ 是单射.

取 V 的一个基 $A_n = \{\boldsymbol{\alpha}_1, \boldsymbol{\alpha}_2, \cdots, \boldsymbol{\alpha}_n\}$, 假设存在 $k_1, k_2, \cdots, k_n \in \mathbb{K}$, 使得

$$\sum_{i=1}^{n} k_i \psi(\boldsymbol{\alpha}_i) = 0,$$

则有

$$\psi\left(\sum_{i=1}^{n} k_i \boldsymbol{\alpha}_i\right) = 0,$$

由 ψ 是单射, 可知 $\sum\limits_{i=1}^{n} k_i\boldsymbol{\alpha}_i = \mathbf{0}$, 故 $k_1 = k_2 = \cdots = k_n = 0$, 说明

$$A'_n = \{\psi(\boldsymbol{\alpha}_1), \psi(\boldsymbol{\alpha}_2), \cdots, \psi(\boldsymbol{\alpha}_n)\}$$

是线性无关的. 由 $\dim V = \dim(V^*)^*$ 可知 A'_n 是 $\dim(V^*)^*$ 的一个基, 说明 ψ 是满射, 从而是线性同构. □

5.3.2 张量空间

定义 5.3.3 设 $V_1, V_2, \cdots, V_m$ 是数域 $\mathbb{K}$ 上的 m 个向量空间, 笛卡儿积记作

$$V_1 \times V_2 \times \cdots \times V_m = \{(\boldsymbol{u}_1, \boldsymbol{u}_2, \cdots, \boldsymbol{u}_m) | \boldsymbol{u}_1 \in V_1, \boldsymbol{u}_2 \in V_2, \cdots, \boldsymbol{u}_m \in V_m\},$$

如果函数 $f : V_1 \times V_2 \times \cdots \times V_m \to \mathbb{K}$ 满足

(1) $f(\boldsymbol{u}_1, \cdots, \boldsymbol{u}_i + \boldsymbol{v}_i, \cdots, \boldsymbol{u}_m) = f(\boldsymbol{u}_1, \cdots, \boldsymbol{u}_i, \cdots, \boldsymbol{u}_m) + f(\boldsymbol{u}_1, \cdots, \boldsymbol{v}_i, \cdots, \boldsymbol{u}_m)$;

(2) $f(\boldsymbol{u}_1, \cdots, k\boldsymbol{u}_i, \cdots, \boldsymbol{u}_m) = kf(\boldsymbol{u}_1, \cdots, \boldsymbol{u}_i, \cdots, \boldsymbol{u}_m)$,

其中 $i = 1, 2, \cdots, m$, $k \in \mathbb{K}$, 则称 f 是 $V_1 \times V_2 \times \cdots \times V_m$ 上的一个 m **重线性函数**.

定义 5.3.4 设 V 是数域 $\mathbb{K}$ 上的一个向量空间, 称 $r+s$ 重线性函数

$$T : \underbrace{V^* \times \cdots \times V^*}_{r\text{个}} \times \underbrace{V \times \cdots V}_{s\text{个}} \to \mathbb{K}$$

为 V 上的一个 r **阶反变**, s **阶协变张量**, 或称为 (r, s) **型张量**. 将 V 上所有 r 阶反变, s 阶协变张量构成的集合记作 $T^{(r,s)}$, 不难验证 $T^{(r,s)}$ 是一个向量空间, 称为 V 上的 (r, s) **阶张量空间**.

很显然, $T^{(0,1)} = V^*$, $T^{(1,0)} = V$, $T^{(0,2)} = \{V$ 上的所有双线性函数$\}$. 另外我们有如下结论.

例 5.3.1 设 V 是数域 $\mathbb{K}$ 上的一个向量空间, 则

$$T^{(1,1)} \cong \{V \text{ 上的所有线性变换}\}.$$

证明 首先对于任意线性变换 $\varphi : V \to V$, 定义 $T_\varphi : V^* \times V \to \mathbb{K}$ 如下:

$$T_\varphi(f, \boldsymbol{v}) = f(\varphi(\boldsymbol{v})), \quad \forall f \in V^*, \quad \boldsymbol{v} \in V.$$

不难验证, T_φ 是 $V^* \times V$ 上的 2 重线性函数.

反之, 任给 $V^*\times V$ 上的一个 2 重线性函数 T, 对于任意 $\boldsymbol{v}\in V$, 存在 $T_{\boldsymbol{v}}\in(V^*)^*$ 使得

$$T_{\boldsymbol{v}}(f)=T(f,\boldsymbol{v}),\quad \forall f\in V^*.$$

由 $(V^*)^*$ 与 V 的同构关系知, $T_{\boldsymbol{v}}$ 唯一对应了 V 中向量 $\psi_T(\boldsymbol{v})$, 使得

$$f(\psi_T(\boldsymbol{v}))=T_{\boldsymbol{v}}(f)=T(f,\boldsymbol{v}),\quad \forall f\in V^*,\quad \boldsymbol{v}\in V.$$

不难验证 ψ_T 是 V 上的一个线性变换. □

不同类型的张量还能作张量积运算.

定义 5.3.5　设 V 是数域 $\mathbb{K}$ 上的一个向量空间, 对于任意 $f,g\in V^*$, 它们的**张量积** $f\otimes g$ 是 $V\times V$ 上的 2 重线性函数, 规定如下:

$$f\otimes g(\boldsymbol{u},\boldsymbol{v})=f(\boldsymbol{u})g(\boldsymbol{v}),\quad \forall \boldsymbol{u},\boldsymbol{v}\in V.$$

一般地, 对于任意 $T_1\in T^{(p_1,q_1)},T_2\in T^{(p_2,q_2)}$, 张量积 $T_1\otimes T_2\in T^{(p_1+p_2,q_1+q_2)}$, 规定如下:

$$\begin{aligned}&T_1\otimes T_2(f_1,\cdots,f_{p_1},g_1,\cdots,g_{p_2},\boldsymbol{u}_1,\cdots,\boldsymbol{u}_{q_1},\boldsymbol{v}_1,\cdots,\boldsymbol{v}_{q_2})\\=&T_1(f_1,\cdots,f_{p_1},\boldsymbol{u}_1,\cdots,\boldsymbol{u}_{q_1})T_2(g_1,\cdots,g_{p_2},\boldsymbol{v}_1,\cdots,\boldsymbol{v}_{q_2}),\end{aligned}$$

其中 $f_1,\cdots,f_{p_1},g_1,\cdots,g_{p_2}\in V^*,\boldsymbol{u}_1,\cdots,\boldsymbol{u}_{q_1},\boldsymbol{v}_1,\cdots,\boldsymbol{v}_{q_2}\in V$.

张量的张量积运算有以下性质.

命题 5.3.4　对于任意 $T_1,T_1'\in T^{(p,q)}$, $T_2,T_2'\in T^{(r,s)}$, $T_3\in T^{(l,m)}$, $\lambda\in\mathbb{K}$, 有

(1) 结合律: $T_1\otimes(T_2\otimes T_3)=(T_1\otimes T_2)\otimes T_3$;

(2) 分配律: $(T_1+T_1')\otimes T_2=T_1\otimes T_2+T_1'\otimes T_2$;

$T_1\otimes(T_2+T_2')=T_1\otimes T_2+T_1\otimes T_2'$;

(3) $(\lambda T_1)\otimes T_2=T_1\otimes(\lambda T_2)=\lambda(T_1\otimes T_2)$.

注 5.3.1　对于张量积运算, 交换律一般是不成立的, 即 $T_1\otimes T_2\neq T_2\otimes T_1$.

下面我们详细研究 2 阶协变张量空间 $T^{(0,2)}$ 的结构.

设 V 是数域 $\mathbb{K}$ 上的一个向量空间, $\{\boldsymbol{e}_1,\boldsymbol{e}_2,\cdots,\boldsymbol{e}_n\}$ 是 V 的一个基, $\{\boldsymbol{e}_1^*,\boldsymbol{e}_2^*,\cdots,\boldsymbol{e}_n^*\}$ 是其相应的对偶基, 则有 $\boldsymbol{e}_i^*\otimes\boldsymbol{e}_j^*\in T^{(0,2)}$, 且

$$\boldsymbol{e}_i^*\otimes\boldsymbol{e}_j^*(\boldsymbol{e}_k,\boldsymbol{e}_l)=\delta_{ik}\delta_{jl},\quad \forall i,j,k,l=1,2,\cdots,n.$$

命题 5.3.5　$A=\{\boldsymbol{e}_i^*\otimes\boldsymbol{e}_j^*|i,j=1,2,\cdots,n\}$ 是 $T^{(0,2)}$ 的一个基, 故 $T^{(0,2)}$ 是 n^2 维向量空间.

证明 我们只需证明 $T^{(0,2)}$ 中的任意向量都可表示为 A 中向量的线性组合，且 A 中的向量是线性无关的.

(1) 设 $T \in T^{(0.2)}$, 对于 V 中任意 $\boldsymbol{u}=\sum\limits_{i=1}^{n} u_i\boldsymbol{e}_i, \boldsymbol{v}=\sum\limits_{i=1}^{n} v_i\boldsymbol{e}_i$, 有

$$T(\boldsymbol{u},\boldsymbol{v})=\sum_{i,j=1}^{n} u_iv_jT(\boldsymbol{e}_i,\boldsymbol{e}_j)=\sum_{i,j=1}^{n} T(\boldsymbol{e}_i,\boldsymbol{e}_j)\boldsymbol{e}_i^*\otimes\boldsymbol{e}_j^*(\boldsymbol{u},\boldsymbol{v}).$$

说明 $T=\sum\limits_{i,j=1}^{n} T(\boldsymbol{e}_i,\boldsymbol{e}_j)\boldsymbol{e}_i^*\otimes\boldsymbol{e}_j^*$.

(2) 假设存在 $\lambda_{i,j}\in\mathbb{K},\ \ i,j=1,2,\cdots,n$, 使得

$$\sum_{i,j=1}^{n}\lambda_{i,j}\boldsymbol{e}_i^*\otimes\boldsymbol{e}_j^*=0,$$

则

$$\lambda_{k,l}=\sum_{i,j=1}^{n}\lambda_{i,j}\boldsymbol{e}_i^*\otimes\boldsymbol{e}_j^*(\boldsymbol{e}_k,\boldsymbol{e}_l)=0,\quad k,l=1,2,\cdots,n.$$

说明 $A=\{\boldsymbol{e}_i^*\otimes\boldsymbol{e}_j^*|i,j=1,2,\cdots,n\}$ 是线性无关的. □

类似地, 对不同向量空间中的元素我们也可以引入张量积的运算, 同理可得下面的结果.

定理 5.3.2 $A=\{\boldsymbol{e}_{i_1}\otimes\cdots\otimes\boldsymbol{e}_{i_r}\otimes\boldsymbol{e}_{j_1}^*\otimes\cdots\otimes\boldsymbol{e}_{j_s}^*|i_1,\cdots,i_r,j_1,\cdots,j_s=1,2,\cdots,n\}$ 是 $T^{(r,s)}$ 的一个基, 故 $T^{(r,s)}$ 是 n^{r+s} 维向量空间.

关于张量空间的定义有其他更为内蕴的描述, 例如利用生成元和等价关系以及泛性质的方法, 感兴趣的读者可以在后续的代数学研究中继续探索. 这里采用的多重线性函数的方法通俗易懂, 容易计算.

下面研究两类特殊的 s 阶协变张量, 即对称的和反对称的, 它们有许多实际应用.

记 P_s 为全体 s 阶置换的集合. 对于 $\sigma\in P_s$, $T\in T^{(0,s)}$, 定义 $\sigma(T)\in T^{(0,s)}$ 如下:

$$\sigma(T)(\boldsymbol{u}_1,\cdots,\boldsymbol{u}_s)=T(\boldsymbol{u}_{\sigma(1)},\cdots,\boldsymbol{u}_{\sigma(s)}).$$

定义 5.3.6 (1) 如果对于任意 $\sigma\in P_s$ 有 $\sigma(T)=T$, 则称 $T\in T^{(0,s)}$ 是**对称的**;

(2) 如果对于任意 $\sigma\in P_s$ 有 $\sigma(T)=\operatorname{sgn}(\sigma)T$, 则称 $T\in T^{(0,s)}$ 是**反对称的**.

例 5.3.2　设 $T=\sum\limits_{i,j=1}^{n}\lambda_{ij}\boldsymbol{e}_i^*\otimes\boldsymbol{e}_j^*$, $\boldsymbol{\sigma}=\begin{pmatrix}1&2\\2&1\end{pmatrix}$, 则 $\sigma(T)=\sum\limits_{i,j=1}^{n}\lambda_{ji}\boldsymbol{e}_i^*\otimes\boldsymbol{e}_j^*$, 从而有

(1) T 是对称的当且仅当 $\lambda_{ij}=\lambda_{ji}\ (i,j=1,2,\cdots,n)$;

(2) T 是反对称的当且仅当 $\lambda_{ij}=-\lambda_{ji}\ (i,j=1,2,\cdots,n)$.

对于任意 $T\in T^{(0,s)}$, 定义**对称化算子** S 和**反对称化算子** A 如下:

$$S(T)=\sum_{\sigma\in P_s}\sigma(T),\quad A(T)=\sum_{\sigma\in P_s}\operatorname{sgn}(\sigma)\sigma(T).$$

命题 5.3.6　设 $T\in T^{(0,s)}$, 则有

(1) $S(T)$ 是对称的, 且 T 是对称的当且仅当 $S(T)=(s!)T$;

(2) $A(T)$ 是反对称的, 且 T 是反对称的当且仅当 $A(T)=(s!)T$.

下面我们重点考虑反对称的协变张量. 记

$$\wedge^kV^*=\{V\text{ 上的所有 }k\text{ 阶反对称协变张量}\}\subset T^{(0,k)}.$$

对于任意 $\xi\in\wedge^kV^*$, $\eta\in\wedge^lV^*$, 定义它们的外积, 记作 $\xi\wedge\eta\in\wedge^{k+l}V^*$, 如下:

$$\xi\wedge\eta=\frac{1}{k!l!}A(\xi\otimes\eta).$$

外积运算有以下性质.

命题 5.3.7　对于任意 $\xi,\xi_1,\xi_2\in\wedge^kV^*$, $\eta\in\wedge^lV^*$, $\gamma\in\wedge^sV^*$ 和 $\lambda_1,\lambda_2\in\mathbb{K}$, 有

(1) $\xi\wedge\eta=(-1)^{kl}\eta\wedge\xi$;

(2) $(\lambda_1\xi_1+\lambda_2\xi_2)\wedge\eta=\lambda_1\xi_1\wedge\eta+\lambda_2\xi_2\wedge\eta$;

(3) $(\xi\wedge\eta)\wedge\gamma=\xi\wedge(\eta\wedge\gamma)$.

证明留作习题.

利用性质 (1), 我们有

$$\xi\wedge\xi=(-1)^{k^2}\xi\wedge\xi,\quad\forall\xi\in T^{(0,k)}.$$

从而当 k 为奇数时, $\xi\wedge\xi=0$.

命题 5.3.8　对于任意 $\xi_1,\xi_2,\cdots,\xi_k\in V^*$ 和 $\boldsymbol{v}_1,\boldsymbol{v}_2,\cdots,\boldsymbol{v}_k\in V$, 有

$$\xi_1\wedge\xi_2\wedge\cdots\wedge\xi_k(\boldsymbol{v}_1,\boldsymbol{v}_2,\cdots,\boldsymbol{v}_k)=|(\xi_i(\boldsymbol{v}_j))_{k\times k}|.$$

类似命题 5.3.5, 我们可得到下面对 $\wedge^k V^*$ 的基和维数的刻画.

命题 5.3.9 设 $\{\boldsymbol{e}_1, \boldsymbol{e}_2, \cdots, \boldsymbol{e}_n\}$ 是 V 的一个基, $\{\boldsymbol{e}_1^*, \boldsymbol{e}_2^*, \cdots, \boldsymbol{e}_n^*\}$ 是其相应的对偶基, 则

$$\{\boldsymbol{e}_{i_1}^* \wedge \boldsymbol{e}_{i_2}^* \wedge \cdots \wedge \boldsymbol{e}_{i_k}^* \mid 1 \leqslant i_1 < i_2 < \cdots < i_k \leqslant n\}$$

是 $\wedge^k V^*$ 的一个基, 从而 $\dim \wedge^k V^* = \mathrm{C}_n^k$.

根据反对称性, 当 $k > n$ 时, $\wedge^k V^* = 0$. 我们有 $n+1$ 个向量空间 $\wedge^0 V^* = \mathbb{K}$, $\wedge^1 V^* = V^*$, $\wedge^2 V^*, \cdots, \wedge^n V^*$, 称

$$\Lambda^\bullet V^* = \bigoplus_{k=0}^{n} \wedge^k V^*$$

为向量空间 V 的**外代数**, 也叫作 V 的 **格拉斯曼** (Grassmann) **代数**. 这个代数在后续微分几何、李代数以及同调代数等课程的学习中经常被用到.

最后我们给出外积的一个应用来结束本章.

定理 5.3.3 设 V 是数域 $\mathbb{K}$ 上的一个 n 维向量空间.

(1) V 中的 k 个向量 $\boldsymbol{v}_1, \boldsymbol{v}_2, \cdots, \boldsymbol{v}_k$ 线性无关当且仅当 $\boldsymbol{v}_1 \wedge \cdots \wedge \boldsymbol{v}_k \neq 0$;

(2) 线性无关的 k 个向量 $\boldsymbol{v}_1, \boldsymbol{v}_2 \cdots, \boldsymbol{v}_k$ 与线性无关的 k 个向量 $\boldsymbol{w}_1, \boldsymbol{w}_2, \cdots, \boldsymbol{w}_k$ 确定同一个 k 维子空间当且仅当存在非零的 $\lambda \in \mathbb{K}$, 使得

$$\boldsymbol{v}_1 \wedge \cdots \wedge \boldsymbol{v}_k = \lambda \boldsymbol{w}_1 \wedge \cdots \wedge \boldsymbol{w}_k.$$

证明 (1) 如果 $\boldsymbol{v}_1, \boldsymbol{v}_2, \cdots, \boldsymbol{v}_k$ 线性无关, 则可以扩充成 V 的基 $\{\boldsymbol{v}_1, \cdots, \boldsymbol{v}_k, \boldsymbol{v}_{k+1}, \cdots, \boldsymbol{v}_n\}$, 从而

$$\{\boldsymbol{v}_{i_1} \wedge \boldsymbol{v}_{i_2} \wedge \cdots \wedge \boldsymbol{v}_{i_k} \mid 1 \leqslant i_1 < i_2 < \cdots < i_k \leqslant n\}$$

构成 $\wedge^k V^*$ 的一个基, 特别地, $\boldsymbol{v}_1 \wedge \cdots \wedge \boldsymbol{v}_k \neq 0$.

反之, 如果 $\boldsymbol{v}_1, \cdots, \boldsymbol{v}_k$ 线性相关, 不妨设 $\boldsymbol{v}_k = \sum\limits_{i=1}^{k-1} a_i \boldsymbol{v}_i$, 则有

$$\boldsymbol{v}_1 \wedge \cdots \wedge \boldsymbol{v}_k = \sum_{i=1}^{k-1} a_i \boldsymbol{v}_1 \wedge \cdots \wedge \boldsymbol{v}_{k-1} \wedge \boldsymbol{v}_i = 0.$$

故 $\boldsymbol{v}_1, \cdots, \boldsymbol{v}_k$ 线性无关.

(2) 如果线性无关的 k 个向量 $\boldsymbol{v}_1,\cdots,\boldsymbol{v}_k$ 与线性无关的 k 个向量 $\boldsymbol{w}_1,\cdots,\boldsymbol{w}_k$ 确定同一个 k 维子空间, 则存在可逆矩阵 $\boldsymbol{A}$, 使得

$$\begin{pmatrix}\boldsymbol{v}_1\\ \boldsymbol{v}_2\\ \vdots\\ \boldsymbol{v}_n\end{pmatrix}=\boldsymbol{A}\begin{pmatrix}\boldsymbol{w}_1\\ \boldsymbol{w}_2\\ \vdots\\ \boldsymbol{w}_n\end{pmatrix},$$

从而

$$\boldsymbol{v}_1\wedge\cdots\wedge\boldsymbol{v}_k=|\boldsymbol{A}|\boldsymbol{w}_1\wedge\cdots\wedge\boldsymbol{w}_k.$$

反之, 如果存在非零的 $\lambda\in\mathbb{K}$, 使得 $\boldsymbol{v}_1\wedge\cdots\wedge\boldsymbol{v}_k=\lambda\boldsymbol{w}_1\wedge\cdots\wedge\boldsymbol{w}_k$, 则对于任意 $\boldsymbol{v}_i$ 有

$$\lambda\boldsymbol{w}_1\wedge\cdots\wedge\boldsymbol{w}_k\wedge\boldsymbol{v}_i=\boldsymbol{v}_1\wedge\cdots\wedge\boldsymbol{v}_k\wedge\boldsymbol{v}_i=0.$$

再由 (1) 可知 $\boldsymbol{w}_1,\cdots,\boldsymbol{w}_k,\boldsymbol{v}_i$ 线性相关, 从而存在 $a_{ij}\in\mathbb{K}$, 使得

$$\boldsymbol{v}_i=\sum_{j=1}^{k}a_{ij}\boldsymbol{w}_j.$$

由于 $\lambda\neq 0$, 所以 $|(a_{ij})_{k\times k}|\neq 0$, 从而 $\boldsymbol{v}_1,\cdots,\boldsymbol{v}_k$ 与 $\boldsymbol{w}_1,\cdots,\boldsymbol{w}_k$ 确定了同一个 k 维子空间. □

习题 5.3

1. 在平面直角坐标系中, 平面上的所有以原点 O 为起点的向量构成实数域上的 2 维向量空间 V, 验证 V 上的下列变换是线性变换:

(1) 将每个向量绕原点逆时针旋转 θ 角;

(2) 取定 V 中一个非零向量 $\boldsymbol{e}$, 将每个向量映到它在 $\boldsymbol{e}$ 上的投影向量.

2. 设 V 是实数域上所有 n 阶方阵构成的向量空间, 证明

(1) 迹函数 $\boldsymbol{M}\mapsto\mathrm{tr}\boldsymbol{M}$ 是线性函数;

(2) V 上的每个线性函数 f 必形如 $f(\boldsymbol{M})=\mathrm{tr}\boldsymbol{AM}$, 其中矩阵 $\boldsymbol{A}=\boldsymbol{A}_f$ 是由 f 唯一确定的.

3. 设 V 是数域 $\mathbb{K}$ 上的一个 n 维向量空间, $\boldsymbol{\alpha}_1,\boldsymbol{\alpha}_2,\cdots,\boldsymbol{\alpha}_n$ 是它的一个基, $k_1,k_2,\cdots,k_n$ 是 K 中任取的 n 个数, 证明存在唯一的线性函数 f, 使得

$$f(\boldsymbol{\alpha}_i)=k_i,\quad i=1,2,\cdots,n.$$

4. 设 V 是数域 $\mathbb{K}$ 上的一个 3 维向量空间, $\boldsymbol{\alpha}_1,\boldsymbol{\alpha}_2,\boldsymbol{\alpha}_3$ 是它的一个基, 求 V 上的线性函数 f, 使得

$$f(\boldsymbol{\alpha}_1+\boldsymbol{\alpha}_3)=1,\ \ f(\boldsymbol{\alpha}_2-2\boldsymbol{\alpha}_3)=-1,\ \ f(\boldsymbol{\alpha}_1+\boldsymbol{\alpha}_2)=-3.$$

5. 设 V 是所有实二元行向量构成的实数域 $\mathbb{R}$ 上的向量空间, 取 V 的一个基 $\boldsymbol{\alpha}_1 = (1,2)$, $\boldsymbol{\alpha}_2 = (1,3)$, 求 V^* 的相应对偶基.

6. 设 V 是所有次数不大于 2 的实系数多项式构成的实数域上的向量空间.

(1) 取 V 的一个基 $1, x, x^2$, 求 V^* 的相应对偶基;

(2) 对于任意 $p(x) = a_0 + a_1x + a_2x^2 \in V$, 定义 V 上线性函数

$$f_1(p(x)) = \int_0^1 p(x)\mathrm{d}x, \quad f_2(p(x)) = \int_0^2 p(x)\mathrm{d}x, \quad f_3(p(x)) = \int_0^{-1} p(x)\mathrm{d}x.$$

求 V 的一个基 p_1, p_2, p_3, 使得 f_1, f_2, f_3 是它的对偶基.

7. 设 V 是数域 $\mathbb{K}$ 上的一个 n 维向量空间, $\boldsymbol{\alpha}_1, \boldsymbol{\alpha}_2, \cdots, \boldsymbol{\alpha}_n$ 和 $\boldsymbol{\beta}_1, \boldsymbol{\beta}_2, \cdots, \boldsymbol{\beta}_n$ 是它的两个基, 相应的对偶基分别是 $\boldsymbol{\alpha}_1^*, \boldsymbol{\alpha}_2^*, \cdots, \boldsymbol{\alpha}_n^*$ 和 $\boldsymbol{\beta}_1^*, \boldsymbol{\beta}_2^*, \cdots, \boldsymbol{\beta}_n^*$, 若

$$(\boldsymbol{\beta}_1, \boldsymbol{\beta}_2, \cdots, \boldsymbol{\beta}_n) = (\boldsymbol{\alpha}_1, \boldsymbol{\alpha}_2, \cdots, \boldsymbol{\alpha}_n)\boldsymbol{A},$$

$$(\boldsymbol{\beta}_1^*, \boldsymbol{\beta}_2^*, \cdots, \boldsymbol{\beta}_n^*) = (\boldsymbol{\alpha}_1^*, \boldsymbol{\alpha}_2^*, \cdots, \boldsymbol{\alpha}_n^*)\boldsymbol{B},$$

证明 $\boldsymbol{B}^{\mathrm{T}}\boldsymbol{A} = \boldsymbol{E}$.

8. 设 V_n 是一个 n 维欧氏向量空间, 对于 V_n 中向量 $\boldsymbol{\alpha}$, 定义 V 上的一个函数 $\boldsymbol{\alpha}^*$ 为

$$\boldsymbol{\alpha}^*(\boldsymbol{\beta}) = \boldsymbol{\alpha} \cdot \boldsymbol{\beta}, \quad \forall \boldsymbol{\beta} \in V_n.$$

证明:

(1) $\boldsymbol{\alpha}^*$ 是 V_n 上的线性函数;

(2) V_n 到 V_n^* 的映射 $\boldsymbol{\alpha} \mapsto \boldsymbol{\alpha}^*$ 是一个同构映射 (在这个同构下, 欧氏向量空间可看成自身的对偶空间).

第6章 仿射变换

在前面几章中，我们已经研究了曲线、曲面等几何图形及其几何性质，主要是通过坐标法考察固定的 (静态的) 几何对象. 本章中我们将研究空间的动态变化，主要考察在某种运动规则 (称之为变换) 下一个几何图形会如何变化. 例如在平移、旋转和伸缩等变换下，一个圆可以变成椭圆，但不会变成双曲线.

本章中我们遵循埃尔朗根纲领的指引，强调变换群几何学的观点，主要考察图形在一类变换下保持不变的性质. 仿射变换是本章的主要研究对象，这是一类把直线映射成直线的变换. 我们还将考察保距变换、相似变换等仿射变换中的重要子类. 粗略地讲，不同类的变换对应了不同的"几何观点"，例如，圆与椭圆在保距的意义下是不同的，而在仿射的意义下是一样的. 在本章的最后，我们还将给出仿射平面的公理化定义，并给出一些不同于 (经典) 平面的例子，为拓扑学、抽象代数等更抽象的后续课程打下基础.

6.1 平面上的变换

6.1.1 变换群

我们知道图形都是由点构成的，研究图形的运动变化要从点的变换入手，为此首先介绍变换的概念.

定义 6.1.1 设 X 和 Y 是两个非空集合，$f: X \to Y$ 是一个映射. 如果对于任意 $x_1 \neq x_2 \in X$，都有 $f(x_1) \neq f(x_2)$，则称 f 是一个**单射**. 如果对于任意 $y \in Y$，存在 $x \in X$ 使得 $f(x) = y$，则称 f 是一个**满射**. 如果映射 f 既是单射又是满射，则称 f 是一个**双射**或**一一对应**.

设 $f: X \to Y$ 和 $g: Y \to Z$ 是两个映射，它们的**复合** (或**乘积**) 是从 X 到 Z 的一个映射，记作 $g \circ f: X \to Z$，规定为

$$g \circ f(x) = g(f(x)), \quad \forall x \in X.$$

一般来说, 映射的复合不满足交换律, 但总有结合律, 即对三个映射 $f:X\to Y$, $g:Y\to Z$, $h:Z\to W$, 有

$$h\circ(g\circ f)=(h\circ g)\circ f.$$

定义 6.1.2 一个集合 X 到自身的映射称为 X 上的一个**变换**. 把 X 的每一点都映为自身的变换称为 X 上的**恒等变换**, 记作 id_X, 在不引起混淆的情况下, 简记为 id.

定义 6.1.3 设 $f:X\to Y$ 是一个映射, 如果存在映射 $g:Y\to X$, 使得

$$g\circ f=\mathrm{id}_X,\quad f\circ g=\mathrm{id}_Y,$$

则称映射 f 是**可逆的**, 称 g 为 f 的**逆映射**.

不难证明, 如果 f 是可逆映射, 则其逆映射是唯一的, 常把 f 的逆映射记作 f^{-1}. 可逆映射有如下两个性质, 证明留作练习.

命题 6.1.1 映射 $f:X\to Y$ 是可逆的当且仅当 f 是一个双射.

命题 6.1.2 设 $f:X\to Y$ 和 $g:Y\to Z$ 是两个可逆映射, 则 $g\circ f$ 也是可逆的, 且 $(g\circ f)^{-1}=f^{-1}\circ g^{-1}$.

大多数情况下, 我们不局限于考虑对图形作单个变换, 而是研究对图形进行一系列变换后哪些性质是保持不变的, 具体来讲就是在变换群下图形的不变性质. 下面首先介绍群的概念.

定义 6.1.4 设 G 是一个非空集合, $*:G\times G\to G$ 是 G 上的一个运算. $(G,*)$ 称为一个**群**, 如果满足下面的公理:

(1) 结合律: 对于任意 $f,g,h\in G$,

$$(f*g)*h=f*(g*h);$$

(2) 存在一个元素 $e\in G$, 使得对于任意 $f\in G$, 都有

$$f*e=e*f=f,$$

我们称这个元素 e 为**单位元**;

(3) 对于任意 $f\in G$, 都存在 $g\in G$ 使得

$$g*f=f*g=e,$$

我们称这个元素 g 为 f 的**逆**, 通常记作 f^{-1}.

容易验证, 在一个群中, 单位元是唯一的, 每一个元素的逆也是唯一的.

定义 6.1.5 设 $(G,*)$ 是一个群, 如果 $G' \subseteq G$ 且 $(G',*)$ 也是一个群, 则称 G' 是 G 的一个**子群**.

子群有如下判断准则.

命题 6.1.3 设 $(G,*)$ 是一个群, $G' \subseteq G$ 且满足对于任意 $f,g \in G'$, 有

$$f \circ g \in G', \quad f^{-1} \in G',$$

则 G' 是 G 的一个子群.

定义 6.1.6 设 $(G,*)$ 和 $(H,\cdot)$ 是两个群, 如果映射 $f: G \to H$ 满足

$$f(g_1 * g_2) = f(g_1) \cdot f(g_2), \quad \forall g_1, g_2 \in G,$$

则称 f 是一个**同态**. 如果 f 还是一个双射, 则称 f 是一个**同构**. 此时称 G 和 H **同构**, 记作 $G \cong H$.

例 6.1.1 所有实数 $\mathbb{R}$ 在数的加法运算下构成了一个群 $(\mathbb{R},+)$. 这个群是个交换群, 即对于任意 $a,b \in \mathbb{R}$, 有 $a+b=b+a$. 所有整数 $\mathbb{Z}$ 在数的加法运算下构成了一个群 $(\mathbb{Z},+)$, 注意到这个群是 $(\mathbb{R},+)$ 的一个子群.

例 6.1.2 令

$$GL(n,\mathbb{R}) = \{\text{所有 } n \text{ 阶可逆实矩阵}\},$$

那么 $(GL(n,\mathbb{R}),\cdot)$ 是一个群, 这里 “$\cdot$” 表示矩阵乘法.

令

$$O(n,\mathbb{R}) = \{\text{所有 } n \text{ 阶正交实矩阵}\},$$

那么 $(O(n,\mathbb{R}),\cdot)$ 也是一个群, 且为 $(GL(n,\mathbb{R}),\cdot)$ 的一个子群.

对于非空集合 X, 考虑其上的可逆变换. 令

$$G_0 = \{\mathrm{id_X}\}, \quad \widetilde{G} = \{X \text{ 上的所有可逆变换}\},$$

则在映射的复合运算 “$\circ$” 下, $(G_0,\circ)$ 和 $(\widetilde{G},\circ)$ 都是群. 我们把 $\widetilde{G}$ 的子群称为 X 上的一个变换群, 即

定义 6.1.7 设 G 是非空集合 X 上的一族可逆变换. 如果满足:

(1) 对于任意 $f,g \in G$, 有 $f \circ g \in G$;

(2) 对于任意 $f \in G$, 有 $f^{-1} \in G$,

则称 G 为 X 上的一个**变换群**.

可见 $\widetilde{G}$ 是 X 上最大的变换群, G_0 是 X 上最小的变换群.

注 6.1.1 每个群 $(G,*)$ 都可以视作某个非空集合上的一个变换群. 例如, 群 $(GL(n,\mathbb{R}),\cdot)$ 可看作 n 维欧氏空间 $\mathbb{R}^n$ 上的一个变换群.

一般地, 群 G 可看作集合 G 上的一个变换群, 即可把每个 $g\in G$ 看作一个变换 $L_g: G\to G$

$$L_g(f)=g*f,\quad \forall f\in G.$$

易见这是一个一一对应, 且 $L_{g*h}=L_g\circ L_h$. 不难验证 $\mathfrak{L}_G\triangleq\{L_g;g\in G\}$ 是集合 G 上的一个变换群. 严格地讲, 这里群 $(G,*)$ 与变换群 $(\mathfrak{L}_G,\circ)$ 是同构的.

6.1.2 平面上的变换群

下面我们讨论平面上的可逆变换, 列举一些常用的变换群.

1. 平移变换

取定平面 π 上的一个向量 $\boldsymbol{u}$, 规定变换 $P_{\boldsymbol{u}}:\pi\to\pi$ 如下:

$$\text{对于任意 } A\in\pi, P_{\boldsymbol{u}}(A) \text{ 是使得 } \overrightarrow{AP_{\boldsymbol{u}}(A)}=\boldsymbol{u} \text{ 的点},$$

称变换 $P_{\boldsymbol{u}}$ 为 π 上的一个**平移**, 称向量 $\boldsymbol{u}$ 为 $P_{\boldsymbol{u}}$ 的**平移量**.

易知 $P_{\boldsymbol{u}}$ 是平面 π 上的一个可逆变换, 且 $(P_{\boldsymbol{u}})^{-1}=P_{-\boldsymbol{u}}$. 再者, 对于任意向量 $\boldsymbol{u},\boldsymbol{v}$, 有

$$P_{\boldsymbol{u}}\circ P_{\boldsymbol{v}}=P_{\boldsymbol{u}+\boldsymbol{v}},$$

故 π 上所有的平移变换构成一个变换群.

在平面 π 上取定一个仿射坐标系 $[O;\ \boldsymbol{e}_1,\boldsymbol{e}_2]$, 设向量 $\boldsymbol{u}=(u_1,u_2)$, 点 A 和 $P_{\boldsymbol{u}}(A)$ 的坐标分别为 (x,y) 和 (x',y'), 则有

$$\begin{cases}x'=x+u_1,\\ y'=y+u_2,\end{cases}\tag{6.1}$$

称 (6.1) 式为平面 π 上由 $\boldsymbol{u}$ 决定的点的**平移变换公式**.

2. 旋转变换

取定平面 π 上的一点 O, 以及角 θ. 规定变换 $M_\theta:\pi\to\pi$ 如下:

$$\text{对于任意 } A\in\pi, M_\theta(A) \text{ 是 } A \text{ 绕 } O \text{ 沿逆时针方向旋转 } \theta \text{ 角所得的点},$$

称变换 M_θ 为 π 上的一个**旋转**, 称角 θ 为 M_θ 的**旋转角**, O 为其**旋转中心**.

易知 M_θ 是平面 π 上的一个可逆变换, 且 $(M_\theta)^{-1}=M_{-\theta}$. 再者对于任意角 θ_1,θ_2, 有

$$M_{\theta_1}\circ M_{\theta_2}=M_{\theta_1+\theta_2},$$

故 π 上以 O 为**旋转中心**的所有旋转变换构成了一个变换群.

在平面 π 上取定一个直角坐标系 $[O;\ \boldsymbol{e}_1,\boldsymbol{e}_2]$, 设点 A 和 $M_\theta(A)$ 的坐标分别为 (x,y) 和 (x',y'), 则有

$$\begin{pmatrix}x'\\y'\end{pmatrix}=\begin{pmatrix}\cos\theta & -\sin\theta\\ \sin\theta & \cos\theta\end{pmatrix}\begin{pmatrix}x\\y\end{pmatrix}=\begin{pmatrix}x\cos\theta-y\sin\theta\\ x\sin\theta+y\cos\theta\end{pmatrix}, \tag{6.2}$$

称 (6.2) 式为平面 π 上旋转角为 θ 的**旋转变换公式**.

3. 反射变换

取定平面 π 上的一条直线 L, 规定变换 $R_L:\pi\to\pi$ 如下:

对于任意 $A\in\pi$, $R_L(A)$ 是 A 关于直线 L 的对称点,

称变换 R_L 为 π 上的一个**反射**, 称直线 L 为 R_L 的**反射轴**.

易知 R_L 是平面上的一个可逆变换, $(R_L)^{-1}=R_L$. 特别地, $\{\mathrm{id},R_L\}$ 构成了 π 上的一个变换群.

在平面 π 上以直线 L 为第一个坐标轴建立一个仿射坐标系 $[O;\ \boldsymbol{e}_1,\boldsymbol{e}_2]$, 设点 A 和 $R_L(A)$ 的坐标分别为 (x,y) 和 (x',y'), 则有

$$(x',y')=(x,-y).$$

4. 正伸缩变换

取定平面 π 上的一条直线 L, 以及正数 k, 规定变换 $\xi:\pi\to\pi$ 如下.

对于任意 $A\in\pi$, $\xi(A)$ 是下列条件决定的点:

(1) 向量 $\overrightarrow{A\xi(A)}$ 与直线 L 垂直;

(2) 点 $\xi(A)$ 到直线 L 的距离 $d(\xi(A),L)=kd(A,L)$;

(3) 点 $\xi(A)$ 与 A 在直线 L 的同侧.

称变换 ξ 为 π 上的一个**正伸缩**, 称直线 L 为 ξ 的**伸缩轴**, 正数 k 为其**伸缩系数**.

易知每个正伸缩 ξ 都是平面上的一个可逆变换, 其逆变换以 $1/k$ 为伸缩系数, 且所有以直线 L 为伸缩轴的正伸缩构成了 π 上的一个变换群.

在平面 π 上以直线 L 为第二个坐标轴建立一个仿射坐标系 $[O;\ \boldsymbol{e}_1, \boldsymbol{e}_2]$, 设点 A 和 $\xi(A)$ 的坐标分别为 (x, y) 和 (x', y'), 则有

$$(x', y') = (kx, y).$$

5. 位似变换

取定平面 π 上一点 O 和一个非零实数 k, 规定变换 $f: \pi \to \pi$ 如下:

$$\text{对于任意 } A \in \pi,\ f(A) \text{ 是使得 } \overrightarrow{Of(A)} = k\overrightarrow{OA} \text{ 的点},$$

称变换 f 为 π 上的一个**位似变换**, 称 O 为 f 的**位似中心**, 数 k 为**位似系数**.

两个有相同位似中心 O 的位似变换的复合也是位似变换, 位似中心还是 O, 位似系数相乘. 位似变换的逆也是位似变换, 位似中心相同, 位似系数互为倒数. 因此 π 上所有以 O 为位似中心的位似变换构成一个变换群.

在平面 π 上取定一个仿射坐标系 $[O;\ \boldsymbol{e}_1, \boldsymbol{e}_2]$, 设点 A 和 $f(A)$ 的坐标分别为 (x, y) 和 (x', y'), 则有

$$\begin{cases} x' = kx, \\ y' = ky. \end{cases}$$

注 6.1.2 由变换公式, 不难知道平移、旋转和反射变换都保持平面上任意两点的距离不变, 因此在这些变换下, 图形的形状没有发生变化, 只是改变了位置.

例 6.1.3 将直角坐标系中椭圆 $\Gamma: x^2 + 2y^2 = 4$ 绕原点逆时针旋转 60°, 求所得新曲线的方程.

解 由旋转变换公式

$$\begin{pmatrix} x' \\ y' \end{pmatrix} = \begin{pmatrix} \dfrac{1}{2} & -\dfrac{\sqrt{3}}{2} \\ \dfrac{\sqrt{3}}{2} & \dfrac{1}{2} \end{pmatrix} \begin{pmatrix} x \\ y \end{pmatrix}$$

得到逆变换公式

$$\begin{pmatrix} x \\ y \end{pmatrix} = \begin{pmatrix} \dfrac{1}{2} & \dfrac{\sqrt{3}}{2} \\ -\dfrac{\sqrt{3}}{2} & \dfrac{1}{2} \end{pmatrix} \begin{pmatrix} x' \\ y' \end{pmatrix},$$

将其代入椭圆方程得新曲线的方程为

$$7x'^2 + 5y'^2 - 2\sqrt{3}x'y' - 16 = 0.$$

□

在上述例题中, 椭圆 Γ 绕原点旋转所得的新曲线是与之形状相同的椭圆, 但是对称轴不再是坐标轴, 因此它的方程亦不是标准方程形式.

习题 6.1

1. 证明命题 6.1.1 和命题 6.1.2.

2. 验证例 6.1.2.

3. 在平面 π 上取定一个仿射坐标系 $[O;\boldsymbol{e}_1,\boldsymbol{e}_2]$. 对于平面 π 上任意一条直线 L, 给出反射变换 R_L 在此坐标系中的坐标表示.

4. 在平面 π 上取定一个直角坐标系 $[O;\boldsymbol{e}_1,\boldsymbol{e}_2]$. 对于平面 π 上任意一条过原点 O 的直线 L 和正数 k, 令 ξ 为以 L 为伸缩轴、k 为伸缩系数的正伸缩变换, 给出 ξ 在此坐标系中的坐标表示.

5. 证明在平移、旋转或反射变换下, 平面上任意两点的距离不变.

6.2　仿射变换群

在 6.1 节中我们了解到, 在平移、旋转和反射变换下, 平面上的图形保持形状不变. 具有这种性质的变换是很特殊的, 亦是少见的. 例如, 图形在放大镜下的像、物体在阳光下的影子、弹性物体在外力作用下的形变都不具有这种性质. 接下来我们将关注更广泛的一类变换: 仿射变换.

6.2.1　仿射变换的定义和基本性质

定义 6.2.1　n 维仿射空间上的**仿射变换**是指把共线点组映为共线点组的可逆变换.

n 维仿射空间上的恒等变换是仿射变换. 平面上的平移、旋转、反射、正压缩和位似变换都是仿射变换.

由定义易知, 仿射变换的复合还是仿射变换. n 维仿射空间上的全体仿射变换是否构成变换群呢? 只需要再证明仿射变换的逆也是仿射变换即可. 我们这里只对平面的情形加以证明, 一般情形的证明方法是类似的.

命题 6.2.1　平面上的仿射变换把不共线点组映为不共线点组, 从而其逆变换也是仿射变换.

证明　反证法. 假设仿射变换 f 把不共线点组 $\{A,B,C\}$ 映为共线点组, 所在直线记作 L. 由于仿射变换把共线点组映为共线点组, 则 f 把直线 AB 和直线 AC 都映到直线 L 上. 对于平面上任意一点 P(不是 A), 取一条过点 P 的直线分别交直线 AB 和直线 AC 于点 D 和点 E(这条直线不平行于直线 AB 和直线 AC 即可), 如图 6.1. 因为 f 把点 D 和点 E 都映到直线 L 上, 所以把直线 DE 都映

到直线 L 上, 从而有 $f(P) \in L$. 由 P 的任意性知 f 把整个平面都映到直线 L 上, 与其是可逆变换矛盾. □

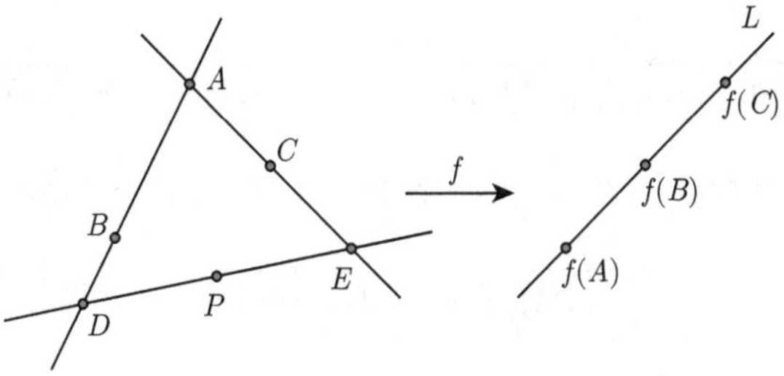

图 6.1

定理 6.2.1 平面上的全体仿射变换构成了一个变换群, 称为**仿射变换群**.

推论 6.2.1 平面上的仿射变换总是把直线映为直线, 且将平行的直线映为平行的直线.

证明 设 L 是平面上的一条直线, A, B 是 L 上两个不同的点, 仿射变换 f 将 A, B 分别映为 A', B'. 由于 f 是单射, 所以 A', B' 是不同的两点, 它们所决定的直线记作 L'. 仿射变换将共线点组映为共线点组, 故 $f(L) \subseteq L'$. 根据命题 6.2.1, 若 $C \notin L$, 则 $f(C) \notin L'$. 又因为 f 是满射, 所以 $f(L) = L'$.

对于平行的直线 L_1, L_2, 作为点集有 $L_1 \cap L_2 = \varnothing$, 从而 $f(L_1) \cap f(L_2) = \varnothing$, 说明 $f(L_1)$ 与 $f(L_2)$ 平行. □

6.2.2 仿射变换诱导的向量变换

设 π 是一个平面, 平行于 π 的全体向量构成一个 2 维向量空间, 记作 V. 对于任意 $\boldsymbol{u} \in V$, 存在 π 上一个有序点对 (A, B), 使得 $\boldsymbol{u} = \overrightarrow{AB}$, 即我们第 1 章中所说的有向线段表示.

定义 6.2.2 设 f 是平面 π 上的一个仿射变换, 规定 $T_f : V \to V$ 如下, 对于任意 $\boldsymbol{u} \in V$, 如果 $\boldsymbol{u} = \overrightarrow{AB}$, 则

$$T_f(\boldsymbol{u}) = \overrightarrow{f(A)f(B)},$$

称 T_f 为仿射变换 f 诱导的**向量变换**.

注意到向量的有向线段表示不是唯一的, 当 $\overrightarrow{AB}$ 与 $\overrightarrow{CD}$ 的长度和方向都相同时, 它们就对应了同一个向量. 因此我们需要说明, 对于同一向量 $\boldsymbol{u}$ 用不同的有向线段表示时, 得到的向量 $T_f(\boldsymbol{u})$ 是相同的, 这样变换 T_f 的定义才是合理的.

命题 6.2.2 T_f 是良定义的.

证明　设 $\boldsymbol{u}=\overrightarrow{AB}=\overrightarrow{CD}$, 且 A,B,C,D 不共线, 则四边形 $ACDB$ 是一个平行四边形, 进而 $\overrightarrow{AC}//\overrightarrow{BD}$. 由于仿射变换总是把平行的直线映为平行的直线 (图 6.2), 所以

$$\overrightarrow{f(A)f(B)}//\overrightarrow{f(C)f(D)},\quad \overrightarrow{f(A)f(C)}//\overrightarrow{f(B)f(D)},$$

故四边形 $f(A)f(C)f(D)f(B)$ 也是一个平行四边形, 从而向量

$$\overrightarrow{f(A)f(B)}=\overrightarrow{f(C)f(D)}.$$

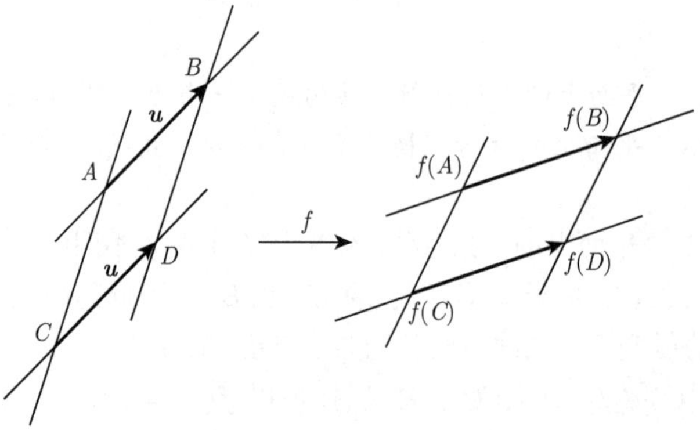

图 6.2

这就证明了 T_f 是良定义的, 不依赖于向量有向线段表示的选取. □

由定义易知, $T_f(\boldsymbol{u})=\boldsymbol{0}$ 当且仅当 $\boldsymbol{u}=\boldsymbol{0}$.

命题 6.2.3　仿射变换 f 诱导的向量变换 T_f 是可逆的, 且 $T_f^{-1}=T_{f^{-1}}$.

证明　对于任意向量 $\boldsymbol{u}=\overrightarrow{AB}$, 根据向量变换的定义,

$$(T_{f^{-1}}\circ T_f)(\boldsymbol{u})=T_{f^{-1}}(\overrightarrow{f(A)f(B)})=\overrightarrow{AB}=\boldsymbol{u},$$

$$(T_f\circ T_{f^{-1}})(\boldsymbol{u})=T_f(\overrightarrow{f^{-1}(A)f^{-1}(B)})=\overrightarrow{AB}=\boldsymbol{u}.$$

说明 T_f 是可逆的, 且 $T_f^{-1}=T_{f^{-1}}$. □

定理 6.2.2　仿射变换 f 诱导的向量变换 T_f 是向量空间 V 上的一个线性变换, 即

(1) 对于任意向量 $\boldsymbol{u},\boldsymbol{v}\in V$,

$$T_f(\boldsymbol{u}\pm\boldsymbol{v})=T_f(\boldsymbol{u})\pm T_f(\boldsymbol{v});$$

(2) 对于任意向量 $\boldsymbol{u} \in V$ 以及实数 k,

$$T_f(k\boldsymbol{u}) = kT_f(\boldsymbol{u}).$$

证明 (1) 作 $\boldsymbol{u} = \overrightarrow{AB}$, $\boldsymbol{v} = \overrightarrow{BC}$, 则

$$\begin{aligned} T_f(\boldsymbol{u}+\boldsymbol{v}) &= T_f(\overrightarrow{AB}+\overrightarrow{BC}) = T_f(\overrightarrow{AC}) \\ &= \overrightarrow{f(A)f(C)} = \overrightarrow{f(A)f(B)} + \overrightarrow{f(B)f(C)} \\ &= T_f(\overrightarrow{AB}) + T_f(\overrightarrow{BC}) = T_f(\boldsymbol{u}) + T_f(\boldsymbol{v}). \end{aligned}$$

再由

$$T_f(\boldsymbol{u}) = T_f((\boldsymbol{u}-\boldsymbol{v})+\boldsymbol{v}) = T_f(\boldsymbol{u}-\boldsymbol{v}) + T_f(\boldsymbol{v}),$$

可得

$$T_f(\boldsymbol{u}-\boldsymbol{v}) = T_f(\boldsymbol{u}) - T_f(\boldsymbol{v}).$$ □

要证明 (2) 我们还需要下面的引理.

引理 6.2.1 如果对于非零向量 $\boldsymbol{u} \in V$ 和非零实数 k, 有 $T_f(k\boldsymbol{u}) = tT_f(\boldsymbol{u})$, 则

(1) 对于任意向量 $\boldsymbol{v} \in V$, 都有 $T_f(k\boldsymbol{v}) = tT_f(\boldsymbol{v})$;

(2) 如果 $k > 0$, 则 $t > 0$.

证明 (1) 根据定理 6.2.2 (1), 只需考察 $k > 0$ 的情形 (注意这并不蕴含 $t > 0$).

如果向量 $\boldsymbol{v}$ 与向量 $\boldsymbol{u}$ 不共线, 可作 $\boldsymbol{u} = \overrightarrow{AB}$, $\boldsymbol{v} = \overrightarrow{AC}$, $k\boldsymbol{u} = \overrightarrow{AD}$, $k\boldsymbol{v} = \overrightarrow{AE}$ (图 6.3). 由相似三角形性质可知 $\overrightarrow{DE} // \overrightarrow{BC}$, 进而

$$\overrightarrow{f(D)f(E)} // \overrightarrow{f(B)f(C)}.$$

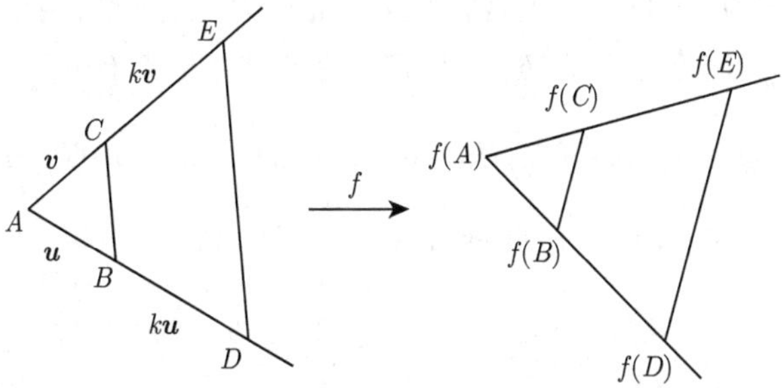

图 6.3

又因为 $\overrightarrow{f(A)f(D)}=T_f(k\boldsymbol{u})=tT_f(\boldsymbol{u})=t\overrightarrow{f(A)f(B)}$, 所以

$$\overrightarrow{f(A)f(E)}=t\overrightarrow{f(A)f(C)},$$

即 $T_f(k\boldsymbol{v})=tT_f(\boldsymbol{v})$.

如果向量 $\boldsymbol{w}$ 与向量 $\boldsymbol{u}$ 共线, 则 $\boldsymbol{w}$ 与 $\boldsymbol{v}$ 不共线. 由上可知此时也有

$$T_f(k\boldsymbol{w})=tT_f(\boldsymbol{w}).$$

(2) 设 $T_f(\sqrt{k}\boldsymbol{u})=sT_f(\boldsymbol{u})$. 那么由 (1) 的结论可知

$$T_f(k\boldsymbol{u})=T_f(\sqrt{k}(\sqrt{k}\boldsymbol{u}))=sT_f(\sqrt{k}\boldsymbol{u})=s^2T_f(\boldsymbol{u}),$$

于是 $t=s^2>0$. □

注 6.2.1 引理 6.2.1 中 (2) 的几何意义就是仿射变换不仅把直线映为直线, 而且把线段映为线段.

定理 6.2.2(2) 的证明 首先 $T_f(0\cdot\boldsymbol{u})=T_f(0)=0=0\cdot T_f(\boldsymbol{u})$.

接下来对于任意正整数 n, 由定理 6.2.2 (1) 知

$$T_f(n\boldsymbol{u})=T_f(\underbrace{\boldsymbol{u}+\boldsymbol{u}+\cdots+\boldsymbol{u}}_{n\text{ 个}})=nT_f(\boldsymbol{u}).$$

进而对负整数也有 $T_f(-n\boldsymbol{u})=-nT_f(\boldsymbol{u})$.

对于任意有理数 $\dfrac{n}{m}\in\mathbb{Q}$, 有

$$mT_f\left(\frac{n}{m}\boldsymbol{u}\right)=T_f\left(m\cdot\frac{n}{m}\cdot\boldsymbol{u}\right)=T_f(n\boldsymbol{u})=nT_f(\boldsymbol{u}),$$

从而

$$T_f\left(\frac{n}{m}\boldsymbol{u}\right)=\frac{n}{m}T_f(\boldsymbol{u}).$$

最后对于任意实数 k(事实上现在只需讨论无理数), 可取两个有理数列 $\{a_n\}$, $\{b_n\}$, 使得 a_n 单调递增趋于 k, b_n 单调递减趋于 k. 设 $T_f(k\boldsymbol{u})=tT_f(\boldsymbol{u})$, 则

$$T_f((k-a_n)\boldsymbol{u})=T_f(k\boldsymbol{u})-T_f(a_n\boldsymbol{u})=(t-a_n)T_f(\boldsymbol{u}).$$

由 $k-a_n>0$ 可知 $t-a_n>0$. 同理有 $b_n-t>0$. 因此

$$k=\lim_{n\to+\infty}a_n\leqslant t\leqslant\lim_{n\to+\infty}b_n=k,$$

故 $t=k$. □

注 6.2.2 在平面 π 上取定一点 O, 那么向量空间 V 中每一个向量 $\boldsymbol{u}$, 都唯一对应了 π 中一点 $A(\boldsymbol{u}=\overrightarrow{OA})$, 这样 V 就和 π 等同起来. 通过这种转变就可以将 T_f 视为 π 上一类特殊的仿射变换. 事实上, 考察平移变换 $P_{\overrightarrow{f(O)O}}$, 有仿射变换

$$P_{\overrightarrow{f(O)O}}\circ f(A)=T_f(\overrightarrow{OA})=T_f(A),$$

或者说 $f=P_{\overrightarrow{Of(O)}}\circ T_f$.

借助向量变换的线性性质我们可以证明下面的结论.

命题 6.2.4 平面上的仿射变换保持共线三点的简单比不变.

证明 设 A,B,C 是平面上共线的三点, 简单比为 λ, 即 $\overrightarrow{AB}=\lambda\overrightarrow{BC}$, f 是一个仿射变换, 则

$$\overrightarrow{f(A)f(B)}=T_f(\overrightarrow{AB})=\lambda T_f(\overrightarrow{BC})=\lambda\overrightarrow{f(B)f(C)},$$

即 $\overrightarrow{f(A)f(B)}=\lambda\overrightarrow{f(B)f(C)}$, 从而 $f(A),f(B),f(C)$ 的简单比亦为 λ. □

6.2.3 仿射变换基本定理

设 π 是一个平面, 对于 π 上任意两个仿射坐标系 I 和 I', 都存在唯一的仿射变换把 I 变为 I'. 这就是仿射变换基本定理, 它反映了仿射变换的本质特征, 具体叙述如下.

定理 6.2.3 (仿射变换基本定理)

(1) **存在性** 对于平面 π 上任意两个仿射坐标系 $I[O;\boldsymbol{e}_1,\boldsymbol{e}_2]$ 和 $I'[O';\boldsymbol{e}_1',\boldsymbol{e}_2']$, 规定 $f:\pi\to\pi$ 如下: 对于任意 $P\in\pi$, 若 P 在 I 中的坐标是 (x,y), 令 $f(P)$ 是在 I' 中坐标为 (x,y) 的点, 则 f 是一个仿射变换.

(2) **唯一性** 设 f 是平面 π 上的一个仿射变换, $I[O;\boldsymbol{e}_1,\boldsymbol{e}_2]$ 是 π 上的一个仿射坐标系, 则 $I'[f(O);T_f(\boldsymbol{e}_1),T_f(\boldsymbol{e}_2)]$ 也是 π 上的一个仿射坐标系, 且对于任意 $P\in\pi$, P 在 I 中的坐标与 $f(P)$ 在 I' 中的坐标相同.

证明 (1) 坐标系给出了平面上的全体点集到全体二元有序数组集合的一个一一对应, 因此规定的变换 f 是可逆变换. 又点组的共线性是由坐标决定的, 所以 f 把共线点组映为共线点组, 故 f 是一个仿射变换.

(2) 由于 $\boldsymbol{e}_1,\boldsymbol{e}_2$ 不共线, 且仿射变换把不共线点组映为不共线点组, 所以 $T_f(\boldsymbol{e}_1)$, $T_f(\boldsymbol{e}_2)$ 也不共线, 因此 $I'[f(O);T_f(\boldsymbol{e}_1),T_f(\boldsymbol{e}_2)]$ 是一个仿射坐标系.

设点 P 在 I 中的坐标为 (x,y), 则 $\overrightarrow{OP}=x\boldsymbol{e}_1+y\boldsymbol{e}_2$, 由定理 6.2.2 知

$$\overrightarrow{f(O)f(P)}=T_f(\overrightarrow{OP})=xT_f(\boldsymbol{e}_1)+yT_f(\boldsymbol{e}_2),$$

说明 $f(P)$ 在 I' 中的坐标也是 (x,y). □

推论 6.2.2 对于平面上的不共线点组 A, B, C 和 A', B', C', 存在唯一的仿射变换把 A 映为 A', B 映为 B', C 映为 C', 进而把 $\triangle ABC$ 映为三角形 $\triangle A'B'C'$.

习题 6.2

1. 证明平面上的正压缩和位似变换是仿射变换.
2. 证明平面上的仿射变换把线段映为线段.
3. 证明平面上的仿射变换把三角形映为三角形.
4. 证明平面上的仿射变换 f 把 $\triangle ABC$ 的重心映为 $\triangle f(A)f(B)f(C)$ 的重心.
5. 设 f 是平面上的一个仿射变换, L 是平面上的一条直线. 证明平面上两点 A 和 B 在直线 L 同侧当且仅当点 $f(A)$ 和 $f(B)$ 在直线 $f(L)$ 的同侧.
6. 证明空间上的仿射变换把平面映为平面, 进而证明其把平行直线映为平行直线.
7. 证明空间上的所有仿射变换构成了一个变换群.

6.3 仿射变换的坐标表示及应用

本节中我们将用坐标法来研究仿射变换. 最基本的是得到平面上一点与它在仿射变换下的像点的坐标关系.

6.3.1 仿射变换的坐标表示

设 f 是平面 π 上的一个仿射变换, $I[O;\boldsymbol{e}_1,\boldsymbol{e}_2]$ 是 π 上的一个仿射坐标系, 则 $I'[f(O);T_f(\boldsymbol{e}_1),T_f(\boldsymbol{e}_2)]$ 也是 π 上的一个仿射坐标系. 设点 P 在 I 中的坐标为 (x,y), 由定理 6.2.3 知, $f(P)$ 在 I' 中的坐标也是 (x,y).

设 $f(P)$ 在 I 中的坐标为 (x',y'), 记从 I 到 I' 的过渡矩阵为

$$\boldsymbol{A}=\begin{pmatrix} a_{11} & a_{12} \\ a_{21} & a_{22} \end{pmatrix},$$

$f(O)$ 在 I 中的坐标为 (b_1,b_2), 则由第 4 章中的点坐标变换公式知

$$\begin{pmatrix} x' \\ y' \end{pmatrix}=\begin{pmatrix} a_{11} & a_{12} \\ a_{21} & a_{22} \end{pmatrix}\begin{pmatrix} x \\ y \end{pmatrix}+\begin{pmatrix} b_1 \\ b_2 \end{pmatrix}, \tag{6.3}$$

称此公式为仿射变换 f 在坐标系 I 中的**点变换公式**, 称矩阵 $\boldsymbol{A}$ 为 f 在坐标系 I 中的**变换矩阵**.

在点变换公式 (6.3) 中, 有时也记 $\boldsymbol{x}=(x,y)^{\mathrm{T}}$, $f(\boldsymbol{x})=(x',y')^{\mathrm{T}}$, $\boldsymbol{b}=(b_1,b_2)^{\mathrm{T}}$, 则公式 (6.3) 可写成

$$f(\boldsymbol{x})=\boldsymbol{A}\boldsymbol{x}+\boldsymbol{b}.$$

下面讨论 f 诱导的向量变换 T_f 的坐标表示. 设向量 $\boldsymbol{\alpha}$ 和 $T_f(\boldsymbol{\alpha})$ 在 I 中的坐标分别为 (x, y) 和 (x', y'), 由

$$\boldsymbol{\alpha} = x\boldsymbol{e}_1 + y\boldsymbol{e}_2,$$

知

$$T_f(\boldsymbol{\alpha}) = xT_f(\boldsymbol{e}_1) + yT_f(\boldsymbol{e}_2),$$

说明 $T_f(\boldsymbol{\alpha})$ 在 I' 中的坐标为 (x, y), 则由第 4 章中的向量坐标变换公式知

$$\begin{pmatrix} x' \\ y' \end{pmatrix} = \begin{pmatrix} a_{11} & a_{12} \\ a_{21} & a_{22} \end{pmatrix} \begin{pmatrix} x \\ y \end{pmatrix}, \tag{6.4}$$

称此公式为仿射变换 f 在坐标系 I 中的**向量变换公式**, 或称为向量变换 T_f 的坐标表示.

在向量变换公式 (6.4) 中, 若记 $\boldsymbol{x} = (x, y)^{\mathrm{T}}$, $T_f(\boldsymbol{x}) = (x', y')^{\mathrm{T}}$, 则公式 (6.4) 可写成

$$T_f(\boldsymbol{x}) = \boldsymbol{A}\boldsymbol{x}.$$

命题 6.3.1

$$\{T_f; f \text{ 是平面上的仿射变换}\} \cong GL(2, \mathbb{R}),$$

这里的 $GL(2, \mathbb{R})$ 称作 2 **阶一般线性群**.

证明 在平面上取定一个仿射坐标系 $I[O; \boldsymbol{e}_1, \boldsymbol{e}_2]$, 设仿射变换 f 在 I 中的向量变换公式为

$$T_f(\boldsymbol{x}) = \boldsymbol{A}\boldsymbol{x},$$

其中 $\boldsymbol{A}$ 是 f 在 I 中的变换矩阵. 规定映射

$$\varphi : \{T_f; f \text{ 是平面上的仿射变换}\} \to GL(2, \mathbb{R}),$$

为 $\varphi(T_f) = A$. 由仿射变换基本定理知 φ 是一个双射.

对于任意 T_f 和 T_g, 若 $T_f(\boldsymbol{x}) = \boldsymbol{A}\boldsymbol{x}$, $T_g(\boldsymbol{x}) = \boldsymbol{B}\boldsymbol{x}$, 则

$$(T_f \circ T_g)(\boldsymbol{x}) = T_f(T_g(\boldsymbol{x})) = \boldsymbol{A}(\boldsymbol{B}\boldsymbol{x}) = (\boldsymbol{A}\boldsymbol{B})(\boldsymbol{x}),$$

说明 φ 是一个同态. 综上可知 φ 是一个同构. □

注 6.3.1　注意不同的仿射变换 f 和 g 可能有 $T_f = T_g$. 例如

$$f(\boldsymbol{x}) = \boldsymbol{A}\boldsymbol{x} + \boldsymbol{\alpha}, \quad g(\boldsymbol{x}) = \boldsymbol{A}\boldsymbol{x} + \boldsymbol{\beta}, \quad \boldsymbol{\alpha} \neq \boldsymbol{\beta},$$

就有

$$T_f(\boldsymbol{x}) = T_g(\boldsymbol{x}) = \boldsymbol{A}\boldsymbol{x}.$$

事实上, $T_f = T_g$ 当且仅当仿射变换 f 和 g 相差一个平移. 那么如果仿射变换 f 和 g 都把 O 映为 O, 则 $f \neq g$ 就蕴含了 $T_f \neq T_g$.

6.3.2　仿射变换下的曲线

设曲线 Γ 在仿射坐标系 $I[O; \boldsymbol{e}_1, \boldsymbol{e}_2]$ 中的方程为 $F(x, y) = 0$, f 是平面上的一个仿射变换, 记 Γ 在 f 下的像为 $\Gamma' = f(\Gamma)$.

根据仿射变换基本定理, Γ' 在仿射坐标系 $I'[f(O); T_f(\boldsymbol{e}_1), T_f(\boldsymbol{e}_2)]$ 中的方程还是 $F(x, y) = 0$. 从公式 (6.3) 反解出 x, y 用 x', y' 表示的函数式, 再代入 $F(x, y) = 0$, 就得到 Γ' 在 I 中的方程.

例 6.3.1　设 f 是平面 π 上的一个仿射变换, $I[O; \boldsymbol{e}_1, \boldsymbol{e}_2]$ 是 π 上的一个仿射坐标系, f 在坐标系 I 中的点变换公式为

$$\begin{pmatrix} x' \\ y' \end{pmatrix} = \begin{pmatrix} 1 & 1 \\ 0 & 1 \end{pmatrix} \begin{pmatrix} x \\ y \end{pmatrix} + \begin{pmatrix} 1 \\ 2 \end{pmatrix}. \tag{6.5}$$

设 $L: x + y = 1$ 是平面 π 上的一条直线, 求仿射变换 f 把直线 L 映成的直线的方程.

解　从 (6.5) 式解出

$$\begin{pmatrix} x \\ y \end{pmatrix} = \begin{pmatrix} 1 & 1 \\ 0 & 1 \end{pmatrix}^{-1} \left(\begin{pmatrix} x' \\ y' \end{pmatrix} - \begin{pmatrix} 1 \\ 2 \end{pmatrix} \right) = \begin{pmatrix} 1 & -1 \\ 0 & 1 \end{pmatrix} \begin{pmatrix} x' \\ y' \end{pmatrix} - \begin{pmatrix} -1 \\ 2 \end{pmatrix}.$$

将其代入直线 L 的方程 $x + y = 1$ 得

$$x' = 2,$$

即为所求直线 $f(L)$ 的方程. □

命题 6.3.2　平面上两条二次曲线 Γ 和 Γ'(非空集) 是同类二次曲线的充要条件是存在仿射变换 f 使得 $\Gamma' = f(\Gamma)$.

证明 充分性: 设二次曲线 Γ 在仿射坐标系 $[O;\boldsymbol{e}_1,\boldsymbol{e}_2]$ 中的方程为 $F(x,y)=0$, 那么 $\Gamma'=f(\Gamma)$ 在仿射坐标系 $[f(O);f(\boldsymbol{e}_1),f(\boldsymbol{e}_2)]$ 中的方程还是 $F(x,y)=0$. 由于二次曲线的方程决定了它的类型, 故 Γ 和 Γ' 是同类的.

必要性: 每条二次曲线都可以找到一个仿射坐标系使得其方程为下列 7 种形式之一:

$$x^2+y^2=1,\quad x^2+y^2=0,\quad x^2-y^2=1,\quad x^2-y^2=0,$$

$$x^2=y,\quad x^2=1,\quad x^2=0,$$

这里不同的形式代表了不同的类型. 当 Γ 和 Γ' 是同类二次曲线时, 分别存在仿射坐标系 $[O;\boldsymbol{e}_1,\boldsymbol{e}_2]$ 和 $[O';\boldsymbol{e}_1',\boldsymbol{e}_2']$ 使得它们具有同样的方程形式, 进而把 Γ 映为 Γ' 的仿射变换就是把 $[O;\boldsymbol{e}_1,\boldsymbol{e}_2]$ 映为 $[O';\boldsymbol{e}_1',\boldsymbol{e}_2']$ 的仿射变换. □

例 6.3.2 设在一个平面直角坐标系中, 圆 Γ 与椭圆 Γ' 的方程分别为

$$\Gamma:\ x^2+y^2=1,$$

$$\Gamma':\ 2x^2+2y^2+2xy-2x-4y+1=0.$$

求一个把圆 Γ 映为椭圆 Γ' 的仿射变换.

解 将 Γ' 的方程写为

$$(x\ y)\begin{pmatrix}2 & 1\\ 1 & 2\end{pmatrix}\begin{pmatrix}x\\ y\end{pmatrix}+(-2\ \ -4)\begin{pmatrix}x\\ y\end{pmatrix}+1=0. \tag{6.6}$$

由

$$\cot 2\theta=\frac{a_{11}-a_{22}}{2a_{12}}=\frac{2-2}{2}=0,$$

可取 $\theta=\dfrac{\pi}{4}$, 作仿射变换

$$\begin{pmatrix}x\\ y\end{pmatrix}=\begin{pmatrix}\dfrac{\sqrt{2}}{2} & -\dfrac{\sqrt{2}}{2}\\ \dfrac{\sqrt{2}}{2} & \dfrac{\sqrt{2}}{2}\end{pmatrix}\begin{pmatrix}x'\\ y'\end{pmatrix},$$

方程 (6.6) 化为

$$3x'^2+y'^2-3\sqrt{2}x'-\sqrt{2}y'+1=0,$$

配平方得

$$3\left(x'-\frac{\sqrt{2}}{2}\right)^2+\left(y'-\frac{\sqrt{2}}{2}\right)^2-1=0. \tag{6.7}$$

作平移变换

$$\begin{cases} x''=x'-\dfrac{\sqrt{2}}{2}, \\ y''=y'-\dfrac{\sqrt{2}}{2}, \end{cases}$$

方程 (6.7) 化为

$$3x''^2+y''^2=1, \tag{6.8}$$

再作正伸缩变换

$$\begin{cases} x'''=\sqrt{3}x'', \\ y'''=y'', \end{cases}$$

方程 (6.8) 化为

$$x'''^2+y'''^2=1,$$

表示的图形是圆 Γ.

综合上述变换过程可见, 仿射变换

$$\begin{pmatrix} x \\ y \end{pmatrix}=\begin{pmatrix} \dfrac{\sqrt{2}}{2} & -\dfrac{\sqrt{2}}{2} \\ \dfrac{\sqrt{2}}{2} & \dfrac{\sqrt{2}}{2} \end{pmatrix}\begin{pmatrix} \dfrac{\sqrt{3}}{3}x'''+\dfrac{\sqrt{2}}{2} \\ y'''+\dfrac{\sqrt{2}}{2} \end{pmatrix}$$

把圆 Γ 映为椭圆 Γ'. 化简后得

$$\begin{pmatrix} x \\ y \end{pmatrix}=\begin{pmatrix} \dfrac{\sqrt{6}}{6} & -\dfrac{\sqrt{2}}{2} \\ \dfrac{\sqrt{6}}{6} & \dfrac{\sqrt{2}}{2} \end{pmatrix}\begin{pmatrix} x''' \\ y''' \end{pmatrix}+\begin{pmatrix} 0 \\ 1 \end{pmatrix}. \qquad \square$$

注意此例题的计算过程与 4.2 节二次曲线方程的化简是相同的, 这是因为仿射变换与坐标变换的几何涵义虽然不同, 但是公式形式是相同的, 因此在具体问题的计算上它们的方法是相通的. 从变换过程可以看出, 上述例题所得的仿射变换是一个正伸缩变换、一个旋转变换和一个平移变换的复合. 另外, 注意此例题中满足条件的仿射变换不是唯一的, 例如这个仿射变换复合上任意一个关于原点的旋转变换都是把圆 Γ 映为椭圆 Γ' 的仿射变换.

习题 6.3

1. 设仿射变换 f, g 在某个仿射坐标系中的变换矩阵分别为 $\boldsymbol{A}, \boldsymbol{B}$, 证明 $g \circ f$ 在该坐标系中的变换矩阵为 $\boldsymbol{AB}$, f^{-1} 在该坐标系中的变换矩阵为 $\boldsymbol{A}^{-1}$.

2. 设仿射变换 f 在仿射坐标系 I 中的变换矩阵为 $\boldsymbol{A}$, 从 I 到仿射坐标系 I' 的过渡矩阵为 $\boldsymbol{H}$, 证明 f 在 I' 中的变换矩阵为 $\boldsymbol{H}^{-1}\boldsymbol{AH}$.

3. 在平面直角坐标系 $I[O; \boldsymbol{e}_1, \boldsymbol{e}_2]$ 中,

(1) 求仿射变换 f, 使得

$$f(0,1) = (2,1), \quad f(1,0) = (3,2), \quad f(1,1) = (4,4);$$

(2) 求直线 $x + y = 1$ 在变换 f 下的像;

(3) 求二次曲线 $x^2 + y^2 + 2y = 5$ 在变换 f 下的像.

4. 求把直线 $x + y = 1$ 映为 $2x + y - 2 = 0$, 把直线 $x + 2y = 0$ 映为 $x + y + 1 = 0$, 把点 $(1,1)$ 映为点 $(2,3)$ 的仿射变换.

5. 类似于平面上的讨论, 证明空间上的仿射变换 f 诱导出 3 维向量空间上的线性变换 T_f, 进而证明

$$\{T_f; f\text{是空间上的仿射变换}\} \cong GL(3, \mathbb{R}),$$

这里的 $GL(3, \mathbb{R})$ 称作 **3 阶一般线性群**.

6.4 仿射变换群的若干子群

6.4.1 等积仿射变换群

我们知道, 仿射变换不保持两点之间的距离不变, 也不保持向量之间的夹角不变, 因此在仿射变换下图形的面积也会发生变化. 例如, 正伸缩变换就是这样的. 然而我们可以证明在仿射变换下不同图形面积的变化率是相同的.

定理 6.4.1 *设 f 是平面 π 上的一个仿射变换, 存在由 f 决定的常数 σ, 使得 π 上任意 (可计算面积的) 图形 Ω 的像 $f(\Omega)$ 的面积是 Ω 面积的 σ 倍. 称这个常数 σ 为仿射变换 f 的***变积系数***.*

证明 由于平面图形的面积可以用平行四边形面积之和来逼近, 下面我们只针对平行四边形的情形给出证明.

仿射变换把平行的直线映为平行的直线, 因此会将平行四边形映为平行四边形. 设仿射变换 f 把平行四边形 $ABCD$ 映为平行四边形 $A'B'C'D'$ (图 6.4).

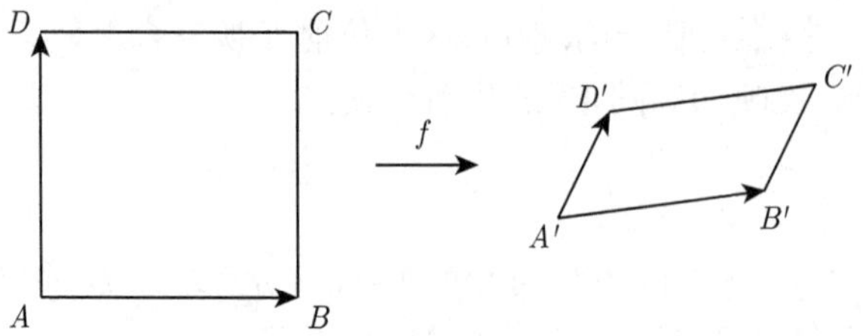

图 6.4

在平面 π 上取定一个直角坐标系 $I[O;\boldsymbol{e}_1,\boldsymbol{e}_2]$. 设在坐标系 I 中,

$$\overrightarrow{AB}=(u_1,u_2),\quad \overrightarrow{AD}=(v_1,v_2),\quad \overrightarrow{A'B'}=(u_1',u_2'),\quad \overrightarrow{A'D'}=(v_1',v_2'),$$

仿射变换 f 的变换矩阵为 $\boldsymbol{M}$, 则

$$(u_1',u_2')=(u_1,u_2)\boldsymbol{M}^{\mathrm{T}},$$
$$(v_1',v_2')=(v_1,v_2)\boldsymbol{M}^{\mathrm{T}}.$$

由例 1.3.5 知

$$S_{ABCD}=\left\|\begin{matrix}u_1 & u_2\\ v_1 & v_2\end{matrix}\right\|,$$

$$S_{A'B'C'D'}=\left\|\begin{matrix}u_1' & u_2'\\ v_1' & v_2'\end{matrix}\right\|=\left\|\begin{pmatrix}u_1 & u_2\\ v_1 & v_2\end{pmatrix}\boldsymbol{M}\right\|=S_{ABCD}|\det\boldsymbol{M}|,$$

从而

$$\frac{S_{A'B'C'D'}}{S_{ABCD}}=|\det\boldsymbol{M}^{\mathrm{T}}|.$$ □

注意到如果另取一个仿射坐标系 $I'[O';\boldsymbol{e}_1',\boldsymbol{e}_2']$, 设仿射变换 f 在 I' 中的变换矩阵为 $\boldsymbol{M}'$, 则 $\boldsymbol{M}'=\boldsymbol{H}^{-1}\boldsymbol{M}\boldsymbol{H}$, 从而 $\det\boldsymbol{M}'=\det\boldsymbol{M}$, 其中 $\boldsymbol{H}$ 是从坐标系 I 到 I' 的过渡矩阵. 这说明上面所求的面积比与坐标系的选取是无关的, 可记为 $\det T_f$.

推论 6.4.1　设 f 是平面上的一个仿射变换, 则 f 的变积系数为 $|\det T_f|$, 即 f 的变换矩阵行列式的绝对值.

例 6.4.1　平面上的平移、旋转和反射变换的变积系数都是 1, 伸缩系数为 k 的正伸缩变换的变积系数是 k.

注意到 $\det T_f$ 的取值是可正可负的, 这其实对应了平面定向的问题.

定义 6.4.1 设 f 是平面上的一个仿射变换. 如果 f 把右手系映为右手系, 则称它是**保向的**; 反之, 如果 f 把右手系映为左手系, 则称它是**反向的**.

如图 6.5, 仿射变换 f 是保向的; 仿射变换 g 是反向的.

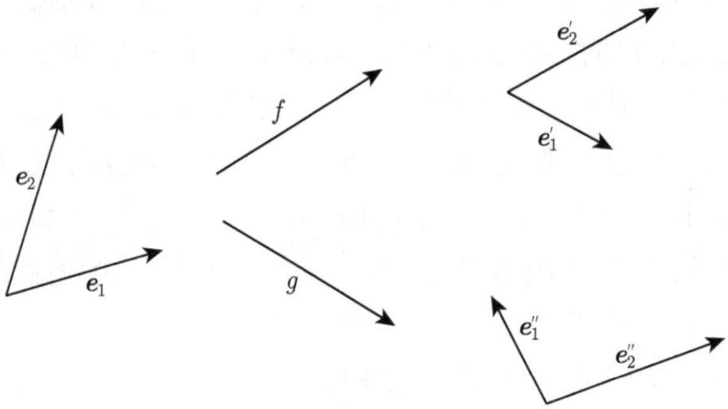

图 6.5

命题6.4.1 设 f 是平面上的一个仿射变换, 则 f 是保向的当且仅当 $\det T_f > 0$; 相应地, f 是反向的当且仅当 $\det T_f < 0$.

定义 6.4.2 记 $\mathfrak{A}_1$ 为平面上所有变积系数是 1 的保向仿射变换. 易知 $\mathfrak{A}_1$ 是一个变换群, 称为**等积仿射变换群**.

命题 6.4.2

$$\{T_f; f \in \mathfrak{A}_1\} \cong SL(2, \mathbb{R}) \triangleq \{\boldsymbol{A} \in GL(2, \mathbb{R}); \det \boldsymbol{A} = 1\},$$

这里的 $SL(2, \mathbb{R})$ 称作 2 **阶特殊线性群**.

6.4.2 等距变换群

定义 6.4.3 设 f 是平面 π 上的一个变换, 如果对于任意 $A, B \in \pi$, 都有

$$d(f(A), f(B)) = d(A, B),$$

则称 f 是 π 上的一个**等距变换**.

例如平面上的平移、旋转和反射变换都是等距变换, 但压缩系数不为 1 的正压缩变换不是等距变换.

命题 6.4.3 平面上的等距变换是可逆变换.

证明 设 f 是平面上的一个等距变换. 由定义易知 f 是单射, 下面只需证明它还是一个满射.

任取平面上两个不同的点 A 和 B, 记 $A'=f(A), B'=f(B)$. 对于平面上任意一点 Q, 令

$$r_1=d(A',Q),\quad r_2=d(B',Q).$$

如果点 A', B' 和 Q 共线, 那么到点 A' 和 B' 的距离分别是 r_1 和 r_2 的点有且仅有一个, 就是 Q. 同时, 到点 A 和 B 的距离分别是 r_1 和 r_2 的点也有且仅有一个, 记作 P. 由于 f 是一个等距变换, 则它必然把点 P 映为 Q.

如果点 A', B' 和 Q 不共线, 那么到点 A' 和 B' 的距离分别是 r_1 和 r_2 的点有且仅有两个, 其中一个是 Q, 另一个记作 $\widetilde{Q}$. 同时, 到点 A 和 B 的距离分别是 r_1 和 r_2 的点也有且仅有两个, 记作 P 和 $\widetilde{P}$. 由于 f 是一个等距变换 (还是单射), 则它必然把点 P 和 $\widetilde{P}$ 中的一个映为 Q, 另一个映为 $\widetilde{Q}$.

综上可知平面上的等距变换是可逆变换. □

推论 6.4.2 平面上的等距变换是仿射变换.

证明 设 f 是平面上的一个等距变换. 对于任意共线的点组 A, B 和 C, 不妨设

$$d(A,B)+d(B,C)=d(A,C),$$

则

$$d(f(A),f(B))+d(f(B),f(C))=d(f(A),f(C)),$$

说明点 $f(A)$, $f(B)$ 和 $f(C)$ 共线. 把共线点组映为共线点组的可逆变换 f 是一个仿射变换. □

定理 6.4.2 平面上的全体等距变换构成了一个变换群, 称为**等距变换群**.

下面来看一下等距变换的坐标表示.

设 f 是平面 π 上的一个等距变换, $I[O;\boldsymbol{e}_1,\boldsymbol{e}_2]$ 是 π 上的一个直角坐标系, 易知 $I'[f(O);T_f(\boldsymbol{e}_1),T_f(\boldsymbol{e}_2)]$ 也是 π 上的一个直角坐标系, 于是 f 在坐标系 I 中的变换矩阵是从直角坐标系 I 到 I' 的过渡矩阵, 从而是正交矩阵, 因此有时也将等距变换称为**正交变换**. 类似命题 6.3.1 我们有下面的结论.

命题 6.4.4

$$\{T_f;\ f\text{ 是平面上的等距变换}\}\cong O(2,\mathbb{R})\triangleq\{\text{所有 2 阶实正交矩阵}\},$$

这里的 $O(2,\mathbb{R})$ 称作 2 **阶正交线性群**;

$$\{T_f;\ f\text{ 是平面上保向的等距变换}\}\cong SO(2,\mathbb{R})\triangleq\{\boldsymbol{A}\in O(2,\mathbb{R});\det\boldsymbol{A}=1\},$$

这里的 $SO(2,\mathbb{R})$ 称作 2 **阶特殊正交群**.

由坐标表示我们还能得出等距变换的具体结构.

定理 6.4.3 (等距变换的分解定理) 平面上的等距变换可以分解为旋转、反射和平移的复合.

证明 设 f 是平面 π 上的一个等距变换, $I[O;\boldsymbol{e}_1,\boldsymbol{e}_2]$ 是 π 上的一个直角坐标系, 在 I 中 f 有坐标表示

$$f(\boldsymbol{x})=\boldsymbol{A}\boldsymbol{x}+\boldsymbol{b},$$

其中 $\boldsymbol{A}$ 是 2 阶正交实矩阵, 从而可以写作

$$\begin{pmatrix}\cos\theta & -\sin\theta\\ \sin\theta & \cos\theta\end{pmatrix} \quad 或 \quad \begin{pmatrix}-\cos\theta & \sin\theta\\ \sin\theta & \cos\theta\end{pmatrix}=\begin{pmatrix}-1 & 0\\ 0 & 1\end{pmatrix}\begin{pmatrix}\cos\theta & -\sin\theta\\ \sin\theta & \cos\theta\end{pmatrix}.$$

由于 $\begin{pmatrix}\cos\theta & -\sin\theta\\ \sin\theta & \cos\theta\end{pmatrix}$ 对应一个旋转变换, $\begin{pmatrix}-1 & 0\\ 0 & 1\end{pmatrix}$ 对应一个反射变换. 因此平面上的等距变换可以分解为旋转、反射和平移的复合. □

推论 6.4.3 平面上的仿射变换可以分解为旋转、反射、正伸缩和平移的复合. 事实上, 它可以分解为两个正伸缩和一个等距变换的复合.

证明 设 f 是平面 π 上的一个仿射变换, $I[O;\boldsymbol{e}_1,\boldsymbol{e}_2]$ 是 π 上的一个直角坐标系, 在 I 中 f 有坐标表示

$$f(\boldsymbol{x})=\boldsymbol{A}\boldsymbol{x}+\boldsymbol{b},$$

其中 $\boldsymbol{A}$ 是 2 阶可逆实矩阵.

由矩阵论的知识可知, 存在 $\boldsymbol{U},\boldsymbol{V}\in O(2,\mathbb{R})$ 和实数 $a,b>0$, 使得

$$\boldsymbol{A}=\boldsymbol{U}\begin{pmatrix}a & 0\\ 0 & b\end{pmatrix}\boldsymbol{V},$$

从而

$$\boldsymbol{A}=(\boldsymbol{U}\boldsymbol{V})\left(\boldsymbol{V}^{-1}\begin{pmatrix}a & 0\\ 0 & 1\end{pmatrix}\boldsymbol{V}\right)\left(\boldsymbol{V}^{-1}\begin{pmatrix}1 & 0\\ 0 & b\end{pmatrix}\boldsymbol{V}\right).$$

令

$$f_a(\boldsymbol{x})=\left(\boldsymbol{V}^{-1}\begin{pmatrix}a & 0\\ 0 & 1\end{pmatrix}\boldsymbol{V}\right)\boldsymbol{x},$$

$$f_b(\boldsymbol{x})=\left(\boldsymbol{V}^{-1}\begin{pmatrix}1 & 0\\ 0 & b\end{pmatrix}\boldsymbol{V}\right)\boldsymbol{x},$$

$$f_O(\boldsymbol{x}) = (\boldsymbol{UV})\boldsymbol{x} + \boldsymbol{b}.$$

则 $f = f_O \circ f_a \circ f_b$, 其中 f_a 和 f_b 是正伸缩变换, f_O 是等距变换. □

上述推论 6.4.3 的证明是代数的, 我们还可以给出几何的证明, 留作练习.

6.4.3 相似变换群与保角仿射变换群

定义 6.4.4 设 f 是平面 π 上的一个变换, 如果存在常数 $k > 0$, 使得对于任意 $A, B \in \pi$, 都有

$$d(f(A), f(B)) = k \cdot d(A, B),$$

则称 f 是 π 上的一个**相似变换**, 称 $k > 0$ 为 f 的**相似比**.

平面上的每个相似变换可以分解为一个等距变换和一个位似变换的复合, 从而相似变换是仿射变换.

命题 6.4.5 平面上的相似变换把每个三角形 $\triangle ABC$ 都映为与之相似的一个三角形.

定理 6.4.4 平面上的全体相似变换构成了一个变换群, 称为**相似变换群**.

命题 6.4.6 在平面直角坐标系 $[O; \boldsymbol{e}_1, \boldsymbol{e}_2]$ 中, 一个相似变换 f 的坐标表示为

$$f(\boldsymbol{x}) = k\boldsymbol{A}\boldsymbol{x} + \boldsymbol{b},$$

其中 $\boldsymbol{A} \in O(2, \mathbb{R})$, $k > 0$ 是 f 的**相似比**. 进而

$$\{T_f; f \text{ 是平面上的相似变换}\} \cong \{k\boldsymbol{A}; \boldsymbol{A} \in O(2, \mathbb{R}), k > 0\}.$$

现在考察 "有向" 角的概念, 两个非零向量 $\boldsymbol{u}$ 和 $\boldsymbol{v}$ 的有向夹角是指向量 $\boldsymbol{u}$ 沿逆时针方向旋转后能与向量 $\boldsymbol{v}$ 方向相同的角. 那么角 $\angle AOB$ 和 $\angle BOA$ 是不同的角, 它们相差一个负号. 两个有向角 $\angle AOB$ 和 $\angle A'O'B'$ 是相同的不仅这两个角的大小相等, 而且向量组 $\{\overrightarrow{OA}, \overrightarrow{OB}\}$ 和 $\{\overrightarrow{O'A'}, \overrightarrow{O'B'}\}$ 定向相同. 可见, 相似变换虽然保持角的大小不变, 但未必保持角的 "方向" 不变.

称平面上保持有向角不变的仿射变换为**保角变换**. 易知, 平面上的保角变换就是保向的相似变换.

定理 6.4.5 平面上的全体保角变换构成了一个变换群, 称为**保角变换群**.

命题 6.4.7 在平面直角坐标系 $[O; \boldsymbol{e}_1, \boldsymbol{e}_2]$ 中, 一个保角变换 f 的坐标表示为

$$f(\boldsymbol{x}) = k\boldsymbol{A}\boldsymbol{x} + \boldsymbol{\alpha},$$

其中 $\boldsymbol{A} \in SO(2,\mathbb{R})$, $k > 0$ 是一个常数. 进而,

$$\begin{aligned}\{T_f; f \text{ 是平面上保角变换}\} &\cong \{k\boldsymbol{A}; \boldsymbol{A} \in SO(2,\mathbb{R}), k > 0\} \\ &= \left\{\begin{pmatrix} a & -b \\ b & a \end{pmatrix};\ a, b \in \mathbb{R}, a, b \text{ 不同时为零}\right\} \\ &\cong \mathbb{C} \setminus \{0\},\end{aligned}$$

其中 $\mathbb{C}$ 表示全体复数.

6.4.4 变换群的几何学

1872 年, 德国数学家克莱因在埃尔朗根大学的教授就职演讲中报告了题为《关于近代几何研究的比较考察》的论文, 他突出了变换群在几何学中的地位, 用变换群的观点对当时已出现的所有几何学进行了分类. 克莱因认为每一种几何学研究的都是图形在某种变换群下保持不变的性质, 后来他的这种观点被称为**埃尔朗根纲领**.

在克莱因的观点下, **仿射几何**就是研究图形在仿射变换群下保持不变的性质的几何. 在仿射变换群作用下保持不变的性质, 我们称之为**仿射性质**, 如点的共线性、直线的平行和相交都是仿射性质, 但垂直不是仿射性质; 在仿射变换群下保持不变的概念, 我们称之为**仿射概念**, 如直线、三角形、椭圆、双曲线、抛物线等都是仿射概念, 但长度、角度、面积以及正三角形、正方形、圆周都不是仿射概念. **欧氏几何**就是研究图形在等距变换群下保持不变的性质的几何. 在等距变换群作用下保持不变的性质, 我们称之为**度量性质**, 如线段等长、直线的垂直和圆锥曲线的对称性都是度量性质, 但垂直不是仿射性质; 在等距变换群下保持不变的概念, 我们称之为**度量概念**, 如长度、角度、面积, 三角形的垂心、内心、外心, 正三角形、正方形、圆周等都是度量概念. 事实上, 由于等距变换是特殊的仿射变换, 所以所有仿射性质都是度量性质, 所有仿射概念都是度量概念.

我们前面讨论的相似变换群等, 相应地就有相似性质和相似概念等. 易见, 变换群越小, 相应的几何性质和几何概念就越多, 也就是说相应的几何越 “强”. 在上一小节中讨论的都是仿射变换群的子群, 相应的几何也就是比仿射几何更强的几何学. 以后我们还会研究比仿射变换群更大的变换群——**连续变换群**, 相应的 “几何” 就是比仿射几何更弱的几何学, 也就是**拓扑学**.

设 G 是一个变换群. 如果一个图形能够通过 G 中的一个元素变换为另一个图形, 则称这两个图形是 ***G*-等价**的, 即在相应的几何学观点下这两个图形是 “一样” 的. 例如在仿射几何学中, 全体三角形是 “一样” 的 (仿射等价), 三角形与四

边形是不一样的; 二次曲线的七个类型: 椭圆、双曲线、抛物线、一对相交直线、一对平行直线、一条直线、一个点, 每一类中的曲线都是 "一样" 的, 不同类型的曲线是不一样的. 在欧氏几何学中, 两个三角形是 "一样" (等距等价) 的当且仅当它们是全等三角形, 一个锐角三角形和一个钝角三角形是不一样的. 以后我们会见到在拓扑学的观点下, 三角形和四边形也是 "一样" 的 (同胚等价), 但一个三角形和一个平环是不一样的. 总之变换群越大, 相应的几何学分辨图形的标准就越 "粗".

埃尔朗根纲领虽然不完全适用于以后几何学的发展情况, 但它确实在几何学发展的历史上发挥了重要的指导作用, 还强调了几何学与代数学的结合, 在今天依然有重要的指引意义.

习题 6.4

1. 设 L 是平面上的一条直线. 讨论平面上保持直线 L 中点不动的一个等积仿射变换的坐标表示和几何含义.

2. 证明若平面上的仿射变换 f 把一个给定的右手仿射坐标系映为一个右手仿射坐标系, 则 f 把任意一个右手仿射坐标系映为右手仿射坐标系. 进而, 证明命题 6.4.1.

3. 证明若平面上的仿射变换 f 把某个半径为 r 的圆周映为一个半径为 r 的圆周, 则 f 是一个等距变换.

4. 用几何的方法证明推论 6.4.3, 即平面上的仿射变换可以分解为两个正伸缩和一个等距变换的复合. (提示: 仿射变换把一个圆周映为一个椭圆, 再结合上一题的结论.)

5. 设 f 是平面上的一个仿射变换. 证明存在两条互相垂直的直线 L_1 和 L_2, 使得它们的像 $f(L_1)$ 和 $f(L_2)$ 也是两条互相垂直的直线.

6. 证明命题 6.4.4 和命题 6.4.7.

6.5　仿射平面: 公理化定义

在仿射的意义下, 我们关心的是直线和平行. 下面给出公理化定义的仿射平面及一些例子, 特别地, 我们会发现距离不是必需的, 强调的是 (平行等) 位置关系.

定义 6.5.1　**仿射平面**是指一个偶对 $(\mathfrak{P}, \mathfrak{L})$, 这里 $\mathfrak{P}$ 是点的集合, $\mathfrak{L}$ 是 $\mathfrak{P}$ 的一个子集族, $\mathfrak{L}$ 中的元素称为**直线**, 且满足下述条件:

(1) 任意两点 $P, Q \in \mathfrak{P}$, 存在唯一的直线 $L \in \mathfrak{L}$, 使得 $P, Q \in L$;

(2) 对于每条直线 $L \in \mathfrak{L}$ 和直线外任意一点 P, 存在唯一的直线 L', 使得 $P \in L'$ 且 $L \cap L' = \varnothing$ (称直线 L 与直线 L' **平行**);

(3) $\mathfrak{L}$ 中至少有两个元素, 每条直线上至少有两个点.

定义 6.5.2 仿射平面 $(\mathfrak{P},\mathfrak{L})$ 上的**仿射变换**是指 $\mathfrak{P}$ 上的一个可逆变换 $T:\mathfrak{P}\to\mathfrak{P}$, 满足把 $\mathfrak{L}$ 中的元素映为 $\mathfrak{L}$ 中的元素, 即把直线映为直线的可逆变换.

例 6.5.1 设 $\mathfrak{L}$ 是平面 π 上的所有直线构成的集合, 那么 $(\pi,\mathfrak{L})$ 就是一个仿射平面. 也就是说, 2 维欧氏空间是一个仿射平面.

例 6.5.2 设 S 是一个 2 维仿射空间, V 是它相应的 2 维向量空间, $\mathfrak{L}$ 是 S 中的所有直线构成的集合, 这里 S 中一条直线是由 S 中的一点 A 和 V 中的一个向量 $\boldsymbol{u}$ 决定的, 即所有满足下述条件的点 P 构成的: 向量 $\overrightarrow{AP}$ 平行于向量 $\boldsymbol{u}$. 那么 $(S,\mathfrak{L})$ 也是一个仿射平面.

例 6.5.3 设点集 $\mathfrak{P}=\{A,B,C,D\}$, 考虑子集族

$$\mathfrak{L}=\{\{A,B\},\{A,C\},\{A,D\},\{B,C\},\{B,D\},\{C,D\}\}.$$

$\mathfrak{L}$ 中的元素, 例如 $\{A,B\}$ 是一条直线, 我们也可以把它记作 AB, 但这条直线是由 A 和 B 两个点构成的. 如图 6.6, 在此意义下, 不难验证 $(\mathfrak{P},\mathfrak{L})$ 是一个仿射平面. 事实上, 这个是最小 (点和直线的个数最少) 的仿射平面.

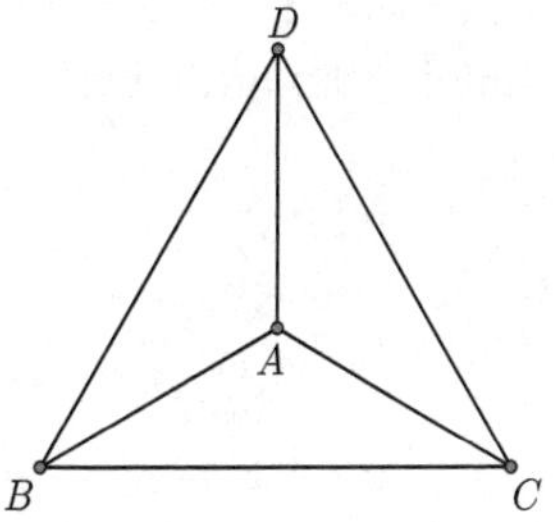

图 6.6

注意令 $T:\mathfrak{P}\to\mathfrak{P}$, 定义为

$$T(A)=B,\quad T(B)=C,\quad T(C)=D,\quad T(D)=A,$$

则 T 是仿射平面 $(\mathfrak{P},\mathfrak{L})$ 上的一个仿射变换.

例 6.5.4 (有限域 $\mathbb{Z}_p$ 上的 2 维向量空间) 对于正素数 p, 记 $\mathbb{Z}_p=\{0,1,\cdots,p-1\}$, 且对于任意 $a,b\in\mathbb{Z}_p$ 定义

$a+b$ 为 a 与 b 的和再除以 p 所得的余数,
$a\cdot b$ 为 a 与 b 的积再除以 p 所得的余数.

用有限域 $\mathbb{Z}_p$ 替换数域就定义了有限域 $\mathbb{Z}_p$ 上的 n 维向量空间. 特别地, 我们称有

限域 $\mathbb{Z}_p$ 上的 2 维向量空间为 $\mathbb{Z}_p$-平面. 图 6.7 表示的就是有限域 $\mathbb{Z}_2$ 上的 2 维向量空间, 实际上它与例 6.5.3 中给出的最小的仿射平面是一样的.

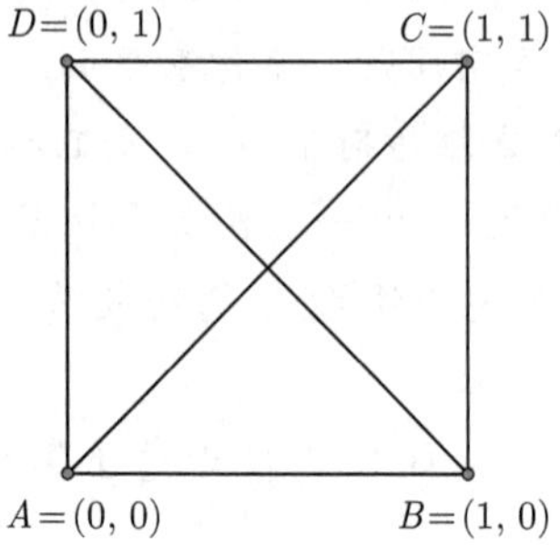

图 6.7

习题 6.5

1. 证明仿射平面至少包含 4 个点, 进一步说明例 6.5.3 给出的是最小的仿射平面.

2. 对于正整数 $p \in \mathbb{Z}^+$, 集合 $\mathbb{Z}_p$ 及其上的加法和乘法运算也如例 6.5.4 中定义, 证明只有 p 是正素数时, $\mathbb{Z}_p$ 才是一个域 (考察只有此时这个集合才有除法).

3. 验证例 6.5.3 (或 $\mathbb{Z}_2$-平面) 是仿射平面并给出其上所有的仿射变换.

参考文献

杜现昆, 徐晓伟, 马晶, 等. 2017. 高等代数. 北京: 科学出版社.

高红铸, 王敬赓, 傅若男. 2018. 空间解析几何. 4 版. 北京: 北京师范大学出版社.

黄宣国. 2019. 空间解析几何. 2 版. 上海: 复旦大学出版社.

纪永强. 2013. 空间解析几何. 北京: 高等教育出版社.

李养成. 2007. 空间解析几何. 北京: 科学出版社.

刘建成, 贺群. 2018. 空间解析几何. 北京: 科学出版社.

吕林根, 许子道. 2019. 解析几何. 5 版. 北京: 高等教育出版社.

穆斯海里什维利 H И. 1954. 解析几何教程 (上、下册). 北京: 高等教育出版社.

丘维声. 2013. 高等代数. 北京: 科学出版社.

丘维声. 2014. 解析几何. 北京: 北京大学出版社.

谢敬然, 柯媛元. 2013. 空间解析几何. 北京: 高等教育出版社.

尤承业. 2004. 解析几何. 北京: 北京大学出版社.

Bennett M K. 1995. Affine and Projective Geometry. New York: John Wiley Sons, Inc.

附　　录

下面将对本书中所涉及的有关行列式和矩阵的内容作简单介绍, 相关结果的严格论证, 读者可以参考高等代数或线性代数教材.

一、行　列　式

1. 行列式的形式

由 n^2 个数排列成的一个 n 行 n 列表格, 两边放上竖线, 称为一个 n 阶**行列式**. 形如

$$\begin{vmatrix} a_{11} & a_{12} & \cdots & a_{1n} \\ a_{21} & a_{22} & \cdots & a_{2n} \\ \vdots & \vdots & & \vdots \\ a_{n1} & a_{n2} & \cdots & a_{nn} \end{vmatrix},$$

简记为 $\det(a_{ij})$, 其中构成行列式的那些数称为它的**元素**, 位于第 i 行第 j 列的元素称为 (i,j) **位置元素**. 如无特殊说明, 本书中提到的行列式的元素都是实数.

2. 行列式的值

行列式是一个算式, 它的值由其中的元素决定. 规定为

$$\begin{vmatrix} a_{11} & a_{12} & \cdots & a_{1n} \\ a_{21} & a_{22} & \cdots & a_{2n} \\ \vdots & \vdots & & \vdots \\ a_{n1} & a_{n2} & \cdots & a_{nn} \end{vmatrix} = \sum_{j_1 j_2 \cdots j_n} (-1)^{\tau(j_1 j_2 \cdots j_n)} a_{1j_1} a_{2j_2} \cdots a_{nj_n},$$

其中 $j_1 j_2 \cdots j_n$ 是 $1, 2, \cdots, n$ 的一个排列, $\tau(j_1 j_2 \cdots j_n)$ 是这个排列的逆序数, 即逆序的总数. 可见 n 阶行列式是 $n!$ 项的代数和, 其中每一项都是取自不同行不同列的 n 个元素的乘积, 把这 n 个元素按照行标自然数顺序排好位置, 当列标构成的排列逆序数是偶数时, 该项带正号, 否则带负号.

用上面的公式计算行列式比较繁琐, 不便于操作. 常常利用行列式的展开定理来计算它的值, 基本思想就是把高阶行列式用一些低阶行列式表示出来.

在 n 阶行列式 $D = \det(a_{ij})$ 中, 将 (i,j) 位置元素 a_{ij} 所在的第 i 行和第 j 列划掉, 剩下的 $n-1$ 行 $n-1$ 列元素构成的 $n-1$ 阶行列式称为元素 a_{ij} 的**余子式**, 记作 M_{ij}, 令

$A_{ij}=(-1)^{i+j}M_{ij}$, 称 A_{ij} 为元素 a_{ij} 的**代数余子式**. D 等于它的第 i 行 (列) 元素与自己的代数余子式的乘积之和, 即对于 $i=1,2,\cdots,n$,

$$D=a_{i1}A_{i1}+a_{i2}A_{i2}+\cdots+a_{in}A_{in},$$

$$D=a_{1i}A_{1i}+a_{2i}A_{2i}+\cdots+a_{ni}A_{ni}.$$

例如当 $n=1$ 时, $|a_{11}|=a_{11}$;

当 $n=2$ 时,

$$\begin{vmatrix} a_{11} & a_{12} \\ a_{21} & a_{22} \end{vmatrix}=a_{11}a_{22}-a_{12}a_{21};$$

当 $n=3$ 时,

$$\begin{aligned}\begin{vmatrix} a_{11} & a_{12} & a_{13} \\ a_{21} & a_{22} & a_{23} \\ a_{31} & a_{32} & a_{33} \end{vmatrix}&=a_{11}\begin{vmatrix} a_{22} & a_{23} \\ a_{32} & a_{33} \end{vmatrix}-a_{12}\begin{vmatrix} a_{21} & a_{23} \\ a_{31} & a_{33} \end{vmatrix}+a_{13}\begin{vmatrix} a_{21} & a_{22} \\ a_{31} & a_{32} \end{vmatrix}\\ &=a_{11}a_{22}a_{33}-a_{11}a_{23}a_{32}-a_{12}a_{21}a_{33}\\ &\quad+a_{12}a_{23}a_{31}+a_{13}a_{21}a_{32}-a_{13}a_{22}a_{31}.\end{aligned}$$

3. 行列式的性质

下面介绍行列式的一些基本性质, 可以用这些性质简化行列式的计算.

性质 1　行列式与其转置的值相等.

例如

$$\begin{vmatrix} a_{11} & a_{12} & a_{13} \\ a_{21} & a_{22} & a_{23} \\ a_{31} & a_{32} & a_{33} \end{vmatrix}=\begin{vmatrix} a_{11} & a_{21} & a_{31} \\ a_{12} & a_{22} & a_{32} \\ a_{13} & a_{23} & a_{33} \end{vmatrix}.$$

性质 2　行列式的某一行 (列) 的所有元素都为 0, 则行列式值为 0.

性质 3　将行列式的某一行 (列) 的所有元素同乘以某个数 k, 等于用数 k 乘以行列式.

例如

$$\begin{vmatrix} a_{11} & 2a_{12} & a_{13} \\ a_{21} & 2a_{22} & a_{23} \\ a_{31} & 2a_{32} & a_{33} \end{vmatrix}=2\begin{vmatrix} a_{11} & a_{12} & a_{13} \\ a_{21} & a_{22} & a_{23} \\ a_{31} & a_{32} & a_{33} \end{vmatrix}.$$

性质 4　将行列式的两行 (列) 对应元素互换, 行列式的值变号.

例如

$$\begin{vmatrix} a_{11} & a_{12} & a_{13} \\ a_{21} & a_{22} & a_{23} \\ a_{31} & a_{32} & a_{33} \end{vmatrix}=-\begin{vmatrix} a_{13} & a_{12} & a_{11} \\ a_{23} & a_{22} & a_{21} \\ a_{33} & a_{32} & a_{31} \end{vmatrix}.$$

性质 5　行列式中有两行 (列) 元素对应成比例, 则行列式值为 0.

性质 6　如果行列式某一行 (列) 可分解为两行 (列) 之和, 则原行列式等于两个行列式之和, 这两个行列式即是把原行列式的该行 (列) 分别换为分解的两行 (列) 所得的行列式.

例如

$$\begin{vmatrix} a_{11} & a_{12} & a_{13} \\ a_{21} & a_{22} & a_{23} \\ b_{31}+c_{31} & b_{32}+c_{32} & b_{33}+c_{33} \end{vmatrix} = \begin{vmatrix} a_{11} & a_{12} & a_{13} \\ a_{21} & a_{22} & a_{23} \\ b_{31} & b_{32} & b_{33} \end{vmatrix} + \begin{vmatrix} a_{11} & a_{12} & a_{13} \\ a_{21} & a_{22} & a_{23} \\ c_{31} & c_{32} & c_{33} \end{vmatrix}.$$

性质 7　将行列式的某一行 (列) 的所有元素同乘以某个数 k, 加到另一行 (列) 的对应元素上, 行列式的值不变.

例如

$$\begin{vmatrix} a_{11} & a_{12} & a_{13} \\ a_{21}-3a_{31} & a_{22}-3a_{32} & a_{23}-3a_{33} \\ a_{31} & a_{32} & a_{33} \end{vmatrix} = \begin{vmatrix} a_{11} & a_{12} & a_{13} \\ a_{21} & a_{22} & a_{23} \\ a_{31} & a_{32} & a_{33} \end{vmatrix}.$$

性质 8　行列式所有行 (列) 向量构成的向量组线性相关, 则行列式的值为 0.

性质 9　行列式某一行 (列) 的各元素与另一行 (列) 的对应元素的代数余子式乘积之和为 0.

二、矩　阵

1. 矩阵的定义

由 $m \times n$ 个数排列成的一个 m 行 n 列表格, 两边放上圆括号, 称为一个 $m \times n$ **矩阵**. 形如

$$\begin{pmatrix} a_{11} & a_{12} & \cdots & a_{1n} \\ a_{21} & a_{22} & \cdots & a_{2n} \\ \vdots & \vdots & & \vdots \\ a_{m1} & a_{m2} & \cdots & a_{mn} \end{pmatrix},$$

通常用大写字母 $\boldsymbol{A}, \boldsymbol{B}, \boldsymbol{C}$ 等表示矩阵, 上述矩阵可简记为 $\boldsymbol{A}$ 或 $\boldsymbol{A}_{m\times n}$ 或 $(a_{ij})_{m\times n}$. 构成矩阵的那些数称为它的**元素**, 位于第 i 行第 j 列的元素称为 (i,j) **位置元素**. 如无特殊说明, 本书中提到的矩阵的元素都是实数.

元素全为 0 的矩阵称为**零矩阵**, 记作 $\mathbf{0}_{m\times n}$ 或 $\mathbf{0}$. 当 $m=1$ 时, 称 $1\times n$ 矩阵为**行矩阵**, 当 $n=1$ 时, 称 $m\times 1$ 矩阵为**列矩阵**.

对于两个 $m\times n$ 矩阵 $\boldsymbol{A}$ 和 $\boldsymbol{B}$, 如果它们的对应元素相等, 则称它们是**相等的矩阵**, 记作 $\boldsymbol{A}=\boldsymbol{B}$.

行数和列数都为 n 的矩阵称为 n **阶方阵**. 由方阵 $\boldsymbol{A}$ 的元素位置不变所构成的行列式称为 $\boldsymbol{A}$ 的行列式, 记作 $\det \boldsymbol{A}$ 或 $|\boldsymbol{A}|$.

在 n 阶方阵中, 从左上角至右下角的一串元素称为它的**主对角线**. 如果除了主对角线外, 其余元素都为 0, 则称该方阵为**对角矩阵**. 形如

$$\begin{pmatrix} a_{11} & 0 & \cdots & 0 \\ 0 & a_{22} & \cdots & 0 \\ \vdots & \vdots & \ddots & \vdots \\ 0 & 0 & \cdots & a_{nn} \end{pmatrix}.$$

如果一个 n 阶方阵主对角线元素都是 1, 其余元素都是 0, 则称该方阵为 n 阶**单位矩阵**, 记作 $\boldsymbol{E}_n$ 或 $\boldsymbol{E}$. 形如

$$\begin{pmatrix} 1 & 0 & \cdots & 0 \\ 0 & 1 & \cdots & 0 \\ \vdots & \vdots & \ddots & \vdots \\ 0 & 0 & \cdots & 1 \end{pmatrix}.$$

2. 矩阵的运算

- **线性运算**

设 $\boldsymbol{A}=(a_{ij})_{m\times n}$ 和 $\boldsymbol{B}=(b_{ij})_{m\times n}$ 都是 $m\times n$ 矩阵, 将它们对应位置的元素相加而得到的矩阵称为 $\boldsymbol{A}$ 与 $\boldsymbol{B}$ 的**和**, 记作 $\boldsymbol{A}+\boldsymbol{B}$, 即

$$\boldsymbol{A}+\boldsymbol{B}=\begin{pmatrix} a_{11}+b_{11} & a_{12}+b_{12} & \cdots & a_{1n}+b_{1n} \\ a_{21}+b_{21} & a_{22}+b_{22} & \cdots & a_{2n}+b_{2n} \\ \vdots & \vdots & & \vdots \\ a_{m1}+b_{m1} & a_{m2}+b_{m2} & \cdots & a_{mn}+b_{mn} \end{pmatrix}.$$

称 $(-a_{ij})_{m\times n}$ 为 $\boldsymbol{A}$ 的**负矩阵**, 记作 $-\boldsymbol{A}$. 定义矩阵的减法为

$$\boldsymbol{A}-\boldsymbol{B}=\boldsymbol{A}+(-\boldsymbol{B})=(a_{ij}-b_{ij})_{m\times n}.$$

用数 k 去乘矩阵 $\boldsymbol{A}=(a_{ij})_{m\times n}$ 的所有元素而得到的矩阵称为 k 与 $\boldsymbol{A}$ 的**数乘**, 记作 $k\boldsymbol{A}$, 即

$$k\boldsymbol{A}=\begin{pmatrix} ka_{11} & ka_{12} & \cdots & ka_{1n} \\ ka_{21} & ka_{22} & \cdots & ka_{2n} \\ \vdots & \vdots & & \vdots \\ ka_{m1} & ka_{m2} & \cdots & ka_{mn} \end{pmatrix}.$$

矩阵的加法和数乘统称为矩阵的**线性运算**, 它们满足下列运算规律: 对于任意 $m\times n$ 矩阵 $\boldsymbol{A},\boldsymbol{B},\boldsymbol{C}$ 和数 k,s, 有

(1) $\boldsymbol{A}+\boldsymbol{B}=\boldsymbol{B}+\boldsymbol{A}$;　　(2) $(\boldsymbol{A}+\boldsymbol{B})+\boldsymbol{C}=\boldsymbol{A}+(\boldsymbol{B}+\boldsymbol{C})$;

(3) $\boldsymbol{A}+\boldsymbol{0}=\boldsymbol{A}$; (4) $\boldsymbol{A}+(-\boldsymbol{A})=\boldsymbol{0}$;

(5) $(ks)\boldsymbol{A}=k(s\boldsymbol{A})$; (6) $(k+s)\boldsymbol{A}=k\boldsymbol{A}+s\boldsymbol{A}$;

(7) $k(\boldsymbol{A}+\boldsymbol{B})=k\boldsymbol{A}+k\boldsymbol{B}$.

• **乘法**

当矩阵 $\boldsymbol{A}=(a_{ij})_{m\times n}$ 的列数与矩阵 $\boldsymbol{B}=(b_{ij})_{n\times p}$ 的行数相等时, $\boldsymbol{A}$ 和 $\boldsymbol{B}$ 可以相乘, 乘积是一个 $m\times p$ 矩阵, 记作 $\boldsymbol{AB}$, $\boldsymbol{AB}$ 的 (i,j) 位置元素等于 $\boldsymbol{A}$ 的第 i 行上的元素与 $\boldsymbol{B}$ 的第 j 列上的对应位置元素乘积之和, 即

$$\boldsymbol{AB}=\begin{pmatrix}a_{11}&a_{12}&\cdots&a_{1n}\\a_{21}&a_{22}&\cdots&a_{2n}\\\vdots&\vdots&&\vdots\\a_{m1}&a_{m2}&\cdots&a_{mn}\end{pmatrix}\begin{pmatrix}b_{11}&b_{12}&\cdots&b_{1p}\\b_{21}&b_{22}&\cdots&b_{2p}\\\vdots&\vdots&&\vdots\\b_{n1}&b_{n2}&\cdots&b_{np}\end{pmatrix}$$

$$=\begin{pmatrix}\sum\limits_{t=1}^{n}a_{1t}b_{t1}&\sum\limits_{t=1}^{n}a_{1t}b_{t2}&\cdots&\sum\limits_{t=1}^{n}a_{1t}b_{tp}\\\sum\limits_{t=1}^{n}a_{2t}b_{t1}&\sum\limits_{t=1}^{n}a_{2t}b_{t2}&\cdots&\sum\limits_{t=1}^{n}a_{2t}b_{tp}\\\vdots&\vdots&&\vdots\\\sum\limits_{t=1}^{n}a_{mt}b_{t1}&\sum\limits_{t=1}^{n}a_{mt}b_{t2}&\cdots&\sum\limits_{t=1}^{n}a_{mt}b_{tp}\end{pmatrix}.$$

矩阵的乘法满足下列运算规律: 对于矩阵 $\boldsymbol{A},\boldsymbol{B},\boldsymbol{C}$ 和数 k, 有

(1) $(\boldsymbol{AB})\boldsymbol{C}=\boldsymbol{A}(\boldsymbol{BC})$; (2) $(\boldsymbol{A}+\boldsymbol{B})\boldsymbol{C}=\boldsymbol{AC}+\boldsymbol{BC}$;

(3) $\boldsymbol{D}(\boldsymbol{A}+\boldsymbol{B})=\boldsymbol{DA}+\boldsymbol{DB}$; (4) $k(\boldsymbol{AB})=(k\boldsymbol{A})\boldsymbol{B}$;

(5) $\boldsymbol{E}_m\boldsymbol{A}_{m\times n}=\boldsymbol{A}_{m\times n}\boldsymbol{E}_n=\boldsymbol{A}_{m\times n}$;

(6) 若 $\boldsymbol{A},\boldsymbol{B}$ 是 n 阶方阵, 则 $|\boldsymbol{AB}|=|\boldsymbol{A}||\boldsymbol{B}|$.

• **转置**

将矩阵 $\boldsymbol{A}=(a_{ij})_{m\times n}$ 的行与列互换得到的 $n\times m$ 矩阵称为 $\boldsymbol{A}$ 的**转置**, 记作 $\boldsymbol{A}^{\mathrm{T}}$, 即

$$\boldsymbol{A}^{\mathrm{T}}=\begin{pmatrix}a_{11}&a_{21}&\cdots&a_{m1}\\a_{12}&a_{22}&\cdots&a_{m2}\\\vdots&\vdots&&\vdots\\a_{1n}&a_{2n}&\cdots&a_{mn}\end{pmatrix}.$$

如果 $\boldsymbol{A}=\boldsymbol{A}^{\mathrm{T}}$, 则称 $\boldsymbol{A}$ 为**对称矩阵**.

矩阵的转置满足下列运算规律: 对于矩阵 $\boldsymbol{A},\boldsymbol{B}$ 和数 k, 有

(1) $(\boldsymbol{A}^{\mathrm{T}})^{\mathrm{T}}=\boldsymbol{A}$; (2) $(\boldsymbol{A}+\boldsymbol{B})^{\mathrm{T}}=\boldsymbol{A}^{\mathrm{T}}+\boldsymbol{B}^{\mathrm{T}}$;

(3) $(k\boldsymbol{A})^{\mathrm{T}}=k\boldsymbol{A}^{\mathrm{T}}$; (4) $(\boldsymbol{AB})^{\mathrm{T}}=\boldsymbol{B}^{\mathrm{T}}\boldsymbol{A}^{\mathrm{T}}$.

3. 可逆矩阵

设 $\boldsymbol{A}$ 是 n 阶方阵, 如果存在 n 阶方阵 $\boldsymbol{B}$, 使得

$$\boldsymbol{AB} = \boldsymbol{BA} = \boldsymbol{E},$$

则称 $\boldsymbol{A}$ 为**可逆矩阵** (非奇异矩阵), 称 $\boldsymbol{B}$ 为 $\boldsymbol{A}$ 的**逆矩阵**, 记作 $\boldsymbol{B} = \boldsymbol{A}^{-1}$.

可逆矩阵有下列性质:

(1) 可逆矩阵的逆矩阵是唯一的.

(2) 如果 $\boldsymbol{A}$ 是可逆矩阵, 则 $\boldsymbol{A}^{-1}$ 也是可逆的, 且 $(\boldsymbol{A}^{-1})^{-1} = \boldsymbol{A}$.

(3) 如果 $\boldsymbol{A}$ 是可逆矩阵, 则 $\boldsymbol{A}^{\mathrm{T}}$ 也是可逆的, 且 $(\boldsymbol{A}^{\mathrm{T}})^{-1} = (\boldsymbol{A}^{-1})^{\mathrm{T}}$.

(4) 如果 $\boldsymbol{A}, \boldsymbol{B}$ 是可逆矩阵, 则 $\boldsymbol{AB}$ 也是可逆的, 且 $(\boldsymbol{AB})^{-1} = \boldsymbol{B}^{-1}\boldsymbol{A}^{-1}$.

判断一个 n 阶方阵是否可逆, 可以用以下方法:

(1) n 阶方阵 $\boldsymbol{A}$ 可逆当且仅当 $|\boldsymbol{A}| \neq 0$.

(2) n 阶方阵 $\boldsymbol{A}$ 可逆当且仅当存在 n 阶方阵 $\boldsymbol{B}$ 使得 $\boldsymbol{AB} = \boldsymbol{E}$ 或 $\boldsymbol{BA} = \boldsymbol{E}$.

(3) n 阶方阵 $\boldsymbol{A}$ 可逆当且仅当它的行 (列) 向量组线性无关.

4. 正交矩阵

设 $\boldsymbol{A}$ 是 n 阶方阵, 如果 $\boldsymbol{AA}^{\mathrm{T}} = \boldsymbol{A}^{\mathrm{T}}\boldsymbol{A} = \boldsymbol{E}$, 则称 $\boldsymbol{A}$ 为**正交矩阵**, 显然此时 $\boldsymbol{A}^{\mathrm{T}}$ 也是正交矩阵.

正交矩阵 $\boldsymbol{A}$ 必为可逆矩阵, 且 $|\boldsymbol{A}| = 1$ 或 -1.

从定义容易看出正交矩阵有下面的判别方法: n 阶方阵 $\boldsymbol{A} = (a_{ij})$ 是正交矩阵当且仅当 $\boldsymbol{A}$ 的每一行 (列) 构成的向量都是单位向量, 且它们之间两两垂直, 即对于任意的 $i, j = 1, 2, \cdots, n$, 有

$$a_{i1}a_{j1} + a_{i2}a_{j2} + \cdots + a_{in}a_{jn} = \begin{cases} 1, & i = j, \\ 0, & i \neq j \end{cases}$$

或

$$a_{1i}a_{1j} + a_{2i}a_{2j} + \cdots + a_{ni}a_{nj} = \begin{cases} 1, & i = j, \\ 0, & i \neq j. \end{cases}$$